JN065967

図説 都市計画

澤木昌典・嘉名光市 編著

武田裕之・岡井有佳・松本邦彦・杉崎和久・清水陽子・加我宏之・栗山尚子
吉田長裕・武田重昭・越山健治・佐久間康富・松中亮治・大庭哲治 著

学芸出版社

はじめに

　本書を開いた方は、「これから都市計画について勉強してみよう」、「都市計画ってよくわからないけど、この本を読めばわかるようになるのかな？」、そういった方々だと思います。みなさんは「都市計画」という言葉をどこで耳にしましたか？　「都市計画」は、私たちの暮らしには決して身近な言葉とは言えませんね。しかし、都市計画はいつでも私たちの暮らしをしっかりと支えてくれているのです。本書を通してみなさんにお伝えしたいのは、都市計画のそうした役割なのです。

　みなさんは、どんな都市が住みやすい、どんな都市で働きたいと思っていますか？　汚れて不衛生な都市、交通事故が多く歩くのが怖い都市、行きたい場所への移動が大変で時間がかかる都市、停電や断水がよく起こるような不便な都市…。こうした都市は、どこかに問題がありそうですね。このような都市はどうしてできてしまうのでしょう？　逆に、そのような都市にしないためにはどうしたらいいのでしょう。

　私たちが暮らしている都市の中の一本の道、一つの建物、その大きさや使われ方、こうした都市を構成する空間要素の一つ一つが、実は都市計画によってコントロールされているのです。

　都市計画というと、「新しい都市を計画的につくる」「思い描くようなデザインの都市を作れる」「なんてカッコいいんだろう！」「都市計画って壮大でロマンがあるね！」――そう思う人もいるかもしれません。確かに、お金と時間とスペースがあれば、現代の科学技術でそれは可能ですし、発展途上の国の都市などは、そのように作られてもいます。日本でも、高度経済成長期にはニュータウン開発といった新都市の建設が行われましたが、現在では、わが国の都市計画は既にできあがっている都市を対象にしています。

　実際の都市計画は、今ある都市をどうしていくのかを計画する、すなわち、都市を時間をかけて計画的に変えていく、あるいは守っていく、維持していくということを取り扱っています。それはどういうことなのか、そして現代の都市計画は何を目指しているのか、誰のための都市計画なのか、そんなことを本書で学んで、都市計画プランナーとしての素養を身につけてください。

　一方、都市計画は専門家だけのものではありません。みなさんは「まちづくり」という言葉をよく耳にするでしょう。「参加したことがある」「今、まさにまちづくりをしている」、そういう人もいるでしょう。参加しようと思えば誰もが参加できるまちづくりと、都市計画とは別々のものなのでしょうか。まちづくり活動においては、都市計画をどう活用したらいいのでしょうか。本書を読めば、そのようなこともおわかりになると思います。

　一見難しそうな「都市計画」ですが、本書はそのわかりやすいテキストブックです。座右において親しんでもらえるような本になれば嬉しいです。

編集者・著者を代表して
澤木昌典

目次

序章
都市計画とまちづくり

0・1 都市計画とその意義・役割

1 都市計画とは

　わが国では、人口の約7割が都市に住んでいる（令和2年国勢調査でのDID人口集中地区比率）。多くの人が住んでいる都市を計画するとは、いったいどのようなことなのだろうか。

　都市計画とは、端的には、都市の「土地利用」と「施設（都市施設）」を計画することである。

　「土地利用」とは、都市内の土地の使い方、すなわちどんな用途に使うのか、建物を建てる場合にはどんな用途の建物を建てるのかということである。「**都市施設**」には、鉄道、道路、駐車場などの交通施設、公園、緑地、広場などのオープンスペース、学校、図書館などの教育文化施設、病院、保育所、社会福祉施設をはじめ、市場、さらには水道・電気・ガスの供給施設や下水処理場・ごみ焼却場などの処理施設、河川、運河など、さまざまなものがある。

　どんな土地利用やどんな都市施設が望ましいのか。都市を計画する際には、将来の人口を予測し、産業のあり方を考え、たとえば楽しく賑やかな中心市街地をどうつくるか、心地よく住める住宅市街地をどうつくるか、美しい町並みとするにはどうするかなど、さまざまな検討がなされる。そうして計画した都市を築いていくために、わが国では都市計画は法により定めることになっている。その中心となる法律は都市計画法という法律である。同法に基づいて定められた「土地利用」「都市施設の整備」「市街地開発事業」に関する計画は「法定都市計画」とも呼ばれる。なお、「**市街地開発事業**」とは、5章で詳述する土地区画整理事業や市街地再開発事業などを指し、都市計画を実現するための手段である。

2 都市計画の目指すもの

　都市計画は、「**都市の健全な発展と秩序ある整備**」（都市計画法第1条。以下、法1条のように略す）を図り、私たちが「**健康で文化的な都市生活及び機能的な都市活動を確保**」（法2条）できるような都市とすることを目指している。もちろん、その前提には私たちの生命に危険が及ぶことの無いような安全な都市であることが必要である。

　都市計画法では、さらに、都市計画は「**農林漁業との健全な調和を図りつつ**」進めること（法2条）、「**国土の均衡ある発展と公共の福祉の増進に寄与する**」こと（法1条）を謳っている。

　このように、都市計画は、一個人や一企業のためではなく、すべての人が健康で文化的かつ都市機能を享受しながら暮らせる福祉の行き届いた都市づくりを目指し、さらには特定の都市だけが発展するのではなく、農林漁業を主とする農山村地域も含めた国土全体の発展を目指してつくられるべきものなのである。

　現実の都市では、これまでにさまざまな問題が起こってきた。そして、将来に向けて課題も抱えている。

3 古典的都市問題と近代都市計画

　現在の都市計画理論や技術の元になっている近代都市計画は、産業革命以降に都市で生じてきた深刻な都市問題に対処するために生まれてきたものである。

　この時期の都市問題を、**古典的都市問題**ということがある。古典的都市問題は、工業化に由来する経済的貧困とスラムの問題だった。工業化によって大量の労働者が都市へと流入した。しかし、労働環境や生活環境への配慮は欠けていて、労働者たちの住まいは狭く不十分であり、ばい煙や河川の汚染もひどく、不衛生な居住環境での生活を強いられた。疫病も発生するなど、しわ寄せは下層の労働者や貧しい都市生活者に集まった。これらの解決を契機に、近代都市計画が誕生した（詳細は1章を参照）。

都市計画がなく勝手気ままに都市が大きくなっていくと、都市は深刻な問題を抱えてしまう。つまり、都市が健全に発達していくためには、計画的配慮、事前の計画に基づく都市づくりが必要で、そのように必要であるがゆえに都市計画が生まれたのである。

4　現代都市の抱える課題

近代都市計画は、工業化により都市が拡大し都市人口が増えていく中で生じてきた数々の都市問題の解決を助け、あるいは問題の発生を未然に防いできた。そして、私たちは都市で一定の水準以上の健全さや便利さ、快適さのある暮らしを実現してきた。

しかし、技術の進展や時代の変化、社会の変化により、都市はいつでも多くの課題を抱えている。

とくに日本では、既に人口や世帯数が減少する局面に入っている。これまでの都市計画は、都市の成長、すなわち人口や世帯数、事業所数の増加に合わせて、都市的土地利用を拡大したり、建物の増加やエネルギーなどの需要の増加に対応すべく、将来を予測し、新しく市街地を開発するなど、成長に合わせた都市を計画してきた。しかし、人口や世帯数が減少すれば、都市の中に空き家や空き地などが増え、これまでの都市施設が過剰になったり維持できなくなるなど、これまでとは異なった都市問題の発生が予想されている。さらには、高齢化の進展に対応したモビリティ（移動性）確保の問題、地球温暖化に起因する気候変動による自然災害の増加、新型コロナウィルスに代表される感染症の世界的大流行（パンデミック）とそれに伴う生活スタイルや就労スタイルの変化への対応、情報通信技術（ICT）の進展による自動運転や自動配送などの社会システムの変化への対応など、これまでの都市生活・都市活動を支えてきた現在の都市のあり方を改変していかねば対応できない多様で複雑な課題が、私たちの眼前に横たわっている。

5　課題解決へのチャレンジ

これらは、もちろん都市計画だけで解決できる課題ではない。しかし、都市計画はこれまでがそうであったように、これらの解決に果敢にチャレンジし、都市社会を支えていく学問であり、技術である。都市計画は、これからも都市における課題解決、および問題発生予防のための学問であり、技術であり続ける。

0・2　都市計画からまちづくりへ

1　都市計画は誰が決めるのか

都市計画は都市の土地利用と都市施設を計画することと述べたが、これを誰が計画するのだろうか。わが国では、法に基づく都市計画（法定都市計画）は、都道府県または市町村、つまり、地方公共団体（行政）が定めることになっている（法15条）。

都市の健全な発展、すべての人が健康で文化的な都市生活及び機能的な都市活動を確保できるような都市を目指す都市計画は、各々の地方自治体が定めるのが当然といえば当然である。

しかし、都市計画は地方公共団体が勝手に定めるわけではない。都市計画の実現には、個人の権利（私権）の制限をともなう（法2条）ため、都市計画を定める際には、事前に地権者などの権利者をはじめとする住民との十分な調整が必要になり、公聴会の開催や意見聴取など、計画決定までに住民参加の手続きを踏むしくみとなっている（詳細は2章参照）。

2　計画のあり方・位置づけの変化

都市計画は、その計画内容として、何年も先の将来を見据えながら、都市を取り巻く社会の変化や、都市における問題の発生や進行を科学的に予測し、それらに対応する都市の将来像を提案し示すものになる。

多くは、15年から20年ぐらいの将来を見据えながら、今後10年間に実現を目指す計画を示している。都市計画の実現には幾多の年数を要するため、その間に都市を取り巻く社会情勢や計画時の前提条件が往々にして変化する。このため、5年おきぐらいに計画の見直し・修正が行われることが多い。

都市計画は、共有されるべき都市の将来像（目標）であるので、これがコロコロと変わってしまえば計画とは言えなくなってしまうが、昨今の都市を取り巻く状況の変化は、たとえば気候変動の激化による豪雨災害の発生や疫病によるパンデミックの影響など、激しいものがある。

こうした中で、都市計画の計画としての位置づけも、一度決めたらその完遂を目指すというものから、目標そのものを柔軟に（しなやかに）修正しながら進める

というものに変わってきた。

3 まちづくりという視点

都市が都市計画により物的な空間として実体化するとしても、物的な空間（器）が用意されただけで健康で文化的な都市生活及び機能的な都市活動が展開するわけではない。そして、それらは都市計画を定める地方公共団体の力だけで実現するものではない。さらに、人々のより質の高い都市生活・都市活動への希求は止むことがない。

こうした中から、物的な空間（ハード）だけでなく生活や活動（ソフト）もセットにして、よりよい都市づくりをめざす「まちづくり」という概念が広まった。

まちづくりは、次のように定義できる。

「まちづくりは、特定の地域における住民らによる自律的で継続的な、居住環境の改善や魅力向上等に関する一連の活動である。」

4 参加型のまちづくり

都市計画の決定主体が地方公共団体（行政）であるのに対して、まちづくりの主体・主役は住民（市民）、さらには事業者や従業者（企業市民）であることが多い。そして、これら市民と行政が手を携え協働してまちづくりに取り組むことも増えてきた。

まちづくりに関わる住民たちは、集まり、身近な環境について見て歩いて、考え、将来像を描き、それを共有し、自分たちのまちを望ましいものとするために、自ら活動している。

都市計画がトップダウン型で決められていくのに対し、まちづくりではボトムアップ型で物事が決まっていく。まちづくりは、その活動が対象とする分野や範囲が広く、多くの人が関わることができる。

5 市民参加型の都市計画案づくり

わが国において、まちづくり活動が盛んになったのは1980年代頃からだが、参加型のまちづくりが広まるにつれて、地方公共団体が定める都市計画の立案に関しても、法が定める住民参加の手続きを超えて、参加型で市民とともに案を作成する地方公共団体も増えている。

単に物的空間の計画案を作成するのではなく、市民が将来望む都市像やそこでの都市生活像を参加型で考

え、その生活を実現するにはその都市はどうあればよいのか、どんな物的空間がそれを支えるのかを考えて、都市計画の案を作成するのである。フューチャーデザインという計画手法も探求されている。

6 まちづくりの視点からの都市計画

都市計画およびまちづくりにおいて、計画を作ること、計画を定めることには、次の3つの意義がある。
①計画により、将来の方向と目標像を明らかにすることで、それを共有できること
②将来を科学的・客観的にも予測し、問題の発生に計画的に対応できること
③競合、対立するようなさまざま主体や組織、さらには市民・事業者・行政といった立場が異なる主体が、協働して計画の実現に取り組むことができること

つまり、計画は、みんなでまちの課題や特性、将来像を共有し、互いに調整しながら実現していくための道しるべである。参加型まちづくりの時代の都市計画は、そのような優れた計画として作成されるべきである。

本書は、このようなまちづくりの時代における都市計画を学んでいただけるように意図して以下のように構成している。

0・3 本書の構成と使い方

本書は、図0・1に示すように、この序章を除いて14章から構成されている。ここでは、構成の概要を示しておく。

序章の以下の部分では本書の導入として活用方法を示し、まず第1章では都市計画に関する基礎的な教養として、都市計画の歴史や都市計画に関する各種の理論を紹介している。

続く第2章から第5章までが、都市計画法の体系に基づき、法定都市計画や都市計画事業について解説をしている。内容としては、都市計画の法体系、法定都市計画の内容、都市計画マスタープラン（以上、第2章）、土地利用計画、用途地域（以上、第3章）、建築物のコントロール、地区計画、建築協定、地域における合意形成（以上、第4章）、土地区画整理・市街地再開発などの市街地開発事業（第5章）などであり、

序章 (都市計画と まちづくり)	主に法定の都市計画・事業		分野別のまちづくり	
	2　都市計画法の体系と マスタープラン		6　住環境の計画	
1 都市計画の 歴史と理論	3　土地利用計画		7　公園・緑地計画	
			8　景観計画	
			9　都市交通計画	
	4　地区計画と 建築物のコントロール		10　パブリックライフの計画	
			11　防災・復興まちづくり	
	5　市街地開発事業と 都市再生		12　国土と農山村の計画	
			13　低炭素・脱炭素都市づくり	
	14　都市調査・都市解析			

図0·1　本書の構成（各章の位置づけ）

都市計画の根幹にかかわる部分である。

　その後、第6章から第13章までは、分野別、あるいは特定のテーマや視点でのまちづくりを扱っている。内容としては、住環境の計画（第6章）、公園・緑地計画（第7章）、景観計画（第8章）、都市交通計画（第9章）、防災まちづくり（第11章）、広域計画、農山漁村の計画（第12章）などであり、パブリックライフの計画（第10章）、低炭素・脱炭素まちづくり（第13章）など、従来の都市計画教科書では独立した章として扱われてこなかったが、今後のまちづくりにおいて重要となるテーマの章をとくに設けている。

　第14章都市調査・都市解析は、都市計画の作成全般にかかる調査や解析の仕方を示すものとして、独立した章とした。ICT技術の進展により、計画作成技術も日々進化しているが、それらも出版までの時期で可能な限り内容に盛り込んだ。

　第10章・第13章・第14章などが、従来の都市計画教科書とは取扱いが異なりこれからの時代に合わせて都市計画を学んでいく人に学んでほしい部分で、本書を特徴づけている。

①図説（図・写真の多用、事例が多くわかりやすい）

　本書の特色は、書名に図説とあるとおり、図や写真、表を豊富に使用しながら解説しており、都市計画について、視覚を通して、構造的に理解でき、知識が身に付いていくことである。

②身近なまちづくりの視点から都市計画を記述

　従来の都市計画教科書ではその内容や、章の構成においても伝統的な都市計画の捉え方を中心に整理されているものが多く、まちづくりという視点は新しい動きとして独立して扱われていることが多い。これに対し、本書では、まちづくり的視点を通奏低音のように各章で貫き、都市計画に関することを身近なところから解説している。そして、都市計画は、都市における諸課題に立ち向かうものであることを示し、課題解決に向けては市民自身が主体となってまちづくり活動の中で取り組むことができることや、その際に課題解決のツールとして都市計画がどのような役割を果たすのかを伝えることを目指して紙面を構成している。

③各章の構成

　第1章から第14章の各章の構成は、基本的に図0·2に示すようになっている。

　まず、各章には「写真等」と「問いかけ」という形の扉があり、本文、そして後半に例題を配している。

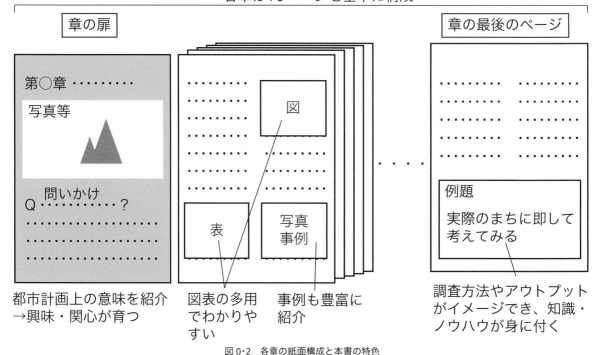

図 0・2　各章の紙面構成と本書の特色

　扉の「写真等」と「問いかけ」では、章全体に通底する問いかけをしている。ここは、まだ都市計画に具体的なイメージがない人に、日々住むまちで目にしているようなありふれた風景写真等を題材として、「なぜここはこうなっているのか」等と問いかけた上で、その都市計画上の意味や都市計画の目的などを簡単に紹介しつつ、後に続く本文での学習へと興味・関心を誘う導入部である。

　本文では、内容の理解を促す観点から、項目ごとに図や写真、表などを多用しながら事例も交えてわかりやすく解説するとともに、重要な用語（ターム）は朱字で示すなど、視覚的に理解しやすいように工夫している。事例は、特定の地域や都市に偏らないように配慮している。

　さらに、各章末に1題ずつ例題を示している。例題は、読者の住む実際のまちに即して具体的に考えられる内容を取り上げ、そのテーマについてどのように調べ、分析し、アウトプットをまとめるかについても示しているので、ぜひ取り組んでみてほしい。また、まち歩き、フィールドワークの時に参考になるような情報について関連する章で触れるとともに、ワークショップなど意見交換の方法などは第14章にまとめているので、これらを参照されたい。

01

都市計画の歴史と理論

復興局公認 東京都市計画地図
(1924 年［大正 13］5 月 15 日、江戸東京博物館蔵)

Q 「都市」は計画的につくれるか？

「都市」は計画的につくられるのか。そして、都市の「カタチ」はどのように決まっていくのか。都市は歴史の上に成り立っている。それはそれぞれの時代や地域における智慧と工夫の積み重ねである。ある時代においては統治者の権威を示すものであり、ある地域においては人々の生活する上での工夫が体現されたものである。特に近代都市計画においては、社会の状況が引き起こす都市の課題を是正するために、都市改造による都市構造の改変、法整備による社会システムの改善、理想都市の提案とその実践、都市の状況を読み解くための調査手法の確立など、多様なアプローチによる試みがなされている。

都市計画を学ぶ初歩として、都市計画の歴史とともに都市ができるメカニズムを概観し、現在の都市がどのようになっているか、これからの都市はどうなっていくかを考える上での基礎としていただきたい。

1・1　都市とは

現在、「都市」と呼ばれる場所は世界に多数ある。都市は人間の様々な活動の受け皿となっており、現代社会に生きる私達にとっては欠かせないものである。

それでは「都市」とはどのようなものか。結論から言えば、都市については一定の統一された定義は存在せず、次章以降に解説される法律等においても、都市を説明するような記述はない。また、国・地域・主体によって都市が指すものは異なるため、その文脈において都度判断する必要があるが、広義における「都市」と、もう少し具体的な概念としての「都市」について整理したい。

住居が集積して地域社会が確立している地域を「集落」と呼ぶが、農業や漁業などの第一次産業が基盤となっている集落を「村落（農山漁村集落）」、村落よりも人口密度が高く工業や商業などの第二次・第三次産業の従事者が多い集落を「都市（都市的集落）」としている。

これを踏まえた上で、さらに2つの概念がある。ひとつは、「都：政府がおかれる場所、繁華な中心的な場所」「市：人が集まり交易する場所」といった意味から、政治・経済・文化の中心性を有している地域を都市と定めている。これは人口が多く、第二次・第三次産業の従事割合が高いことに加え、行政機関、財やサービスを交易できる市場、文化的活動が行える場が存在しなければならない。さらに、人々の活動を支える上で必要となる交通施設や住宅施設をはじめとする都市施設の集積も必要となる。また、国土利用計画法などにおいては「都市地域」を「一体の都市として総合的に開発し、整備し、及び保全する必要がある地域」と定めており、関連の深い周辺地域も含めて使われているとも考えられる。

もうひとつは、地方公共団体の区分である市町村を指すものであり、特に「市」であることが多い。この場合、域内には先述の都市あるいは都市地域でない部分もあるが、自律的に一定の地域を運営・管理する主体としての地方公共団体を都市と表現している。

都市計画においては、都市計画区域などといった場合の「都市」は、主に「都市地域」の意味合いが強く、市町村の行政区域よりも広い範囲で、あるいは狭い範囲で設定される。それに加え、将来的に整備される予定の地域も含まれるため、現状において都市地域ではない部分も含まれる場合があることに注意されたい。

表1・1　都市および地方公共団体である「市」の定義

	要件・定義	出典
都市	地域の社会的、経済的、政治的な中心となり、第二次、第三次産業を基盤として成立した人口、施設の集中地域。行政区分上は郊外を含むことも多い。	日本建築学会『建築学用語辞典第二版』岩波書店、1999
市	1) 人口5万以上 2) 中心市街地を形成している区域内に全戸数が6割以上 3) 商工業その他の都市的業態に従事する者及び同一世帯に属する者が全人口の6割以上 4) その他、当該都道府県の条例で定める要件を具えている	地方自治法

1・2　都市の形成と近世までの都市の特徴

都市は、人口の集積といった意味だけでなく、政治・経済・文化の中心であることから、その形成過程における社会背景が重要な要素となっている。ここでは、集落の発生も含め、簡単に触れておきたい。

1　集落の発生と都市の形成

集落や都市ができるまでに、2つの革命があったと考えられている。ひとつは新石器時代の食糧生産革命である。農業や家畜飼育を始めたことで、一定の場所に留まり生活を送るようになり、集落が発生するようになった。食糧生産革命は、人々の生活様式だけでなく、農業に長けた者、（農業は天候に左右されることから）宗教的な指導者といったヒエラルキーを発生させたが、このことは集落内の住居、倉庫などの位置から、その存在を確認することができる。

もうひとつは都市革命と呼ばれている。農業が始まると徐々に農機具や灌漑など、生産効率を高めるための技術が考えだされる。農業技術の発展は余剰食糧を生み出し、例えば農機具を専門的に製作する職人、他集落の生産物との交換などを生じさせた。こうした食糧生産以外に携わる人の増加や他集落との関係性の中で、商業、行政、防衛などの都市機能が備わり、都市としての基盤を作っていくこととなる。

2 古代における都市国家

　都市国家が発生するようになると、都市間の主従関係が生じるようになり、統治と防衛がより重要となることから、権威的な建物とともに劇場・競技場などの公共施設が建設された。メソポタミアの古代都市ウルクでは、**居住区**、**工房**、**神殿**、**城壁**などとともに、**運河網**が建設されており、農業地帯への交通や、他都市との河川交易に活用された。ギリシアの**ポリス**においては、アクロポリスの神殿や都市中央に設けられた**広場**（Agora）を核として、**野外劇場**や**競技場**などの公共施設が建設されている。帝政期のローマでは、ローマ大火をきっかけに都市改造が行われ、**広場**（Forum）を中心に、**円形競技場**（Colosseum）、**公会堂**（Basilica）、**公衆浴場**（Thermae）、**野外劇場**（Teatro）など壮大な公共建築が建設された（図1・1）。日本をはじめ広くアジア圏に影響を与えた中国・唐代の長安（現・西安、図1・2）では、**宮城・皇城**から伸びる朱雀大路を中心に左右対称の都市構造となっており、東西の大路（**条**）および南北の大路（**坊**）によって碁盤の目状に区画が分けられている（**条坊制**）。

3 中世から近世の都市

　帝政ローマが東西に分裂すると、各地で情勢が不安定な時期が続くことで、より強固な城壁により要塞化した**城郭都市**が多くみられるようになる。これらの都市は、不規則・不整形な街路網を有しており、人口増加に伴い、城壁を外側に拡張することで都市を拡大させた。また、帝政ローマがキリスト教を公認したことにより、公会堂は教会堂に置き換わり、都市の中心に大聖堂が建設されるようになる。

　中世後期から近世にかけては、十字軍の遠征の中継拠点となり中東などとの交易により発展した北イタリアの都市（ヴェネツィア、ミラノ、フィレンツェなど）、北海・バルト海の商人が中心となりハンザ同盟が結ばれた北ドイツの都市（リューベルク、ハンブルク、ブレーメンなど）など、**商業都市**も台頭してくる。こうした都市は、城壁や地形などで防衛対策を講じた上で、教会、アーケード、市場、広場、ギルド街を中心とした都市構造となっている。

　また、ルネサンス期前後には「**都市景観**」という概念が発見され、都市計画の中に修景技法が取り入れられ始める。荘厳美麗な建築や庭園などの権威的な建築物を中心に大通りや広場が計画されるようになるが、主権国家体制が形成されつつあるなかで、首都や主要都市では都市景観を意識した計画がなされている。パリのシャンゼリゼ通りも、この時期に整備されている。

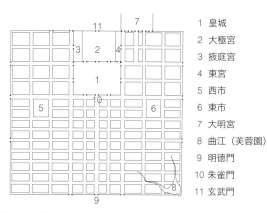

図1・2　唐代の長安（出典：平岡武夫『長安と洛陽・地図（唐代研究のしおり第7）』京都大学人文科学研究所、1956、を基に筆者作成）

1　皇城
2　大極宮
3　掖庭宮
4　東宮
5　西市
6　東市
7　大明宮
8　曲江（芙蓉園）
9　明徳門
10　朱雀門
11　玄武門

図1・1　帝政時代のローマ（出典：都市史図集編集委員会『都市史図集』彰国社、1999）

図1・3　サンピエトロ寺院と都市軸

1・3 近代都市計画の発展と都市計画理論の展開

　フランス革命に代表される市民革命や、イギリスから始まる産業革命は、近代国家の成立を促し、都市の主権を王侯貴族や教会から市民、特に資本家へと移行させた。工場が都市に立地されたことによる都市への人口流入は住環境を悪化させることとなるが、住環境の改善と都市膨張の管理・抑制を目的として、近代都市計画は発展していくこととなる。

1　大都市における法整備と都市改造

　最初に産業革命が起こったイギリスでは、労働者の劣悪な住環境に関するサニタリー・レポート（通称**チャドウィック報告**、1842年）を皮切りに、**衛生改善運動**が活発化し、その後、上下水道、清掃等の規則を定めた公衆衛生法（1848年）、労働者住宅の改良や衛生改善を定めた労働者宿泊所法（1851年）、道路幅員や棟間の空地などを定めた改正公衆衛生法（1875年）と、公衆衛生に加え建築規制・開発規制へと拡大した。その後、開発区域と郊外区域、インフラや公共施設および住宅などの計画の基準、都市計画の実施主体などを定めた住宅・都市計画法（1909年）と今日の都市計画に続く基礎が築かれていく。

　フランスのパリでは、1853年にセーヌ県知事に就いた**ジョルジュ・オスマン**（1809-1891）により大規模な**都市改造**が進められた。3つの原則（①街路の拡幅と直線化、②幹線道路の複線化による交通循環の円滑化、③斜交路による拠点の接合）による街路・街区の再構成、森林公園・都市公園と広場の整備、土地の収用とデザイン規制などが計画・実施され、現在までのパリの景観を生み出している。また、当時流行したコレラの感染対策のため、綿密な管渠ネットワークをもった上下水道の敷設も行われている。

2　理想的な都市モデルと実践

　イギリスでは法整備の一方で、都市郊外部に理想的な住環境とコミュニティの実現を試みる動きもあった。ユートピア社会主義者である**ロバート・オーエン**（1771-1858）は、農業と工業の共存を図る都市計画（**理想工業村**）を提案した。ニュー・ラナークでは、労働環境にとどまらず、子供達の教育環境の改善を含めた共同体的なコミュニティの実現を図った。

　また、社会改良家である**エベネザー・ハワード**（1850-1928）は、都市の機能と農村の環境が併存する自給自足の都市（**田園都市**）が理想的であるとした。田園都市では、人口規模の制限、農地による都市膨張の抑止、商業施設や工場の配置、土地の公的保有と開発利益の社会還元、自治運営組織を中心とする協同的コミュニティなど、都市の空間構成だけでなく社会システムについても提案した。著書*1の出版後、構想実現のため田園都市協会を設立し、レッチワース、ウェリン・ガーデンシティの建設にも携わった。この他、国際住宅・都市計画連合（IFHP：International Federation for Housing and Planning）の設立に寄与し、「大都市圏計画の7原則」*2の宣言にも影響を与えた（図1・4）。

3　科学的見地からの都市計画

　生物学者・社会学者・都市計画家であった**パトリック・ゲデス**（1854-1932）は、生物学の生態的観点を都市に応用し、調査・統計などによる科学的根拠から都市問題の解決を図ることの必要性を示した上で、Civ-

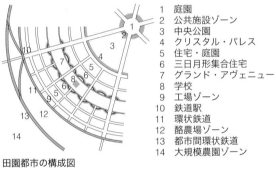

1	庭園
2	公共施設ゾーン
3	中央公園
4	クリスタル・パレス
5	住宅・庭園
6	三日月形集合住宅
7	グランド・アヴェニュー
8	学校
9	工場ゾーン
10	鉄道駅
11	環状鉄道
12	酪農場ゾーン
13	都市間環状鉄道
14	大規模農園ゾーン

田園都市の構成図

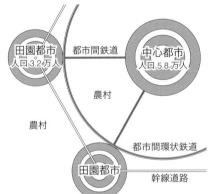

都市間の構成：中心都市と田園都市は鉄道で結ばれ、25万人規模の都市群となるモデルを構想

図1・4　田園都市のダイアグラム（出典：Ebenezer Howard：*Garden Cities of To-Morrow*, Swan Sonnenschein & Co., Ltd, 1902 を基に筆者作成）

ics（市政学もしくは都市学）という学問領域を確立した（1915 年「Cities in Evolution」を発表）。ゲデスは、都市を計画・改善する上で、事前の地域調査（Regional Survey）の重要性を主張した。また、都市の進化の過程を読み解き、歴史的文脈（コンテクスト）を重視した保存的外科手術（Conservative Surgery）により、住民の生活を維持しながら衛生問題などの課題解決を図ろうと試みた。

4　都市美運動とゾーニング制の導入

アメリカにおいては、16 世紀の入植から続く大規模な移民により、都市が形成し始めるが、18 世紀後半からの急速な都市化により様々な都市問題が顕在化した。こうした中、1893 年のシカゴ万博を契機に**都市美運動**がおこり、都市の美観整備とシビック・アートの導入、市民運動の推進、都市公園の整備などが注目された。

ニューヨークでは、地域ごとに規模、用途、土地利用、人口密度を規制する**ゾーニング制**（地域制条例）が 1916 年に導入された。これは行政に都市計画における一定程度の自由裁量権を認めることとなり、多くの都市でも導入されることになった。

5　自動車社会での都市計画

アメリカの都市計画研究者の**クラレンス・ペリー**（1872-1944）は、都市部でのコミュニティの欠如、モータリゼーションによる自動車社会の到来に対処するため、小学校区を基本単位とした**近隣住区**（1929 年「The Neighborhood Unit」を発表、図 1・5）を提案した。この中で、近隣住区あたりの人口規模（5 〜 6000 人）、コミュニティ・センターや公園・オープンスペースの配置、通過交通の排除などが示された。近隣住区の思想を取り入れた計画としては、クラレンス・スタイン（1882-1975）らが計画した**ラドバーン**が挙げられる。3 つの近隣住区による住宅地で、駅を中心としたタウンセンターと工業用地・商業用地が配置された自己完結型の都市として計画された[*3]。通過交通を排除するための**クル・ド・サック**（袋小路）や**歩車分離**の交通処理システムは「ラドバーン・システム」と呼ばれ、多くの都市で取り入れられている。

6　機能主義の都市計画

フランスの建築家ル・コルビュジエ（1887-1965）は、

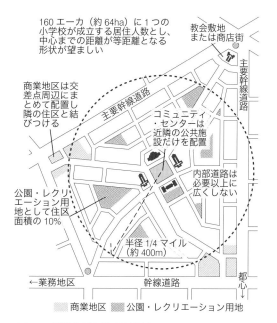

図 1・5　近隣住区のダイアグラム（出典：Clarence A. Perry：*The Neighborhood Unit*, *Regional Survey of New York and Its Environs vol.7*, Regional Plan of New York and Its Environs, 1929 を基に筆者作成）

「300 万人の現代都市」（1922 年、図 1・6）、「**輝く都市**（1930 年）」などを発表し[*4]、人口集中と劣悪化する都市環境に対し、都市の機能を合理的に配置することで都市環境の改善を図ろうとした。これらの計画においては、明確な用途区分、建築物の超高層化による広大なオープンスペースの確保、各機能を連結する直線的で立体交差する交通システムなどが提案されている。また、コルビュジエが中心となり組成した CIAM（近代建築国際会議）の第 4 回会議において、近代都市のあるべき姿を示した「**アテネ憲章**」を採択した。アテネ憲章では、都市の機能は、住居、労働、余暇（レクリエーション）、交通にあり、都市は「太陽・緑・空間」を持つべきであるとしている。これらのコンセプトは今日まで計画都市の建設や既存市街地の再開発に応用

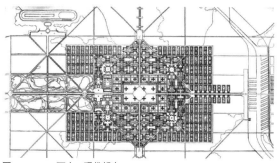

図 1・6　300 万人の現代都市（出典：Max Bill, *Le Corbusier & Pierre Jeanneret 1934-1938*, Editions Girsberger,1945）

されている。

7 反機能主義の都市思想

　1920 年代後半以降の機能主義的な都市計画は利便性や機能性をもたらした反面、単調で画一的な空間、ヒューマンスケールの逸脱、コミュニティの衰退などの問題も発生させた。こうした中、人が生活する環境としての魅力を再認識・再構築しようとする動きがある。

　ケヴィン・リンチ (1918-1984) は著書 *The Image of the City*（1960 年）の中で、「わかりやすさ（Legibility）」≒「イメージしやすさ（Image-ability）」が都市環境に重要であると説き、都市のイメージを形成する 5 つの要素（Path ［道路］、Landmark ［目印］、Edge ［縁］、Node ［結節点］、District ［地域］）を提示した。さらに都市計画に携わる者は、パブリックイメージの質の向上を図るための空間操作が必要であると主張した。

　アメリカのジャーナリストであるジェイン・ジェイコブス（1916-2006）は、*The Death and Life of Great American Cities*（1961 年）を出版し、都市には**多様性**が必要であると主張した。多様性を成立させる条件としては、①街区内での機能や用途の混合、②小規模な街区、③年代・状態の異なる建物の混在、④高密度な人口を挙げ、機能主義的な近代都市計画を批判した。

8 持続可能な都市への展開と伝統的コミュニティへの回帰

　1972 年以降、ローマクラブが発表した *The Limits to Growth*（1972 年）、国連人間環境会議が採択した「人間環境宣言」（1972 年）をきっかけに、資源枯渇や環境対策が注目されはじめ、1984 年には「環境と開発に関する世界委員会（WCED、通称：ブルントラント委員会）」が国連に設置され、その報告書 *Our Common Future*（1987 年）の中で「**持続可能な開発（Sustainable Development）**」というコンセプトが掲げられた[*5]。その後も、国連や首脳会議などで環境への配慮と開発の在り方が議論され続けている。

　このような流れの中、オペレーションズリサーチの専門家である G・B・ダンツィク（1914-2005）と T・L・サアティ（1926-2017）は *Compact City*（1973 年）を出版し、都市における空間の重層化と活動時間の平準化により都市活動の効率化を図る同心円状の集中型

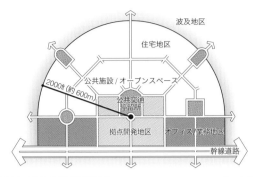

図 1・7　TOD のダイヤグラム（出典：ピーター・カルソープ（倉田直道，倉田洋子訳）『次世代のアメリカの都市づくり─ニューアーバニズムの手法』，学芸出版社、2004 を基に筆者作成）

都市モデルを提案した。その後、様々な研究者などにより、集中型都市モデルが**持続可能な都市（Sustainable City）**としての観点から評価され[*6]、今日における**コンパクトシティ**政策へとつながっている。

　1991 年にはアメリカでピーター・カルソープらが中心となり**アワニー原則**が発表され、公共交通機関を中心とした複合土地利用、ヒューマンスケールで歩行者中心の生活圏の確立などが提案されている。こうしたコンセプトは TOD（Transit-Oriented Development、**公共交通指向型開発**）として、住宅地開発や都市再開発プロジェクトに取り入れられており、中心市街地における駅周辺への開発誘導や、市街地への自動車交通を抑制する**パーク・アンド・ライド**などの交通政策に反映されている。

　また、同時期にイギリスではチャールズ皇太子が中心となり、*Urban Villages*（1992 年）を発刊し、伝統的なコミュニティの再構築と質の高い都市空間を実現するためのコンセプトを提案した。このコンセプトは、国の計画政策指針「**PPG**」（Planning Policy Guidance note）に取り入れられ、アーバン・タスクフォースによる報告書 *Towards an Urban Renaissance*（1999 年）などを経て、目標となる都市像として位置づけられている。

1・4　日本における都市計画史

1 近世までの都市

　日本においては、日本書紀にも記されている難波長柄豊崎宮が最古の計画都市とされている。その後、近

江大津宮（667年）、藤原京（694年）、平城京（710年）、長岡京（784年）、平安京（794年）などの都市造営がなされるが、藤原京以降は**条坊制**が施され、中国の都市建設の思想を強く受けている。

こうした首都建設以外では、鎌倉時代以降、**城下町**が地方有力武士により形成される。城下町では、城を中心に武家地、町人地や寺社地が配置され、城に続く街路はT型や鍵型にするなど城の防衛に適した形状となっているところが多い。町人地においては身分や業種の格式などから、同業種で固まることが多く、同業種団体である座が結成されることもあった（船場町、鍛治屋町、米屋町などの地名が現在でも残る）。その他、有力な寺社仏閣を中心に栄えた**門前町**（長野市など）、主要街道沿いに発達した**宿場町**（福島県大内宿、三重県関宿など）などもあり、現在の都市の基盤が形成されている。

大阪では、豊臣秀吉の大坂城築城に合わせ碁盤目状に区画割した城下町が計画された。街路とともに水路と背割下水（**太閤下水**）と呼ばれる下水溝を整備した。江戸は、江戸城を中心に渦巻状に濠を配し、それに五街道（東海道・中山道・甲州街道・奥州街道・上州街道）をはじめとする幹線街道が重なることで、放射状の都市構造となっている。

2 東京における近代都市計画の導入

江戸から明治になり、文明開化の掛け声とともに欧米の都市を目標とした都市計画が行われるようになる。当時の東京市には既に120〜140万人程度の人口があったとされ、高密な環境で生活が行われていた町人地は、伝染病の蔓延や火災の原因となっていた。こうした中、1869年や1872年の大火を契機に、銀座で初めて土地区画整理事業が行われ、道路拡張や建物の不燃化が行われた（**銀座煉瓦街**）。1888年には、東京市の都市整備を目的とした東京市区改正条例が公布され、道路、公園、運河、上下水道の整備が行われた。1923年には、同年に発生した関東大震災を受けて**帝都復興計画**が立案された。予算不足のため計画は縮小したが、土地区画整理を軸に、将来的に敷設される地下鉄を見据えた幹線道路の建設、河川運河の改修が行われた。また、市民の避難場所としての公園の重要性が認識され、大規模な**復興公園**（浜町公園・隅田公園・錦糸公園）と、小学校に隣接した復興小公園（52ヶ所）が設置された。

図1・8　開発初期の田園調布（出典：東京市『東京市域拡張史』、中外印刷、1934）

住宅政策では、国内外からの震災義援金を元に**同潤会**が設立され、1926年から1933年にかけて鉄筋コンクリート造の住宅団地が建設された。

この時期、ハワードの田園都市論が国内で紹介され、関西では小林一三と現・阪急電鉄、東京では渋沢栄一らと現・東急が、**田園都市**のコンセプトを参考に住宅地開発を行っている（図1・8）。

3 地方の産業振興と旧都市計画法の制定

明治から続く富国強兵・殖産興業と戦争[7]は、軍需工場を中心とする重工業を発展させ、都市人口の増加と密集市街地の形成など都市内部の住環境の悪化に加え、市域外縁や郊外部へ都市化を促進させた。こうした都市環境の悪化と都市の拡大に対応するため、1919年に**旧都市計画法**（1968年制定の都市計画法と区別するため「旧」をつける）および**市街地建築物法**が制定され、都市計画区域、計画の決定手続き（都市計画決定）、地域地区制（「住居地域」「商業地域」「工業地域」「無指定地域」の実質3地域）、土地区画整理事業、受益者負担金制度などが定められた。1930年代になると小都市や農村も含めた総合的な地方計画も定められるようになる。こうした法整備には、ドイツのアディケス法やIFHPの「大都市圏計画の7原則」など、欧米の都市計画手法が参考にされている。

満州事変（1931年）以降、戦火の拡大とともに国内の都市計画は防空と工業の地方分散に重きが置かれる

ようになるが、一方で満州・台湾・朝鮮などにおいては、支配・経営政策の一環としてではあるが、近代都市計画理論の実践が試みられた（図1・9）。内田祥三、高山英華らによる大同都邑計画（1938年・満州国）では、機能主義的な都市計画手法が取り入れられ、業務・住居・レクリエーション地区を軸として、地域制・グリーンベルト・衛星都市などが計画されている。

4　戦後復興と高度経済成長期

　戦争による被害は莫大であり、終戦（1945年）直後は420万戸の住宅不足となったが、戦後の財政難により復興の出足は遅かった。しかし、朝鮮戦争（1950年）による朝鮮特需をきっかけとして高度経済成長が始まると、都市においても急速に開発が進み、都市人口も増えていくこととなる。1960年代には、太平洋ベルトを中心としたコンビナートが整備され、これらをつなぐように高速道路[8]・新幹線[9]が建設された。さらに大都市では都市高速道路の建設、地下鉄の増設・開業により、都市交通も大きく変化した。

　大都市およびその近郊においては、民間企業や公団・公社など様々な事業主体によって、大規模な都市開発事業が行われた。東京においては、日本初の大規模再開発事業である新宿副都心（1960年〜）、日本初の超高層ビルである霞が関ビルディング（1964年〜）の

建設など、**超高層ビル**が都心部に次々と計画されるようになる（図1・10）。この他、駒沢オリンピック公園計画（1964年）、大阪万博会場建設（1970年、現・万博記念公園）といった国際的なイベントに向けた開発も行われた。都市近郊における住宅地開発においては、田園都市論や近隣住区論のコンセプトを計画思想として取り入れた千里ニュータウン（1958年〜）、高蔵寺ニュータウン（1961年〜）、多摩ニュータウン（1965年〜）などがある。

5　新都市計画法の制定

　高度経済成長期以降、大都市や特定都市への開発政策により、都市部への人口・経済・産業の集中が加速することとなる。首都圏の人口は約1305万人（1950年）から2411万人（1970年）と増加し[10]、三大都市圏で全人口の46.5%を占めるまでとなる[11]。都心部への人口集中は住宅の密集など住環境の悪化を招き、郊外へと開発は拡大していくが、このことが郊外部の無秩序で無計画な開発（**スプロール現象**）や都心部での人口流出による空洞化（**ドーナツ化現象**）を引き起こし、郊外から都心への通勤ラッシュなど、多くの課題を発生させた。一方、産業集積地では、大気汚染・水質汚染・騒音などの公害を引き起こし、四日市や水俣などでは深刻な公害病も発生するまでとなった。さらに、都市に近い農村・漁村においては、土地区画整理や埋立などにより農地や漁場を喪失する地域もでるなど、多くの「ひずみ」を生み出すこととなった。

　こうしたことを受け、1968年に現行法となる**都市計画法**が制定、1970年に建築基準法が改正され、集団規定が新たなものとなった。これらの法整備では、市街化区域・市街化調整区域の区域区分とともに、開発許

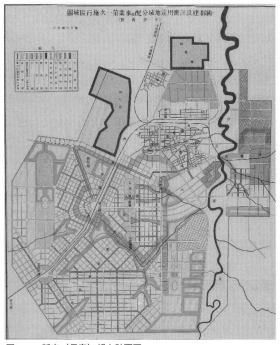

図1・9　新京（長春）都市計画図（出典：新京特別市公署『新京市政概要』満州国国務院国都建設局、1934）

図1・10　新宿副都心の変遷（出典：CBRE株式会社「西新宿のオフィスビル開発の経緯」写真：東京都提供 https://www.cbre-propertysearch.jp/article/business_area_survey_nishi-shinjuku-2007-vol1/、2022.9.6 アクセス）

可制度や用途地域の細分化と容積率の指定が新たに定められた。さらに、都市計画の決定権限を国から都道府県・市町村に移譲し、住民参加手続きも導入されるなど、都市計画策定のためのプロセスが新たに示された（現行の都市計画法は2章を参照）。

6 都市の拡大からコンパクトシティへの転換

1970〜80年代になると、各地で都市の再編が図られるようになり、民間事業者による**都市再開発**が促進された。その一方で、都市化による自然環境悪化や公害などが深刻化し、緑地の保全や環境影響評価にも目が向けられた。1990年代になると、地方都市の中心市街地の空洞化がより顕著となり、1998年には**まちづくり三法**（中心市街地活性化法、大型店舗立地法、改正都市計画法）が制定され、市街地の再生が取り組まれ始めた。また、1995年に発生した阪神淡路大震災は都市インフラの脆弱性を露見したと同時に、コミュニティを再評価するきっかけとなった。こうした中で、**サステナブルシティ**が注目され、**コンパクトシティ**の概念を都市計画に導入する動きがみられるようになる（詳細は2章を参照）。

1・5 都市のメカニズムとライフサイクル

本節では都市が構成される基本的なメカニズムと都市構造モデルを紹介する。こうした理論やモデルは、地域の特徴による差異や、発表当時の設定条件と異なることで、正確に都市の実情を表現・予測することはできないが、大枠での都市構造や発展経緯を理解する上では大変有用である。

1 集積の利益とメカニズム

人やモノが集まることで都市は形成されるが、集積にメリットがある。産業集積の観点では、①共有・分業：施設等の共同利用による費用の低減や生産工程の分業による効率化、②適合（マッチング）：労働者と雇用者が多いことによる安定した労働市場、③学習：知識・情報交換が容易なことによる技術開発等への活用の3つの要素を挙げることができる[*12]。さらに集積の利益には、特定業種の集積による生産性の向上や知識の波及効果が期待できる「地域特化の経済」と、多

様な産業の集積による新産業の創出や都市経済の安定化が期待できる「都市化の経済」がある。一方で集積には地価や賃金の上昇、交通混雑、公害などといった不利益も発生させる可能性がある。

次に、立地的な観点から集積プロセスを説明するものとして、ホテリングの**立地競争モデル**（1929年）が著名である。これは、「同じ商圏で同じ品質と価格の製品を販売する2つの商店は、最終的に近接した場所に出店する」という法則である。特定の条件下であるが、このモデルでは中心部に商店が隣り合って立地することが互いの商圏の最大化を目指す最適な選択であるといえる（図1・11）。

2 都市構造モデル

近代以降の都市化の過程で、都市の内部空間は土地利用や建物用途によって区分されていくが、1920年代からアメリカにおいて実証的に都市構造の研究が行われた。代表的な都市構造モデルとしては、バージェスの**同心円モデル**（1925年）、ホイトの**扇型モデル**（セクター・モデル）（1938年）、ハリスらの**多核心モデル**（1945年）を挙げることができる。これらは独立したモデルというよりは、都市形成の時期や交通手段による内部空間の変容段階とみることもでき、扇型モデルでは鉄道や幹線道路の存在を、多核心モデルでは自動

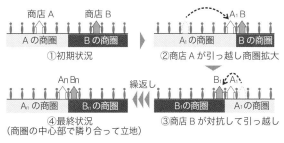

図1・11 ホテリングの立地競争モデル

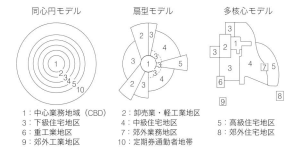

図1・12 都市構造モデル（出典：Harris, C.D., and Ullman, E.L. "The Nature of Cities", *The Annals of the American Academy of Political and Social Science*, 242, JSTOR, pp.7-17, 1945 を基に筆者作成）

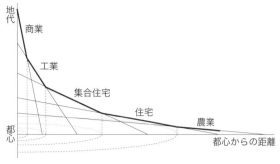

図1・13　付け値地代モデル

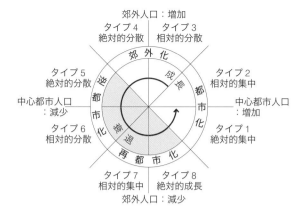

図1・14　都市の発展段階モデル

車交通の発展とゾーニングの影響をみることができる。

都市構造の基礎となる同心円モデルが生じる理由は、アロンゾの**付け値地代理論**（1964年）で説明される。付け値地代とは、支払うことができる最大の地代のことであり、例えば小売業では都市の中心部に近い方が大きな売り上げを期待ができるため、都心における付け値地代は他の業態・用途よりも高くなるが、都心から離れると急激に付け値地代は減少する。これを工業・集合住宅・戸建住宅・農業それぞれに算出した場合、都心からの距離に応じて業態・用途ごとに最も高い付け値地代の帯ができ、これに応じて不動産が供給されるため、2次元でみたときには同心円の土地利用区分となる。

3　都市のライフサイクル

都市は発展の過程で変化を伴うが、クラーセンらはヨーロッパの148都市の分析を通じて、「都市サイクル仮説」（1981年）を提唱している。まず都市中心部の経済発展に伴う人口流出と土地利用の高密度化が起こる（**都市化**）が、中心部の過密に伴う地価高騰や生活環境の悪化、さらには交通機関の発達により郊外部に生活環境を求めるようになる（**郊外化**）。次第に中心部の機能も郊外へ移転するようになると、さらに外縁部にも開発が広がるようになり、中心部の人口減少と相まって都市域全体で人口が縮小する（**逆都市化**）。その後、中心部に人口が再び戻り、これに伴い経済活動が回復するとされる（**再都市化**）。再都市化についての明確な背景説明は見られないが、1950年頃までの中心市街地の衰退とその後の再開発と都心回帰といった現象は、この仮説に則しているとみることもできる。

例題

Q　自身の住む都市や生まれた都市について、古い地図と現在の地図を探し、山・川などの地形、鉄道・道路などの交通網、土地利用から都市構造モデルを作成し、比較してみよう。その上で、今昔の違いに影響した都市モデルや政策が何か、考えてみよう。

注・参考文献
*1　*To-morrow: A Peaceful Path to Real Reform*（1989年）。1902年*Garden Cities of To-morrow*に改訂。こちらのタイトルで良く知られる。
*2　IFHPのアムステルダム会議で提起。①都市膨張の抑止、②衛星都市による人口分散、③グリーンベルトによる都市膨張の管理、④自動車交通への警鐘、⑤大都市周辺における地域計画の重要性、⑥地域計画の柔軟性と公益性、⑦土地利用規制の確立
*3　入居開始の1929年に起こった世界恐慌により計画の大部分の中止を余儀なくされている。
*4　コルビュジエの都市計画思想・手法を示したものとして*Urbanisme*（1925年）、*La Ville Radieuse*（1935年）などの書籍がある
*5　「将来の世代の欲求を満たしつつ、現在の世代の欲求も満足させるような開発」を意味する。
*6　コンパクトシティの議論をまとめたものとして、M. ジェンクスらの*The Compact City; A Sustainable Urban Form?*（1996年）がある。
*7　日清戦争（1894年）、日露戦争（1904年）、第一次世界大戦（1914年）などが挙げられる。
*8　太平洋ベルトを東西につなぐ道路としては、中央自動車道1967年、東名高速道路1968年、中国自動車道1970年、山陽自動車道1982年にそれぞれ供用が始まった。
*9　80年代までに、山陽新幹線1972年、東北新幹線・上越新幹線1982年がそれぞれ開通した。
*10　内閣府『地域の経済2011』「補論1　首都圏人口の変化の長期的推移」、2011
*11　国土交通省、2011『平成18年度国土交通白書』、「第Ⅰ部　地域の活力向上に資する国土交通行政の展開」、2006
*12　Duranton, Gilles and Puga, Diego："Micro-foundations of Urban Agglomeration Economies" in J.V. Henderson and J.-F. Thisse (eds.) *Handbook of Regional and Urban Economics,* Amsterdam: Elsevier, pp.2064-2117, 2004

02

都市計画法の体系と
マスタープラン

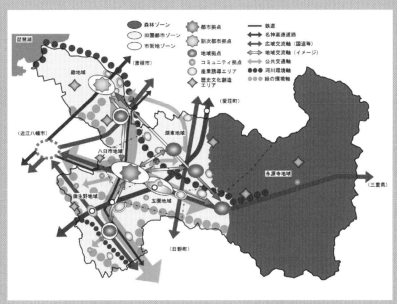

東近江市都市計画マスタープラン「将来都市構造概念図」
(出典：2020 年 6 月、https://www.city.higashiomi.shiga.jp/0000001504.html)

Q　都市計画はどのように決まるのか？

土地の所有者は自由に土地を利用できるわけではない。国土全体の計画があり、その中で都市的土地利用が可能な土地が決められており、我々の生活はこの範囲で行うことが想定されている。都道府県や市町村は、都市計画の主役である市民の意見を聞きながら、将来の都市の計画を策定し、その計画を実現することで具体的にまちをつくっている。こうして個別の土地利用は、マスタープランのような上位計画に基づいて、その枠組みの中で認められる。持続可能な都市の実現に向けて、個人の利益ではなく全体利益の観点から、都市の将来像を検討し、より多くの市民が望む土地利用を実現してくことが、現在、都市計画に携わる者の責任である。

2・1 「都市計画」とその位置づけ

1 物的計画としての都市計画

都市計画の対象は、①道路、鉄道、公園、下水道などの社会基盤施設（都市施設）、②宅地と、③住宅、公共施設などの建築物から構成される空間であり、人が活動する空間のことである。都市計画は、対象が施設や空間という物理量で扱えることから、**物的計画**（Physical plan）に関する計画として位置付けられており、一般的には、物的計画とその実現のための手段、さらにその背景となる計画の哲学と思想の学問であり、都市の空間や施設、開発・保全に関する分野の思想と制度・技術を扱うものである。すなわち、都市計画は、都市空間を対象に、平面的、立体的に将来像を描き、具体的には土地の利用、施設の配置を計画し、実現を図る技術や仕組みといえる。

2 都市計画法の創設とその背景

急速な経済発展による都市の拡張が危惧され、計画的な市街地形成の必要性から、1919（大正8）年、旧**都市計画法**および**市街地建築物法**が制定された。その中で、都市計画とは、「交通、衛生、保安、防空、経済等に関し永久に公共の安寧を維持し又は福利を増進するための重要施設の計画」とされており、施設整備が主体の制度であり、震災復興や戦災復興に対応してきた。

戦後、日本は飛躍的な高度経済成長を経験したが、その結果、都市部への人口流入とそれに伴う環境悪化、公害の発生、土地利用の混乱、大都市の住宅問題、農地の無秩序な宅地化、郊外への市街地の拡大などの都市問題が生じていた。これらの諸問題に対応するため、土地利用コントロールと施設整備を一体的に進めることが求められ、1968年に都市計画法の全面的な改正が行われた。新しく制定された都市計画法においては、市街地のスプロールを抑制する手段として、都市計画区域を市街化区域と市街化調整区域に区分する**線引き**という制度（後述）とそれと連動する**開発許可制度**（3章参照）が新たに導入され、さらに、都市計画決定権限が国から地方公共団体へ移譲され、都市計画決定手続きへの住民参加の導入が定められた。このように、

当時の都市計画は、人口増加時代においていかに計画的に都市を拡大していくのかという点が最重要事項であった。

3 今日の都市計画

2000年の都市計画法改正に先立って、都市計画中央審議会は、「日本の都市は、急速な『都市化の時代』から安定・成熟した『都市型の時代』へ移行した」との答申を示し、人口減少社会での都市のあり方が議論されるようになった。戦後、一貫して増加してきた日本の人口は、2008年（1億2808万人）をピークに減少しており、さらに、2020年からの30年間においては約2割程度の厳しい人口減少が見込まれている。日本においては、高齢社会は現実のものとなり、とりわけ、地方都市においては、地域の産業の停滞をはじめとした活力の低下が危惧され、加えて住宅や店舗等の郊外立地による市街地拡散とそれに起因する低密度な市街地の形成は、人口減少下における厳しい財政状況において行政サービスの提供を近い将来困難にさせることが大きな懸念事項とされている。

このような背景をうけ、限られた資源の集中的・効率的な利用で持続可能な都市・社会を実現する**コンパクトシティ**に向けた取り組みが進められている。

2・2 都市計画の内容

1 都市計画の目的

日本の都市計画法の目的は、「都市の健全な発展と秩序ある整備を図り、もって国土の均衡ある発展と公共の福祉の増進に寄与すること」（都市計画法第1条）であり、その基本理念として、「都市計画は、農林漁業との健全な調和を図りつつ、健康で文化的な都市生活及び機能的な都市活動を確保すべきこと並びにこのためには適正な制限のもとに土地の合理的な利用が図られるべきこと」（都市計画法第2条）と定められている。このように、都市計画とは、農林漁業との健全な調和を図りつつ、都市生活および都市活動を確保し、土地の合理的な利用を図ることである。

2　都市計画区域

　都市計画が対象とする都市の区域を確定するため、都市計画法において「都市計画区域」が定められている。都市計画区域は、後述する（3章参照）国土利用計画法に基づく都市地域のことであり、「一体の都市として総合的に開発し、整備し、及び保全する必要がある地域」である（国土利用計画法第9条）。すなわち、中心の市街地を含み、自然的および社会的条件等を考慮して、一体の都市として総合的に開発し、整備し、及び保全する必要がある区域、もしくは、新たに開発・保全する区域とされている[*1]（都市計画法第5条）。実態としての都市の連坦の状況を鑑みて区域を指定することから、市町村の境界に関わらず複数の市町村にまたがって指定されることもある。

　都市計画区域内においては、都市計画を決定し（用途地域や特別用途地区などの地域地区）、都市施設を整備し、都市再開発方針等（市街地再開発事業）を定めることができる。都市計画区域面積は、約1024.6万haで、国土の27.1%であるが、都市計画区域内の居住人口は約1億1994万人（全人口の約94.1%）となっている(2021年3月末現在)。このように都市計画が対象とする範囲は、国土の四分の一強ではあるものの、人口のほとんどは都市計画区域に居住している。

　一方、モータリゼーションの進展等により、都市計画区域外においても、高速道路のインターチェンジ周辺や幹線道路の沿道等を中心に、大規模な開発や建築行為がみられるようになった。そのため、都市計画区域外における無秩序な土地利用を規制するために、必要な都市計画を定める区域として、2000年の都市計画法の改正により、新たに**準都市計画区域**が創設されている。

3　区域区分

　区域区分は、無秩序な市街地の拡大による環境悪化の防止、計画的な公共施設整備による良好な市街地の形成、都市近郊の優良な農地との健全な調和、市街地における良好な環境の確保等、地域の実情に即した都市計画を樹立していくうえで根幹をなすものであり、都市計画区域を、市街化を図る「**市街化区域**」と市街化を抑制する「**市街化調整区域**」に区分することである（図2・1）。地図上で2つの地域に線を引くことか

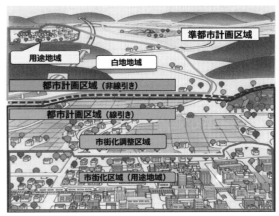

図2・1　区域区分イメージ図（出典：国土交通省「都市計画制度の概要　都市計画法制」 https://www.mlit.go.jp/toshi/city_plan/toshi_city_plan_tk_000043.html）

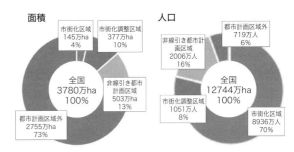

図2・2　都市計画制度適用地域の面積と人口（出典：国土交通省「みらいに向けたまちづくりのために－都市計画の土地利用計画制度の仕組み－」 p3 R3年7月 https://www.mlit.go.jp/common/000234476.pdf）

ら、「線引き」ともいわれている（都市計画法第7条）。なお、三大都市圏および大都市の都市計画区域では、線引きは義務となっており、線引きしている都市計画区域を「**線引き都市計画区域**」とする。それ以外の都市計画区域は、市街化があまり進展しておらず、今後も急激な市街化の可能性が低いとみなされていることから線引きしておらず、これらの区域を、「**非線引き都市計画区域**」という。後述するように（3章参照）、市街化区域においては、用途地域を定めることが義務付けられている一方で、市街化調整区域については用途地域を定めず、また、非線引き都市計画区域については、用途地域の指定は任意となっている。なお、2021年3月末現在、線引き都市計画区域面積は国土の13.8%、人口は78.3%であり、うち市街化区域面積は国土の3.8%、人口は70.1%となっている（図2・2）。

　市街化区域は、すでに市街地を形成している区域及びおおむね10年以内に優先的かつ計画的に市街化を図るべき区域とされている。すでに市街化している区域とは、一定程度の人口と人口密度をもつ市街地であり、おおむね人口密度が40人/ha以上で人口が3000人以上の連坦している区域が目安となる。また、10年

以内に市街化を図る区域には、溢水、湛水、津波、高潮等による災害の発生のおそれのある土地の区域や、優良な農地、自然景観上保全すべき土地の区域は含まないものとしている。市街化区域内の農地や緑地等は、都市の景観形成や防災性の向上、多様なレクリエーションや自然とのふれあいの場としての機能等により市街地の一部として良好な都市環境の形成に資するものとして近年評価されている。

一方、**市街化調整区域**は、農地や森林等の自然的土地利用を優先し、市街化を抑制するエリアとして定められている。用途地域は指定されず、市街地開発事業は実施できないが、道路など必要な都市施設は整備される。ただし、市街化区域における計画的な市街地整備や、農業振興上支障がない場合においては、開発許可制度により、市街化調整区域においても一定の開発が許可される。1999年の地方分権一括法制定以降、開発許可の基準については、地方公共団体の判断で運用されていることから、必ずしも厳格にはなっておらず、都市のスプロールを助長する要因となっているという批判も少なくない。

線引きにあたっては、人口及び産業の動向、市街地内の土地利用の状況、既存インフラの活用可能性等を総合的に勘案する必要がある。これまでは人口増加にあわせて市街化区域を拡大してきたが、近年の人口減少を踏まえて、市街化区域を市街化調整区域に編入させる**逆線引き**（逆線）についても積極的に検討する必要が生じている。実際、京都府舞鶴市では、コンパクトシティを目的とした最初の逆線が2020年10月に都市計画決定され、その後も順次進められているところである。今後は、近年の自然災害なども当然に考慮し、浸水リスクが高いエリアについては市街化調整区域に編入すること（逆線）も検討する必要があるだろう。

4 都市計画とその実現手法

都市計画は、「都市の健全な発展と秩序ある整備を図るための土地利用、都市施設の整備及び市街地開発事業に関する計画」（都市計画法第4条）と定義されており、①土地利用規制、②都市施設の整備、③市街地開発事業の3つから構成されている（図2・3）。具体的には、都市計画の内容として、表2・1の11種類が定められている（都市計画法第2章第1節）。このように、都市は、都市の機能を運営維持するために必

要不可欠な**都市施設**と、それ以外のすべての**土地利用**で構成されている。

都市計画の実現のためには、目標とする都市空間像を設定する計画とその実現のための手法の2段階があり、後者にあたる実現のための手法には、適合しない行為を制限する**規制手法**と、計画内容そのものを直接整備する**事業手法**の2つに分けられる。土地利用の計画は規制手法によって、都市施設と市街地再開発事業の計画は事業手法によって実現される。ただし、1980

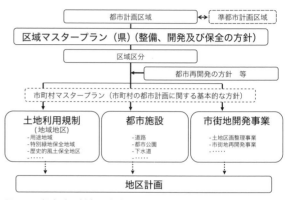

図2・3 都市計画制度の体系 （出典：国土交通省「都市計画制度の概要 土地利用計画制度」p.2 https://www.mlit.go.jp/toshi/city_plan/toshi_city_plan_tk_000043.html）

表2・1 都市計画の内容

①都市計画区域の整備、開発及び保全の方針
②区域区分
③都市再開発方針等
④地域地区（地域区分）
⑤促進区域
⑥遊休土地転換利用促進地区
⑦被災市街地復興推進地域
⑧地区計画等
⑨都市施設
⑩市街地開発事業
⑪市街地開発事業等予定区域

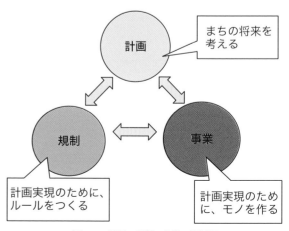

図2・4 計画・規制・事業の関係図

年に創設された地区レベルの土地利用計画である**地区計画**（4章参照）は、土地利用の計画と都市施設（地区施設）の計画を同時に扱うことも可能であり、規制と事業手法の両方によって実現される。このように、計画、規制、事業の3つが、一貫した方針のもと整合して機能することが不可欠である（図2・4）。しかしながら、高度経済成長期とバブル経済期に急速に整備された日本の都市計画においては、事業が重要視され、ともすれば計画が十分でない状況下でも事業が進められてきたともいえ、経済活動を目的とした都市計画が実施されてきたという批判もある。ただし、成熟した都市において、人口減少に伴って行財政力の低下がみられる今日においては、計画に基づいて、規制や事業手法を用いて都市を再構築することが、改めて重要となっている。

5　都市施設

　都市施設は、都市での様々な都市活動を支え、都市生活者の利便性を向上させ、良好な都市環境を維持するために必要な施設であり、一般的には**公共公益施設**といわれる。具体的には、表2・2に示す11種類を都市計画に定めることができる(都市計画法第11条)(図2・5)。

　このように都市施設は多岐にわたるが、都市の現状や将来の予測からそれぞれの都市に必要な施設を選択し、適切な位置に適切な規模で都市計画に定めることになる。都市計画に定められた都市施設は、「**都市計画施設**」という。都市計画決定がなされると、都市施設の整備を円滑に進めるため、都市計画施設の区域内においては、木造で2階以下など移転・除却が容易な建築物しか建築は許可されない（都市計画法第53条）。

表2・2　都市計画に定める都市施設

①交通施設（道路、鉄道、駐車場など）
②公共空地（公園、緑地など）
③供給・処理施設（上水道、下水道、ごみ焼却場など）
④水路（河川、運河など）
⑤教育文化施設（学校、図書館、研究施設など）
⑥医療・社会福祉施設（病院、保育所など）
⑦市場、と畜場、火葬場
⑧一団地の住宅施設（団地など）
⑨一団地の官公庁施設
⑩流通業務団地
⑪電気通信施設、防風・防火・防水・防雪・砂防・防潮施設

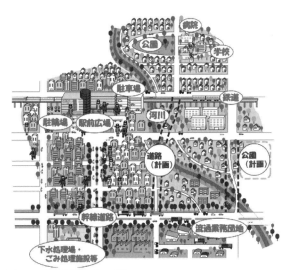

図2・5　都市施設イメージ図（出典：国土交通省「都市計画制度の概要　都市計画法制」　https://www.mlit.go.jp/toshi/city_plan/toshi_city_plan_tk_000043.html）

6　都市計画事業

　都市計画を実現する手法の1つとして、**都市計画事業**がある。都市計画事業は、都市計画施設等の整備に関する事業と、市街地開発事業の2つがある。都市計画施設は、先述した都市計画に定められた都市施設で、道路、公園、下水道などが該当し、都市計画区域外においても定めることができる。一方、**市街地開発事業**については、土地区画整理事業や市街地再開発事業などであり、都市計画区域内でしか定められない。

　上述したように、都市計画決定がなされると区域内での建築に一定の制限がかかるが、都市計画事業の事業認可[*2]がなされた場合には、当該事業の施行の障害となるおそれがないように、さらに厳しい制限がかかる。土地の形質の変更や建築物の建築などの行為に対して知事の許可が必要となり[*3]、移転・除却が容易なものであっても許可されないこともある（都市計画法第65条）。一方で、事業認可のメリットとしては、国土交通省所管の各種補助金の交付対象になることもある。

7　都市計画決定

　都市計画の規制や事業は、**都市計画決定**手続きを経ることで、第三者に対して法的拘束力を持つようになり、私権である土地所有権（個人の財産権）を制限す

ることになる。都市計画は、公共の福祉のために私有財産の自由に一定の枠をはめるものともいえる。そのため、都市計画の決定には、公平性と透明性の確保が求められ、法律に定められた手続きに従って行われなければいけない。

都市計画の決定手続きは、図2・6に示したとおりである。都道府県もしくは市町村が、後述する都市基本計画（マスタープラン）との整合を確認し、必要に応じて開催される公聴会や説明会での住民の意見を反映させながら都市計画の案を作成する。都市計画の案は、2週間にわたって公衆に公告・縦覧することが義務づけられており、関係市町村の住民、利害関係者は、この案について意見を提出することができる。公告・縦覧後は、都市計画審議会で原案が審議され、あわせて意見書とそれに対する方針が審議される。都市計画審議会は、学識経験者、都道府県（市町村）議会議員などから構成され、都道府県知事および市町村長により諮問された都市計画案を審議して承認する機関である。都市計画審議会の審議後は、都道府県知事の同意等を得て、都市計画決定となり、同時に、その内容が告示・縦覧され、広く周知される。なお、2以上の都道府県にわたる都市計画は国土交通大臣が定めることになっており、高速道路、都市高速鉄道、規模の大きい空港など国の利害に重大な影響の及ぶ都市計画に関しては、国（国土交通大臣）に協議し、同意を得る必要がある。

欧米の都市計画でいわれる「計画なきところに開発なし」という、原則「建築不自由」の思想に対し、日本では、原則「建築自由」で、必要に応じて制限が課される。土地の所有権である個人の財産権が過大に重視されることから、都市計画決定がなされても、公共の福祉より個人の財産権が尊重され、何十年間も実現しない事業は少なくない。また、都市の拡大を前提とした時代に都市計画決定された都市計画道路などは、昨今の人口減少時代においては不要とみなされるものもあり、社会経済情勢の変化を踏まえつつ必要に応じて変更や廃止などの見直しが検討され始めている。

8　都市計画の主体

従来、都市計画の決定権限や許認可権については、機関委任事務として都道府県が持っていたが、1999年の**地方分権一括法**以降、その多くが基礎自治体である市町村に移譲し、市町村が自治事務として地域の実情に応じた都市計画を実施できることとなった。すなわち、都市計画権限においては、都道府県と市町村の二層構造となっており、都道府県は、①都市計画区域の整備、開発及び保全の方針、②区域区分、③都市再開発方針等、④広域的見地から定める必要がある地域地区、⑤広域的または根幹的都市施設、⑥市街地開発事業など、市町村の区域を超える影響をもつ広域的・根

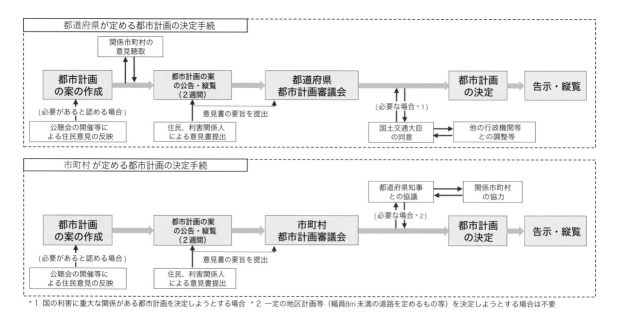

図2・6　都市計画決定手続き （出典：国土交通省「都市計画制度の概要 都市計画法制」https://www.mlit.go.jp/toshi/city-plan/toshi_city_plan_tk_000043.html）

表 2・3 都市計画の決定主体 (出典：国土交通省「都市計画制度の概要　都市計画法制」　https://www.mlit.go.jp/toshi/city_plan/toshi_city_plan_tk_000043.html)

都市施設に係わる都市計画決定権者一覧（都道府県と市町村がそれぞれの役割に従って決定）

都市計画の種類			都道府県決定	市町村決定
都市施設	道路	一般国道	○	
		都道府県道	○	
		市町村道		○
		自動車専用道路	○	
		その他		○
	都市高速鉄道		○	
	駐車場			○
	自動車ターミナル			○
	公園・緑地・広場・墓園	国又は都道府県が設置した面積10ha以上	○	
		その他		○
	その他公共空地			○
	下水道	流域下水道	○	
		公共下水道（2市町村にまたがる）	○	
		公共下水道（その他）		○
		その他		○

都市計画の種類			都道府県決定	市町村決定
都市施設	産業廃棄物処理場		○	
	ごみ焼却場・その他処理施設			○
	河川	一級・二級	○	
		準用		○
	学校	大学・高専		○
		その他		○
	病院、保育所その他医療施設又は社会福祉施設			○
	市場、と畜場、火葬場			○
	一団地の住宅施設			○
	一団地の官公庁施設		○	
	流通業務団地		○	

幹的な都市計画の決定主体となり、その他については、市町村が「まちづくりの現場」に最も近い地方公共団体として、都市計画決定の中心的主体となった（表2・3）。これらが調和をもって決定されることで、一体的なまちづくりが可能となっている。特に、政令市は都市計画のほとんどの権限が移譲されており、中核市も市町村の規模や能力に応じて多くの権限を担っている。一方で、大規模商業施設の立地などは、その影響が当該市町村の範囲を超え、広域都市圏に大きなインパクトを与える可能性がある。そのような場合には、都道府県が広域的観点から都市計画を実施することが望ましいという議論もある。

これまでの都市計画は行政を中心として行われてきたが、近年、民間企業、NPO、住民などが参画する官民連携型の都市計画へとシフトしつつある。特に、まちづくりの主役である住民が、自らの生活環境に関心をもつようになり、都市計画の様々なプロセスにおいて住民を積極的に介入させる取り組みが増えている。このように、行政、民間事業者、住民が協働し、都市計画の専門家が中立的な立場からバランスよく介入する仕組みが、成熟した都市における都市計画の方向性として望まれている。

また、2002 年の都市計画法の改正において、**都市計画の提案制度**が創設された。これにより、土地の所有者、まちづくり NPO、民間事業者等が、一定の規模以上の一団の土地において、土地所有者の三分の二以上の同意など一定の条件を満たした場合に、都市計画の決定や、変更等を提案できるようになった。こうして、地権者や住民にとって都市計画が身近なものとなり、地域のまちづくりを自ら担う意欲が広がり、民間の知恵を活かしながらまちづくりの実現性を高めることが期待されている。

9　都市計画の財源

　都市施設の整備や市街地開発事業の施行については、規模も大きく、多額の費用が必要となる。都市計画事業の多くは地方公共団体（市町村が中心）が施行者であるが、民間事業者が施行者である場合においても、都市計画事業は行政上の目的・効果を達成するためのものであることから、その費用負担は、補助金という形で国や地方公共団体の財源が投入される場合も少なくない。しかし、人口減少に伴い公共財源は縮小傾向にあり、社会情勢の変化に対応した財政負担の検討は急務である。

　都市計画事業の費用は、直接的、間接的に市民が負担するものであるが、税金によって全員で負担する手法と、一部の市民が重点的に負担する手法がある。前者については国や自治体の**一般財源**あるいは**特定財源**からの負担と、将来の世代にも応分に分担してもらう方法として、**国債**や**地方債**の活用、**財政投融資資金**の借り入れなどがある。後者については、当該都市計画事業によって利益を得る範囲を空間的に定義し、その範囲内の地権者や事業者に負担金を賦課する**受益者負担方式**と、施設の利用者から利用料金を徴収する**利用者負担方式**がある。実際には、都市計画事業の施行者が市町村の場合は、施行者としての市町村と、その事業に対して国や都道府県の財政支援、加えて、その事業による受益者とで共同で負担することが一般的であ

る。

近年では、民間企業による公共事業の推進方法として PFI方式*4 などがみられる。行政は民間企業と協定を締結し、公共施設の設計、資金調達、建設に加え、一定期間（15〜30年ほど）の運用（公共サービスの提供）までを民間にゆだねることで、支出の削減を可能としており、実施事例は増えつつある。

2・3 都市基本計画（Master Plan）

1 都市基本計画

都市計画の実現には多くの時間を要するため、中長期的な視点に立った都市の将来像を明確にし、その実現に向けての大きな道筋を明らかにしておくことが重要であり、**都市基本計画（マスタープラン）** にその役割を担うことが求められている。マスタープランには、どのような都市をどのような方針の下に実現しようとするのかを示すことにより、住民自らが都市の将来像について考え、都市づくりの方向性についての合意形成が促進されることを通じ、具体の都市計画が円滑に実現される効果も期待し得るものである。マスタープランを実現するために、**土地利用計画**（住宅地、業務地、商業地、工業地、農地、林業地など）、**交通計画**（道路、鉄道など）、**公園・緑地計画**（都市公園、オープンスペースなど）、**基盤施設計画**（卸売市場、病院、学校等）などの分野別計画が定められる（図2・7）。

日本には、都道府県が策定するマスタープランと、市町村が策定するマスタープランがある。前者は、2000年の都市計画法改正により、「都市計画区域の整備、開発及び保全の方針を定める」（都市計画法第6条の2）として定められ、一般的には、「**都市計画区域**

マスタープラン」（略して、「区域マスタープラン」）と言われている。後者は、1992年の都市計画法改正により、「市町村の都市計画に関する基本的な方針を定める」（都市計画法18条の2）と定められ、「**市町村マスタープラン**」もしくは「**都市計画マスタープラン（都市マス）**」と称される。

2 都市計画区域マスタープラン（区域マスタープラン）

区域マスタープランは、広域的観点から、おおむね20年後の都市の姿を展望したうえで、整備、開発または保全の方針として、都市計画区域ごとに、都市計画の目標、区域区分（市街化区域と市街化調整区域との区分）の有無、土地利用、都市施設の整備及び市街地開発事業に関する方針などを定める計画であり、都市施設、市街地開発事業については、優先的におおむね10年以内に整備するものを整備の目標として示すことが望ましいとされている。具体的には、表2・4の項目について定めることになっている。

都市計画区域は一の市町村を超えた区域で指定されることもあることから、区域マスタープランは広域的な自治体である都道府県が策定することになっている。基本的考え方として、どのような方針でどのような都市を目指そうとしているかを示すとともに、主要な土地利用、都市施設、市街地開発事業について、将来のおおむねの配置、規模等を、地形図やイメージ図などの図面等を用いて示すこととされている（図2・8）。区域マスタープランは、都市計画決定の手続きを必要とするものであり、都市計画区域内において定められる個別の都市計画は、この区域マスタープランに即している必要がある。

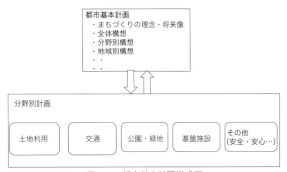

図2・7 都市基本計画構成図

表2・4 区域マスタープランに定める内容

①都市計画の目標
②区域区分の決定の有無および当該区域区分を定めるときはその方針
③土地利用に関する主要な都市計画の決定の方針（主要用途の配置、建築物の密度の構成、土地の高度利用、居住環境の改善又は維持、都市内緑地などに関する土地利用の方針）
④都市施設の整備に関する主要な都市計画の決定の方針（交通施設、下水道、河川、ごみ焼却場など）
⑤市街地開発事業に関する主要な都市計画の決定の方針
⑥自然的環境の整備又は保全に関する都市計画の決定の方針（環境保全、レクリエーション、防災、景観構成など）

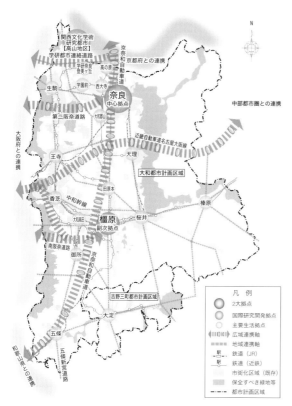

図 2·8　奈良県区域マスタープラン（令和 4 年 5 月）　将来都市構造イメージ図
（出典：奈良県区域マスタープラン　https://www.pref.nara.jp/secure/10546/honbun_zentai_level1.pdf　Ⅲ-11）

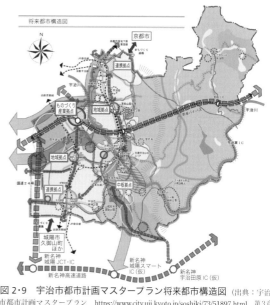

図 2·9　宇治市都市計画マスタープラン将来都市構造図 （出典：宇治市都市計画マスタープラン　https://www.city.uji.kyoto.jp/soshiki/73/51897.html　第 3 章 https://www.city.uji.kyoto.jp/uploaded/attachment/30227.pdf　宇治市都市計画マスタープラン　p48）

3　市町村マスタープラン

　市町村マスタープランは、住民に最も近い立場にある市町村が住民の意見を反映し、「まちづくりの具体性ある将来ビジョンを確立し、個別具体の都市計画の指針として地区別の将来のあるべき姿を具体的に明示し、地域における都市づくりの課題とこれに対応した整備等の方針を明らかにする」（1992 年建設省都市局長通達）ものとされる。土地利用、各種施設の整備の目標等に加え、生活像、産業構造、都市交通、自然的環境等に関する現況及び動向を勘案した将来ビジョンを明確化し、これを踏まえたものにすることが望ましい。具体的には、①まちづくりの理念や都市計画の目標、②全体構想（目指すべき都市像とその実現のための課題およびその整備方針など）、③分野別構想、④地域別構想（地域別のあるべき市街地像、実施施策など）を定めることになっている。対象エリアは、都市計画区域とすることが基本ではあるが、都市計画区域外も含め市町村の行政区域全体を対象とする場合もあり、法定の都市計画以外に関する事項も含めた総合的なま

ちづくりの方針とする市町村も少なくなく、市町村の創意工夫次第で、独自性のある市町村マスタープランにすることも可能である（図 2・9）。

　住民に最も身近な計画であることから、計画策定プロセスにおいて、**住民参加**が義務付けられている（都市計画法第 18 条の 2）。具体的には、公聴会・説明会の開催、住民対象のワークショップの開催、広報誌やパンフレットの活用、アンケート調査の実施等が行われている。近年では住民の意見をより広く取り入れるためにインターネットやソーシャルメディアの活用も進められている。

　また、市町村マスタープランは、上位計画である区域マスタープランや、「市町村の建設に関する基本構想」（地方自治法第 2 条第 4 項）に即して定められなければいけない（都市計画法第 15 条第 3 項）。市町村マスタープラン自体が直接的に何らかの建築行為などを規制するものではないが、市町村が定める都市計画は、これに即したものでなければならないことから、都市の将来ビジョンを示すことには一定の役割がある。市町村マスタープランをより実効性のあるものにするためには、計画内容を実現するための事業手法や規制・誘導手法とリンクさせる仕組みが必要である。なお、区域マスタープランと異なり、市町村マスタープランは都市計画決定を必要としないが、議会で報告されることが一般的である。

2・4 立地適正化計画

　人口の急激な減少と高齢化を背景に、拡散した市街地をコンパクト化して都市の持続性を確保する「**集約型都市構造化**」への転換が推進されている。その実現手法として、都市再生特別措置法の改正（2014年）により、立地適正化計画が創設された。**立地適正化計画**は、都市全体の観点から、居住機能や福祉・医療・商業等の都市機能の立地、公共交通の充実に関する包括的なマスタープランであり、都市計画マスタープランの高度化版と位置付けられている。その目的は、単に都市をコンパクトにするのではなく、中心拠点や生活拠点が利便性の高い公共交通で結ばれた**多極ネットワーク型コンパクトシティ**にすることであり、**コンパクト・プラス・ネットワーク**といわれている。これにより、生活利便性の維持・向上、地域経済の活性化、行政コストの縮減等、地球環境への負荷の低減を目指している。市町村マスタープランは将来ビジョンを示す計画であり、その実現方策が定められていないことが課題とされているなか、立地適正化計画は、実現の仕組みが制度化されている点が特徴とされている。

　立地適正化計画は、市町村が都市計画区域を対象に、住居を誘導する**居住誘導区域**を定め、その中に、医療、福祉、商業等の都市機能を誘導する**都市機能誘導区域**を定める（図2・10）。なお、線引き都市計画区域においては、居住誘導区域は市街化区域内で設定される。

　居住誘導区域は、農地や森林、工業専用地域のほか、災害危険区域、土砂災害や津波災害の警戒区域など防災上危険なエリアを含めないとされており、浸水想定区域や工業系用途地域で居住の誘導が適当でない場合

についても、居住誘導区域から除外することが望ましいとされている。また、積極的に居住を誘導しないエリアとして、市街化調整区域を除く居住誘導区域外において、**居住調整地域**を定めることができる。

　都市機能誘導区域については、鉄道駅に近い業務・商業などが集積するエリアや公共交通による利便性が高いエリアが設定され、病院、老人ホーム、商業施設、文化施設などの立地を誘導したい施設を**誘導施設**として定めることになっている。誘導施設の整備にあたっては、国や市町村による支援制度により、都市機能の誘導が図られている。

　また、居住誘導区域外での3戸以上など一定規模以上の住宅の建設や、都市機能誘導区域外での誘導施設の建設については、30日前までに届出を義務付けており、必要に応じて市町村長が区域内への変更を調整し、それが不調の場合には勧告の対象となる。

　立地適正化計画は、人口減少下での都市の縮小を実現する手段として、第二の線引き制度との期待がもたれたが、実際には現在の市街地の大半を居住誘導区域に指定する市町村も多く、コンパクト化につながっていない状況がみられる。

例題

Q　市町村のホームページには、市町村マスタープランが掲載されている。自分の住んでいる市町村マスタープランをみて、①中心市街地として活性化させるエリア、②今後、開発して市街化するエリアと、③自然や農地などを保全するエリアがどこにあるか調べ、将来、車がなくても生活できる将来ビジョンになっているかどうか検討し、もし車がないと生活できないのであれば、どこにどのような公共交通を整備すればよいか、提案しよう。

注
* 1　加えて、「首都圏整備法による都市開発区域、近畿圏整備法による都市開発区域、中部圏開発整備法による都市開発区域、その他新たに住居都市、工業都市その他都市として整備し、開発し、及び保全する必要がある区域」が都市計画区域として指定される。
* 2　都市計画事業として都市計画に定められた事業を行うにあたり、施行者が許可権者より受ける認可のこと(都市計画法第59条)。
* 3　都市計画事業区域内の土地所有者に対して強い私権の制限がかかるため、土地の買い取り請求制度があり、土地所有者から当該土地を買い取るよう請求があった場合、都市計画事業施行者は土地を時価により買い取らなければならない。
* 4　Public Finance Initiative の略で、公共施設の整備において、民間資金を活用して民間に施設整備と公共サービスの提供をゆだねる手法である。

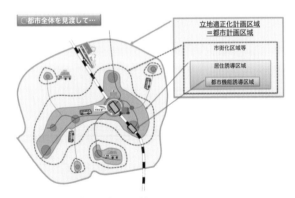

図2・10　立地適正化計画の区域 （出典：国土交通省「改正都市再生特別措置法等について」(p.35) https://www.mlit.go.jp/common/001091253.pdf)

03

土地利用計画

市街地と農地がせめぎ合う大都市圏郊外

Q 土地利用がコントロールされなければ
都市にはどのような問題が生じる？

土地には、閑静で住みやすい土地、農業に適した肥沃な土地、人通りの多い道路に面する商売に
適した土地、水害などの災害リスクが低い土地など、その利用目的に応じた優劣の評価がなされ、
土地の権利者は個人の合理的判断のもとに土地をどのように利用するのか意思決定を行う。ただ
し、都市には土地の権利を有する人・組織が数多く存在するため、個々の自由な意思決定が都市
という大きなスケールで積み重ねられることで、利便性や効率性、公衆衛生などの都市機能の低
下、農と住、住と工など異なる土地利用の混在などの問題が発生する。
こうした多くの主体が存在し、それぞれが自然的・経済的・社会的要因に基づき異なった意思決
定をする都市において、公共の利益の確保、利害関係の相反という対立・矛盾を調整する仕組み
が土地利用計画である。

3・1 土地利用とその区分

　土地利用とは、読んで字のごとく土地がどのように利用されているのかという状態を指す用語である。都市における土地利用を大別すると、**住宅地**、**商業・業務地**、**工業用地**、森林や農地を含む**緑地**などに大別することができ、その他にも道路、公園、河川などの**公共施設用地**などが存在する。

　都市計画においては、公共施設や生活サービス施設などの施設配置や、それらを結びつける公共交通のネットワークとの関係も考慮しながら、都市の規模や特性に応じて必要とされる機能とその量に応じて土地の使い方を決めることが求められ、これを**土地利用計画**という。

3・2 土地利用計画

　それぞれの土地には、その利用に影響を与える様々な条件が存在するため、適する土地利用とそうではない土地利用が存在する。利用に影響を与える条件には、例えば、土地造成の容易さや地盤強度に影響する地形や地質、多くの水を必要とする農業に代表されるように資源利用の優位性、水害をはじめとする災害リスクの大きさなどの自然的条件があり、人類は目的に応じて適した土地を利用してきた。そして、都市が成長し人口規模も大きくなるにつれ、都市内外の人や物の移動のしやすさに係わる交通利便性、店舗の立地に優位となる往来の大小など、経済的な条件も土地利用の決定に大きな影響を与える要素となった。これらの要素が複合的に絡み合い、例えば商業・業務地としての高いポテンシャルを有する土地とそうではない土地といった、それぞれの土地に対して、利用にあたっての優劣が評価されるようになったのである。これらの要因に加え、さらに人種や信条、社会的差別などの社会的要因の影響も受けながら、個人または集団は、自らが権利を有する土地に対して、住宅を建てるのか、店舗を建てるのか、また農地として利用するのか、さらには利用せずに放置することも含めて、どのように土地を利用するのか意思決定を行うのである。

　しかし、こうした個々の土地における個々の自由な意思決定が都市という大きなスケールで積み重ねられると、①公共の利益の確保、②利害関係の相反という点から、必ずしも都市にとって最適な土地利用とは言い難い状態になる。

1 公共の利益の確保

　都市における多くの土地は私有地であるが、地域環境の一部を形成するものである。そのため、自己の利益を主眼とする開発が多くの市民により進められると、安全性・健康性・快適性・利便性、生活環境、公衆衛生といった都市全体の利益に対して大きな負の影響を与えかねない。例えば、緑地が不足する都市においては、公園等の住民の健康増進やレクリエーションのための空間が必要となるが、個々の土地にそうした空間を質量ともに十分に用意することは難しく、所有者の自由意志に任せてしまうと、都市にはそのような空間はほとんど設けられないことになってしまう。その他、交通利便性や安全性確保のための広幅員道路などに代表される交通施設、学校や図書館などの教育文化施設、病院などの社会福祉施設なども同様であり、これらの空間や施設を都市に適切に配置することで公共の利益を確保する必要がある。

2 利害関係の相反

　都市に存在する多様な土地利用においては、同じ土地利用の土地同士での利害関係の相反、異なる土地利用の土地同士での利害関係の相反が発生する。

　前者は例えば低層住宅とマンション等の高層住宅とが日照を巡って対立することや、地域の既存小規模店舗と大型ショッピングセンターの競合などがあり、それらの規模や立地を規制・調整することで競合の解消を図ることができる。

　後者に関しては対立の組み合わせは無数にあるが、自然豊かな地域での無秩序な開発、住宅地と農地の混在、住宅地と工業用地の混在など、複数用途の同一エリアでの混在により、それぞれの機能発揮に悪影響を与えてしまう問題が代表的である。無計画に都市化が進み農地と住宅地が無秩序に混在する市街地は**スプロール市街地**と呼ばれ、特に生活関連の基盤施設である道路、公園、上下水道などのインフラが整備されないという住宅地としての問題を抱えるとともに、農地としても日照が十分でないなどの問題が生じてしまう。

図3・1　農地と住宅地との混在（大阪府寝屋川市）

図3・2　小規模工場と住宅地の混在（大阪府泉佐野市：機械音・操業音に関する理解を求める掲示がある）

これらの問題の解決に向けては、市街地の将来像を設定し、開発を可能とする区域を定めること、地域別に土地の使い方（用途、容積、形態など）を予め定めておくことが重要となる。

多くの主体が存在し、それぞれが自然的要因、経済的・社会的要因に基づき異なった意思決定をする都市において、これらの公共の利益の確保、利害関係の相反という対立・矛盾を調整する仕組みが土地利用計画である。特に近代都市計画では、用途混在の問題の解消に向けて、基本的に用途純化を図ることで、都市環境の改善を図ってきた。

3・3　日本における土地利用計画

1　土地利用計画に関わる法の体系

日本における土地利用計画に関わる法や制度の主なものとして、国土利用計画法による**土地利用基本計画**、**都市計画区域**（2章参照）の設定、**区域区分**（線引き制度、2章参照）と**開発許可制度**、都市計画法に基づく**地域地区**（用途地域）があり、それらを組み合わせながら、公共の利益の確保、利害関係の相反の調整を図り、都市にとって最適な土地利用の実現を図るもの

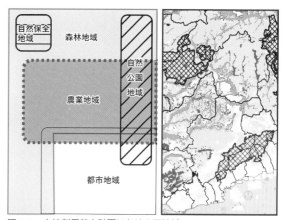

図3・3　土地利用基本計画における五地域（出典：兵庫県土地利用基本計画図）

である。

2　国土利用計画法による土地利用基本計画

都市の開発・整備または保全は都市計画法に基づき定められた都市計画区域で進められる。一方で、**農業振興地域の整備に関する法律**では農地として農業振興を図る区域が、**自然公園法**では自然風景地の保護や利用を図る国立公園等の区域が位置づけられているように、個別規制法（その他に森林法、自然環境保全法も存在する）のそれぞれの法の目的に応じて、各種規制や誘導が実施される区域が設定される。

しかし、都市には開発を進めるエリアもあれば、農林業を振興するエリアもあるわけであり、どのエリアにどの法律に基づく区域を適用していくのか、その大きな区分を示すことが必要となってくる。国土利用計画法第9条に基づく**土地利用基本計画**は、これらの個別規制法に基づくそれぞれの計画の上位の計画として、総合的かつ広域的見地から利用区分に応じた規制と誘導を行うために、都道府県が定めるものである（図3・4）。

計画では、都市計画区域として指定されることが予定される**都市地域**をはじめ、**農業地域、森林地域、自然公園地域、自然保全地域**の5地域に区分され、地図上にそれぞれの区域が示される。ただし、あくまで大きな区分を示すものであり、農業地域や森林地域であっても開発や建築行為が厳格に禁止されるわけではなく、逆に都市地域内にも農地等が存在する。そして区分を示すものの、国土利用計画法それ自体には規制や誘導の具体的な方法は示されておらず、それは個々の規制法に委ねることになっている。

図 3・4　国土利用計画法の体系と土地利用基本計画 (出典：国土交通省「土地利用基本計画制度に関する検討会」資料より筆者作成)

3　都市計画区域と区域区分および開発許可制度

前項に示したように土地利用基本計画の 5 地域区分で都市地域に区分された区域は、都市計画法に基づき土地利用をコントロールするため、都市地域に対応させる形で、都市計画法第 5 条に定められる都市計画区域（2 章参照）が指定される。

さらに都市においては、既に市街地として存在する地域のほか、将来的に新たな市街地として整備を進めるべき地域、農地や森林等の自然的土地利用を優先し市街化を抑制すべき地域が存在する。1968 年制定の

新都市計画法では、都市計画区域を市街化を図る「市街化区域」と市街化を抑制する「市街化調整区域」という 2 つの区域に区分することで、市街地拡大をコントロールする仕組みとなっている。これを区域区分と呼び、両区域の境界線を設定するという意味から「線引き」とも呼ばれる（2 章参照）。

市街化区域では、生活に必要な都市の骨格となり、また商工業をはじめとする経済活動を支える都市施設（道路や鉄道などの交通施設、公園・緑地、上下水道・ゴミ焼却場などの供給・処理施設、教育文化施設、医療・社会福祉施設ほか）が積極的に整備され、公共の利益の確保が図られる。土地利用規制に関しては、用途、建築物の形態・構造などの規制に則っていれば開発は基本的に制限されないが、異なる土地利用間での利害関係の相反を解消するために、次項に示す地域地区の一つである用途地域の指定により細やかな土地利用規制を図る区域である。

一方、**市街化調整区域**は、自然的土地利用を優先し、市街化を抑制すべき区域であり、開発行為は原則として禁止される。

都市計画区域のうち線引きがなされていない区域を**非線引き都市計画区域**とよび、都市計画区域の 5 割弱の面積を占めている。非線引き都市計画区域であっても次項 4 に後述する用途地域を定めることは可能であり、地方都市の中心部など一部の開発圧力が高いところなどでは用途地域が設定され、建築物の用途や規模・形態のコントロールが行われている。しかし非線引き都市計画区域の多くでは用途地域の指定はなされておらず、非線引き白地地域とも呼ばれ、積極的な都市機能の維持増進の計画意思が示されないエリアとなっている。そのため農林漁業や自然環境との調和を考慮しながら、大規模施設等の立地を未然に防止するために、特定の建築物等の用途を制限する**特定用途制限**

図 3・5　区域区分の境界付近（手前：市街化調整区域、奥：市街化区域、大阪府高槻市）

図 3・6　開発許可により市街化調整区域に立地する流通施設（大阪府高槻市）

区域	都市計画区域 (事実上一体の都市として総合的に整備、開発・保全すべき区域)			準都市計画区域 (都市計画区域外で土地利用規制を導入する区域)	都市計画区域外 (都市計画区域に該当しない区域)
	線引き都市計画区域		非線引き都市計画区域		
	市街化区域	市街化調整区域			
区域の特徴	すでに市街地を形成している区域、また概ね10年以内に市街化を図る区域	農地や森林などの自然的土地利用を優先し、市街化を抑制する区域	都市計画区域ではあるが市街化圧力が弱く、線引きにより一定地域の市街化を特に促進する必要性が低い区域	無秩序な開発が見込まれる高速道路IC周辺などで新たな土地利用規制の導入目的に指定される区域	各種規制・誘導は導入されない区域
用途地域	○		○	○	
開発許可の対象	1000㎡以上※ (三大都市圏の一部区域は500㎡以上)	原則として全ての開発行為	3000㎡以上※		1ha以上
開発許可（技術基準）	○	○	○	○	○
開発許可（立地基準）		○			

※開発許可権者が条例で300㎡まで引き下げ可

地域の導入などの的確な対応も必要とされる。

　そして、これらの区域区分の実効性を確保するために、個々の開発行為（建築物・工作物の建設を目的とする土地の区画形質の変更）を実際に規制する制度が**開発許可制度**（都市計画法29条）であり、開発行為をしようとするものは、都道府県知事（そのほか政令市、中核市、施行時特例市、地方自治法に基づく事務移譲市の長）の許可を受けなければならない。ただし市街化区域であっても1000㎡未満（三大都市圏の一部区域では500㎡未満）の場合は規制の対象から外れるほか、市街化調整区域での農林漁業用の建物や、それらの業務に従事する人のための住宅などの一部開発は認められている。なお非線引き都市計画区域、準都市計画区域、都市計画区域以外でも一定規模以上の開発は開発許可の対象となる（表3・1）。

　開発許可の基準には、開発区域から排出される雨水や汚水の排水、公園や緑地の確保、防災上の措置等がなされているかなどを判断する**技術基準**（都市計画法33条）があり、これは従前とは異なる規模や密度の土地利用が行われることに際し、一定の水準を保たせることで、良好な市街地の形成を図るものである。技術基準は都市計画区域内の区域区分を問わず、また都市計画区域外にも適用される全般的な基準である。

　そして原則として開発行為を行うことができない市街化調整区域のみについては、技術基準に加えて立地の適正性を判断する**立地基準**（都市計画法第34条）が存在する。具体的には、日常生活のために必要な物品の販売店舗、農林漁業用の建築物（加工施設など）、

危険物の貯蔵または処理施設などが該当し、地域の生活や産業を考慮して妥当とされるもの、特別な事情から止むを得ないと判断されるものが示されている。特に都市計画法第34条第11号（市街化区域に隣接または近接し一体的な日常生活圏を構成している地域であって概ね50以上の建築物が連担する地域）等に基づく条例により指定される一部自治体の区域では、市街化区域から滲み出した開発が広範囲に及び、都市計画法そもそもの趣旨やコンパクトシティの理念に反した運用がなされていると問題ともなっている。

　これらの区域区分およびその実効性を担保する開発許可により、秩序ある土地利用の実現が図られている。

4　都市計画法に基づく地域地区（用途地域）

　地域地区（都市計画法第8条）とは、異なる土地利用や、同じ土地利用であっても例えば建築物の規模や立地等により発生する利害関係の相反を調整し、都市

表3・2　地域地区の種類

類型	地域地区
用途	用途地域、特別用途地区、特定用途制限地域、特定用途誘導地区、居住調整地域
防火	防火地域、準防火地域、特定防災街区整備地区
形態	高度地区、特定街区、高度利用地区、高層住居誘導地区、特例容積率適用地区、都市再生特別地区
景観	景観地区、伝統的建造物群保存地区、風致地区、歴史的風土特別保存地区、第一種歴史的風土保存地区、第二種歴史的風土保存地区
緑	緑地保全地域、特別緑地保全地区、緑化地域、生産緑地地区
特定機能	駐車場整備地区、臨港地区、流通業務地区、航空機騒音障害防止地区、航空機騒音障害防止特別地区

図3・7　左上：第1種低層住居専用地域（大阪府箕面市）、右上：近隣商業地域（大阪市東成区）、左下：商業地域（大阪市中央区）、右下：工業地域（大阪市西淀川区）

としての住環境、商工業等の都市機能を維持・増進、さらには緑地・景観等の都市環境の向上・保全のために導入されるもので、都市計画区域内の土地に対して指定される。地域地区内で発生する建築行為に対しては、建築物の用途、形態等について一定の制限を設け、規制・誘導により、それぞれの地域地区の目標に応じた土地利用を実現する仕組みとなっている。

　地域地区のうち**用途地域**は建築物の用途・容積・高さ等について定める最も基本的なもので、2021年時点では全13種類の用途地域区分が存在する。線引き済みの都市計画区域の場合、市街化区域の全てに用途地域が定められるが、市街化調整区域は原則として用途地域は定められない。3項にも示したように区域区分を実施していない場合（非線引き都市計画区域）でも用途地域を定めることは可能であり、地方都市の中心部や幹線道路沿いなど都市活動が活発である区域などに定められることが多い。

　各用途地域に定められた用途以外の建築物は原則と

して建てることができず、さらに建築物の形態（高さや大きさ）についても各用途の特徴に応じてコントロールするために容積率や建ぺい率、高さ制限などに関わる要素も規定されている。なお用途地域の新規指定や変更の際には、指定前から地域に存在する既存の土地利用が、新たに導入される規制を満たさない場合があり、これを**既存不適格**と呼ぶが、これらは将来の再建築や増改築などを通じて改善され、用途地域の指定意図が実現されることになる。

　用途地域は1919年の旧都市計画法で住居地域・商業地域・工業地域の3区分として創設されたが、新都市計画法施行後の1970年には、より市街地の特性に応じたきめ細かな対応を実現するために細分化がなされた。細分化は住環境の保護や商工業の利便増進を目的とし、それらの土地利用の構成程度により特徴付けられる市街地の特性に応じて、近隣商業地域、第1種/第2種住居専用地域、工業専用地域などを加えた8区分に変更された。さらに1992年には、1990年前後の

バブル経済の影響を受けた都市部での土地投機の進行や、住宅地への業務ビル等の進出という社会問題を背景に、住居系用途を3種類から7種類に細分化するなど、全12区分への変更がなされた。

そして2018年には13区分目の用途地域として**田園住居地域**が追加された。田園住居地域は住居系用途地域の一類型として、農業の利便の増進を図りつつ、住宅と農地が混在しながらも調和し、低層住宅を中心とする良好な居住環境を目指す、住居系用途地域の一類型として創設された用途地域である。用途は低層住居専用地域に建築可能な、住宅、診療所、小規模な日用品販売店舗・飲食店舗等に加え、農産物直売所や農家レストランなど農業の利便増進に必要な施設や、生産・集荷施設などを建築することができる。さらに地域内の農地保全のため、農地のみについて開発規制が設けられ、土地の造成や物件堆積等の開発行為は市町村の許可制となるほか、市街地の環境を大きく改変する一定規模（農地面積300m^2）の開発は原則不許可となるなど、これまでの建築を前提とする土地利用コントロールと異なり、建築を前提としない農地としての状態を保全することを目的としている。これまでの高い開発圧力を背景に土地利用の調整を目指してきた改正と異なり、田園住居地域の創設は、宅地需要の低下や**都市農業振興基本法**（2015年）に基づく都市農業振興基本計画において都市農地がこれまでの「宅地化すべきもの」から「都市にあるべきもの」ととらえることが明確化され、関連する各種施策が導入されてきているという人口減少に転じたわが国の社会情勢を反映

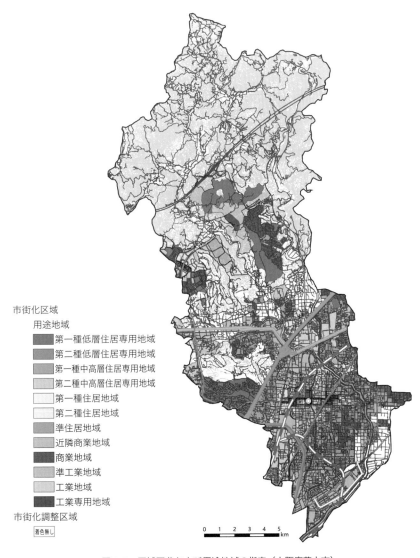

市街化区域
　用途地域
　　第一種低層住居専用地域
　　第二種低層住居専用地域
　　第一種中高層住居専用地域
　　第二種中高層住居専用地域
　　第一種住居地域
　　第二種住居地域
　　準住居地域
　　近隣商業地域
　　商業地域
　　準工業地域
　　工業地域
　　工業専用地域
市街化調整区域
　着色無し

0　1　2　3　4　5 km

図3・8　区域区分および用途地域の指定（大阪府茨木市）

第一種低層住居専用地域	第二種低層住居専用地域	第一種中高層住居専用地域	第二種中高層住居専用地域

低層住居のための地域です。小規模なお店や事務所をかねた住宅や、小中学校などが建てられます。

主に低層住居のための地域です。小中学校などのほか、150㎡までの一定のお店などが建てられます。

中高層住宅のための地域です。病院、大学、500㎡までの一定のお店などが建てられます。

主に中高層住宅のための地域です。病院、大学などのほか、1,500㎡までの一定のお店や事務所など必要な利便施設が建てられます。

第一種住居地域	第二種住居地域	準住居地域	田園住居地域

住居の環境を守るための地域です。3,000㎡までの店舗、事務所、ホテルなどは建てられます。

主に住居の環境を守るための地域です。店舗、事務所、ホテル、カラオケボックスなどは建てられます。

道路の沿道において、自動車関連施設などの立地と、これと調和した住居の環境を保護するための地域です。

農業と調和した低層住宅の環境を守るための地域です。住宅に加え、農産物の直売所などが建てられます。

近隣商業地域	商業地域	準工業地域	工業地域

まわりの住民が日用品の買物などをするための地域です。住宅や店舗のほかに小規模の工場も建てられます。

銀行、映画館、飲食店、百貨店などが集まる地域です。住宅や小規模の工場も建てられます。

主に軽工業の工場やサービス施設等が立地する地域です。危険性、環境悪化が大きい工場のほか、ほとんど建てられます。

どんな工場でも建てられる地域です。住宅やお店は建てられますが、学校、病院、ホテル等は建てられません。

工業専用地域

工場のための地域です。どんな工場でも建てられますが、住宅、お店、学校、病院、ホテルなどは建てられません。

図3・9　用途地域の構成 (出典：国土交通省HP「都市計画制度の概要」「土地利用計画制度」より著者が一部編集)

したものといえる。

　建築物の用途や建築物の形態制限（容積率、建蔽率、高さ等）の具体的数値は、用途地域の種類ごとに**建築基準法別表第2**に定められており、そのメニューの中から各自治体が都市計画の内容として決定する。

　なお建築基準法には建築物に適用される構造、設備、衛生などに関する規定を定めた**単体規定**のほか、建築物が集まって形成される市街地の環境整備等を目的に

建築物と都市との関係に関する**集団規定**が定められており、そのうち集団規定は都市計画法で定められる用途地域制度とリンクしている。集団規定は原則として、都市計画区域内、準都市計画区域内で適用され、敷地と道路に関する基準や、建ぺい率、容積率、斜線制限などが定められ、土地利用を規定する建築物の用途に関する内容も含まれている。

　これらの用途地域指定に伴う規制項目とその内容は全国一律の基準が定められており、地域における用途純化が進み、異なる土地利用間で発生する利害関係を未然に防止し、周辺環境に悪影響を与える建築物の排除等に大きく寄与してきた。一方で、一律の基準を元に用途・形態をコントロールすることにより、都市ごとに有する市街地の特徴や個性を希薄なものとし、同質化を進めてしまったという問題も抱えている。

図3・10　斜線制限によるまちなみ（大阪市中央区）

用途地域内の建築物の用途制限 ○：建てられる用途 ×：原則として建てられない用途 ①、②、③、④、▲、△、■：面積、階数などの制限あり	第一種低層住居専用地域	第二種低層住居専用地域	第一種中高層住居専用地域	第二種中高層住居専用地域	第一種住居地域	第二種住居地域	準住居地域	田園住居地域	近隣商業地域	商業地域	準工業地域	工業地域	工業専用地域	用途地域の指定のない区域※	備考
住宅、共同住宅、寄宿舎、下宿、兼用住宅で、非住宅部分の床面積が、50㎡以下かつ建築物の延べ面積の2分の1未満のもの	○	○	○	○	○	○	○	○	○	○	○	○	×	○	非住宅部分の用途制限あり
店舗等　店舗等の床面積が150㎡以下のもの	×	①	②	③	○	○	○	①	○	○	○	○	④	○	①：日用品販売店、食堂、喫茶店、理髪店及び建具屋等のサービス業用店舗のみ。2階以下。
店舗等の床面積が150㎡を超え、500㎡以下のもの	×	×	②	③	○	○	○	■	○	○	○	○	④	○	②：①に加えて、物品販売店舗、飲食店、損保代理店・銀行の支店・宅地建物取引業者等のサービス業用店舗のみ。2階以下。
店舗等の床面積が500㎡を超え、1,500㎡以下のもの	×	×	×	③	○	○	○	×	○	○	○	○	④	○	③：2階以下。
店舗等の床面積が1,500㎡を超え、3,000㎡以下のもの	×	×	×	×	○	○	○	×	○	○	○	○	④	○	④：物品販売店舗、飲食店を除く。
店舗等の床面積が3,000㎡を超えるもの	×	×	×	×	×	○	○	×	○	○	○	○	④	○	■：農産物直売所、農家レストラン等のみ。2階以下。
店舗等の床面積が10,000㎡を超えるもの	×	×	×	×	×	×	×	×	○	○	○	×	×	○	
事務所等　1,500㎡以下のもの	×	×	×	▲	○	○	○	×	○	○	○	○	○	○	▲：2階以下
事務所等の床面積が1,500㎡を超え、3,000㎡以下のもの	×	×	×	×	▲	○	○	×	○	○	○	○	○	○	
事務所等の床面積が3,000㎡を超えるもの	×	×	×	×	×	○	○	×	○	○	○	○	○	○	
ホテル、旅館	×	×	×	×	▲	○	○	×	○	○	○	×	×	○	▲：3,000㎡以下
遊戯施設・風俗施設　ボーリング場、水泳場、ゴルフ練習場、バッティング練習場等	×	×	×	×	▲	○	○	×	○	○	○	○	×	○	▲：3,000㎡以下
カラオケボックス等	×	×	×	×	×	▲	▲	×	○	○	○	▲	▲	○	▲：10,000㎡以下
麻雀屋、パチンコ屋、勝馬投票券発売所、場外車券売場等	×	×	×	×	×	▲	▲	×	○	○	○	▲	×	○	▲：10,000㎡以下
劇場、映画館、演芸場、観覧場、ナイトクラブ等	×	×	×	×	×	×	△	×	○	○	▲	×	×	○	▲：客席10,000㎡以下　△客席200㎡未満
キャバレー、料理店、個室付浴場等	×	×	×	×	×	×	×	×	×	○	▲	×	×	○	▲：個室付浴場等を除く
公共施設・学校等　幼稚園、小学校、中学校、高等学校	○	○	○	○	○	○	○	○	○	○	○	×	×	○	
病院、大学、高等専門学校、専修学校等	×	×	○	○	○	○	○	×	○	○	○	×	×	○	
神社、寺院、教会、公衆浴場、診療所、保育所等	○	○	○	○	○	○	○	○	○	○	○	○	○	○	
工場・倉庫等　倉庫業倉庫	×	×	×	×	×	○	○	×	○	○	○	○	○	○	
自家用倉庫	×	×	×	①	②	○	○	■	○	○	○	○	○	○	①：2階以下かつ1,500㎡以下　②：3,000㎡以下　■：農産物及び農業の生産資材を貯蔵するものに限る。
危険性や環境を悪化させるおそれが非常に少ない工場	×	×	×	×	①	①	①	■	②	②	○	○	○	○	作業場の床面積①：50㎡以下、②：150㎡以下　■：農産物を生産、集荷、処理及び貯蔵するものに限る。※著しい騒音を発生するものを除く。
危険性や環境を悪化させるおそれが少ない工場	×	×	×	×	×	×	×	×	②	②	○	○	○	○	
危険性や環境を悪化させるおそれがやや多い工場	×	×	×	×	×	×	×	×	×	×	○	○	○	○	
危険性が大きいか又は著しく環境を悪化させるおそれがある工場	×	×	×	×	×	×	×	×	×	×	×	○	○	○	
自動車修理工場	×	×	×	①	①	①	②	×	③	③	○	○	○	○	作業場の床面積①：50㎡以下、②：150㎡以下、③：300㎡以下　原動機の制限あり

注　本表は建築基準法別表第2の概要であり、全ての制限について掲載したものではない
※　都市計画法第七条第一項に規定する市街化調整区域を除く。

図 3・11　用途地域別の建築物用途の制限（国土交通省都市局作成資料「土地利用計画制度」をもとに筆者作成）

3・4　新たに求められる土地利用計画の姿

1968年の新都市計画法にて創設された区域区分と開発許可による土地利用計画の仕組みは、成長期における高い開発圧力を背景に生じる**スプロール現象**に代表される異なる土地利用間での利害関係の相反の問題を、開発を許容・規制する地域の**ゾーニング**、市街地像を実現するための**用途地域制度**により調整し、それは大きな成果をあげてきた。

しかし2008年をピークに日本における総人口は増加から減少に転じ、それとタイムラグはありながらも宅地需要の低下、空き家や空き地などが市街地に時間的・空間的にランダムに発生する「**都市のスポンジ化**」現象、農地の耕作放棄に代表される土地が積極的に利用されないという問題が顕在化してきている。これらの問題への対応にあたっては、市街地のスプロール化・郊外化の抑制を目的に開発を抑制的にコントロー

ルしてきた現行の土地利用計画制度では限界があり、新たに土地をいかにして利用・管理し続けるのかという視点が重要になってきている。農林業をはじめとする産業振興施策との連携、空地の利活用を円滑化させる仕組み、リノベーションまちづくりなどの低未利用不動産の有効活用など、より総合的な対応により地域の環境を改善することが必要となる。

さらに、人口減少社会の新たな都市構造の実現のために 2014 年の都市再生特別措置法改正により**立地適正化計画制度**が創設された。居住機能や医療・福祉・商業、公共交通等のさまざまな都市機能の誘導によりコンパクトな都市構造の実現を目指すものであるが、施設や居住の「誘導」を図る本制度と呼応すべく、都市計画法ほかに基づく土地利用計画による「規制」のあり方の変化も求められる時代にある。

また 2004 年の**景観法**制定以降に急速に展開した景観行政との関係では、特に農地や森林をはじめとする豊かな自然を有する都市計画区域外や非線引き都市計画区域の景観保全においては、建築物の形態や色彩のコントロールも当然重要であるが、そもそも農山村の景観との調和を乱す土地利用の発生を未然に防止するために土地利用計画との連動が重要となる。二次元の土地利用計画を、景観という地域を三次元の対象として捉える計画に拡張することも求められる。その他にも、地域の生物多様性の機能向上、近年頻発する各種災害の被災リスクを踏まえた開発コントロールなど、社会に求められる機能に応じて土地利用計画自体の漸進的なリノベーションが必要とされる。

例題

Q　自分の暮らす都市のほか、自分が通う学校が所在する都市、近隣の大都市の都市計画区域、区域区分、用途地域の指定状況を確認し、比較してみよう。

・　役所等で入手できる都市計画図、自治体 HP で閲覧できる都市計画情報を確認し、都市・市街地の特徴と線引き、用途地域の指定状況の関係を確認しよう。

・　資料を持って現地を歩いてみることで、区域区分や、用途地域種別による土地利用、景観など市街地特性の違いをまとめてみよう。

・　ハザードマップにより確認できる災害リスクの高い箇所（土砂、浸水）や、航空写真で確認できる農地ほか自然的土地利用と区域区分の関係を整理してみよう。

04

地区計画と建築物の
コントロール

京町家の街並みと高層マンション（京都市姉小路界隈地区）

Q　地域主体で「良好な都市空間」を
どうやってつくるのか？

3章で学んだように、都市には、地域の状況を踏まえて、土地利用に関するさまざまな規制が定められている。しかし、現在定められている規制に従って土地利用をしていれば、地域特性を踏まえた将来起こりうる問題を未然に防いだり、魅力を向上させたりすることが担保されているわけではない。

写真に見られる市街地は、手前は古くからの木造の伝統的建造物が多く残り、伝統的な産業を基盤としたなりわいと暮らしが共存するまちと奥に見られる高層の商業ビルや集合住宅が立ち並ぶまちが接している。しかし、両方の市街地の用途地域はいずれも同じ「商業地域」となっている。これに対して、それぞれの特徴を踏まえて、用途地域による規制に加えて、高さ規制など建築物の形態、建築物の用途の規制などを定めることにより、地域特性を踏まえた良好な都市空間の実現に向けたまちづくりを進めている。

4・1 建築物に対するコントロール

1 建築基準法の目的

建築物は、住む、働く、学ぶなど私たちのさまざまな活動の基盤となる空間である。同時に私たちの身近な環境に大きな影響を与える構造物でもある。私たちにとって、建築物自体が安全で快適な空間であることと、周囲への環境への影響にも配慮することが求められる。そこで建築物に関するルールが必要になる。**建築基準法**は「国民の生命、健康及び財産の保護を図り、もつて公共の福祉の増進に資すること」を目的として、「建築物の敷地、構造、設備及び用途に関する最低の基準を定め」た法律である。

2 単体規定と集団規定

建築基準法は、個々の建築物単体の安全性を確保するための規定である「単体規定」と建築物の群としての秩序等を定めた健全なまちづくりのための「集団規定」で構成されている。**単体規定**とは、建物単体や敷地の安全上、衛生上確保すべき基準、構造、防火、避難、設備に関する規定が定められ、すべての建物に適用される。次に**集団規定**とは、原則として都市計画区域および準都市計画区域内を対象として、良好な土地利用を実現するための建築物の用途、大きさ、高さ等の規制等が定められている。

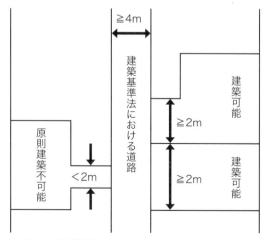

図 4・1　接道義務 (出典：国土交通省「建築基準法制度概要集」)

3 敷地と道路

都市における道路には、交通だけでなく、消防活動、避難等の観点から一定の幅員が必要になる。建築基準法では、建築物の敷地は、**原則として幅員 4m 以上の道路に 2m 以上接していなくてはならない**としている（**接道義務**、図 4・1）。しかし、実際の都市の中には、幅員 4m を満たしてない道も多くみられることから、建築基準法施行以前（1950 年）から存在していた道で一定の条件を満たしたものは道路とみなされる（**2 項道路**）。ただし、2 項道路に面する敷地に建築物を建てる場合には、原則として、道路中心線から 2m 後退した線が道路と敷地の境界となる。

なお、接道義務を満たさない敷地であっても、一定の基準に適合する建築物で、特定行政庁が交通上、安全上、防犯上、衛生上支障がないと認めて、建築審査会の同意を経て許可した場合には、建築することが可能である（なお、一定の基準を満たすもので、特定行政庁が認定したものは建築審査会の同意不要）。

4 用途制限

都市において、住環境の保全や商工業の利便性の確保などの目的を実現するために都市計画法において用途地域を定めている。用途地域は、3 章で示したように 13 種類が定められ、各用途地域に対応して建築基準法にて、建築物の用途が制限されている。

5 形態制限

（1）容積率

地域における社会経済活動の総量を誘導し、建築物と道路等の公共施設のバランスを確保し、市街地環境

表 4・1　用途地域に関する都市計画で定められる容積率

用途地域	容積率（%）
第一種・第二種低層住居専用地域	50 60 80 100 150 200
第一種・第二種中高層住居専用地域、第一種・第二種住居地域、準住居地域、近隣商業地域、準工業地域	100 150 200 300 400 500
商業地域	200 300 400 500 600 700 800 900 1000 1100 1200 1300
工業地域、工業専用地域	100 150 200 300 400
用途地域の指定のない区域	50 80 100 200 300 400

の確保のために設定された指標である。

容積率（%）＝延べ面積／敷地面積 ×100

なお、適用される容積率は、①用途地域に関する都市計画で定められる容積率、②前面道路の幅員が12m未満の場合の容積率のうち小さい数値が適用される。

(2) 建蔽(ぺい)率

敷地内の建築物が占める割合を示した数値が建ぺい率である。一方でこの数値は、敷地に占める空地の割合を示しており、通風や採光など敷地の環境を確保するために容積率と同様に用途地域に合わせて、都市計画で定められている。

建蔽（ぺい）率＝建築面積／敷地面積 ×100

(3) 建築物の高さの制限

敷地の日照、採光、通風の確保を目的として、建築物の高さの制限がある。これらの制限も用途地域に合わせて適用される。

絶対高さ制限

第一種、第二種低層住居専用地域、田園住居地域において、建築物の高さは、10m あるいは 12m に制限される。これらの選択は都市計画で決定する。

また、用途地域内であれば、都市計画で**高度地区**を定めて、必要な高さ制限（最高高さあるいは最低高さ）を定めることができる。

道路斜線制限

道路周辺の環境を確保するために、敷地の前面道路の境界線から一定勾配の斜線に収まるように定められ

ている規制である。勾配は、**住居系（1.25）**と非住居系（1.5）となっている。また、容積率に応じて、前面道路の境界線から一定距離以上離れた距離が適用距離とされ、適用距離を超えた範囲は制限が除外される。なお、道路境界線から後退させて建築（セットバック）する場合に、反対側の道路境界線も同じ距離だけ後退して緩和される。

隣地斜線制限

隣地との境界部の環境を確保するために、設定されている。住居系地域では、敷地境界線上の地盤面から20m、非住居系地域では、31m に基本高さが設定される。さらに基本高さから敷地内に**斜線勾配**（住居系1.25 非住居系2.5）が設定される。ただし、絶対高さ制限のある第1、2種低層住居専用地域、田園居住地域では、適用されない。

北側斜線制限

住居系地域において、日照等を確保するために建築物北側の高さを制限している。敷地の真北方向敷地境界線、また境界線が道路境界線の場合には、前面道路反対側の境界線を基準線として、一定の高さを起点として、一定勾配の斜線の高さ以下とする制限である。

日影規制

中高層建築物の近隣にある敷地への日照確保を目的とした規制である。敷地境界線から一定の範囲において、冬至日の午前8時から午後4時まで（北海道は午

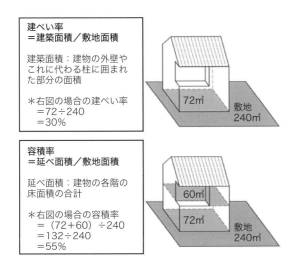

図 4・2　敷地・建物と建ぺい率・容積率の関係（出典：国土交通省『市民のための景観まちづくり読本』）

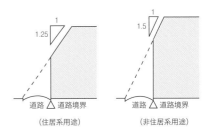

図 4・3　道路斜線制限（出典：京都市都市計画局「京都市都市計画制限のあらまし」より）

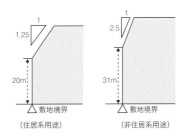

図 4・4　隣地斜線制限（出典：京都市都市計画局『京都市都市計画制限のあらまし』より）

前9時から午後3時まで）の日影の時間を規制する。この規制は、用途地域と連動しており、区市町村の条例で規制する。しかし、商業地域、工業地域、工業専用地域は対象とならない。

（4）その他の規制

外壁後退距離の規制

第1種、第2種低層住居専用地域では、良好な住環境を保全するために建築物の外壁を敷地境界線から後退（1mまたは1.5m）させる制限ができる。

敷地面積の最低限度

敷地面積の細分化を防止するために、敷地面積の最低限度を200㎡以下で定めることができる。

6　防火地域制

市街地において、火災による延焼を防止するため、定める規制である。防火地域、準防火地域において建築をする場合には、建物の規模に応じて、**耐火建築物**（鉄筋コンクリート造等）、あるいは**準耐火建築物**（鉄骨造等）などにしなくてはならない。

7　建築確認

建築主は、**一定の規模を超える建築（新築・増築・改築・移転）**をしようとする場合、大規模な修繕、模様替えをする場合は、工事着工前に建築主事等の確認（**建築確認**）を受けなければならない。確認の際には、設計図書等が単体規定、集団規定、その他関連法規（消防、バリアフリーなど）に適合するか審査を行う。建築は、建築確認のあと、工事着工され、その後中間検査、完了検査を経て、使用を開始できる。

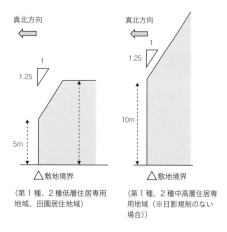

図4・5　北側斜線制限

4・2　地域特性を踏まえたまちづくり

都市計画区域および準都市計画区域においては、建築基準法の集団規定が適用され、建築物に対しては4・1で示した規定が定められている。なかでも用途地域が定められている区域では、13種類の用途地域に合わせた用途制限がされている。

しかし、本章の冒頭に述べたように、用途地域による規制が全国一律の基準であること、規制の適用が広域的かつ総合的な観点から定められていること、そもそも建築基準法が最低限の基準を示していることなどから、地域の実情を踏まえた土地利用を促すには必ずしも充分ではない。

地域特性に合わせた土地利用を実現するために都市計画等で定められている規制に加えて、項目の追加、厳しい規制、必要な施設などを定めることのできる制度等がある。

4・3　地区計画

1　地区計画

地区計画は、「**建築物の建築形態、公共施設その他の施設の配置等からみて、一体としてそれぞれの区域の特性にふさわしい態様を備えた良好な環境の各街区を整備し、開発し、および保全をするための計画**」として都市計画法で位置付けられている。

2　地区計画の構成

地区計画は、「①地区計画の目標」「②区域の整備、

図4・6　地区計画のイメージ（出典：国土交通省都市局都市計画課『土地利用計画制度』）

開発及び保全に関する方針」「③地区整備計画」で構成される。①、②は、地区が目指す将来の姿、それを実現するための方針が定められている。③として、地区計画の目標や方針を実現するために、区域の全部ある

いは一部に、地区内に必要な道路や公園などの「地区施設の配置や規模」、建築物の用途や形態などのルールとして「建築物等に関する事項」、緑地の保全などの「土地の利用に関する事項に関する必要な事項」から必ず1つ以上を選択して定める。また、区域を複数に細分化することもできる。しかし、地区整備計画につい

```
■地区施設の配置や規模
・主として、地区住民の利用する区画道路、小公園、緑地、広場、
 その他の公共空地についてその配置と規模を定める
■建築物に関する事項
・建築物等の用途の制限
・建築物の容積率の最高限度
・建築物の建ぺい率の最高限度
・建築物の敷地面積の最低限度
・壁面の位置の制限
・建築物等の高さの最高限度
・建築物等の形態又は色彩その他の意匠の制限
・垣又はさくの構造の制限
■土地の利用に関する事項
・現存する草地や樹林地を残すことを定める。
```

図 4・7　地区整備計画で定められること

表 4・2　地区計画等の種類

地区計画	地区計画 　（特例的な活用） 　誘導容積型 　容積適正配分型 　高度利用型 　用途別容積型 　街並み誘導型 　立体道路型
	再開発等促進区を定める地区計画
	開発整備促進区を定める地区計画
	市街化調整区域等地区計画
そのほかの 地区計画	沿道地区計画 　沿道再開発等促進区
	防災街区整備地区計画
	歴史的風致維持向上地区計画
	集落地区計画

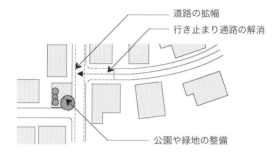

図 4・8　地区施設の配置と規模 (出典：京都市『京都市の都市計画』より)

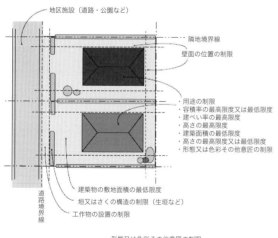

図 4・9　地区計画の建築物に関する事項として定められること (出典：東京都市整備局 HP より)

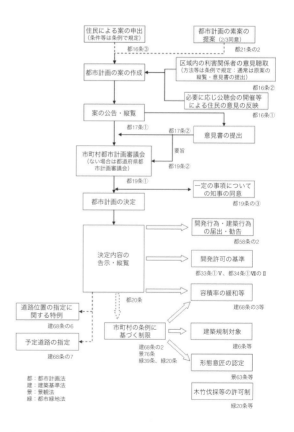

図 4・10　地区計画の策定プロセス (出典：国土交通省都市局都市計画課『土地利用計画制度』)

ては、特別の事情があれば定めなくても構わない。

3 地区計画等の種類

1980 年に創設された地区計画制度は、当初規制を強化することにより、地域特性を踏まえた土地利用を実現させるか期待された。しかし、その後の社会情勢等の変化に合わせて、容積率や用途規制を緩和する制度が創設されていった。

4 地区計画の実現手段

区域内の建築行為などを行う場合には、工事に着手する 30 日前までに、地区計画の内容に適合しているか区市町村に届出をして、チェックを受ける必要があ

る。また、地区計画で定めた地区施設は建築行為が制限され、開発許可の基準となる。

さらに地区計画の内容を市町村の「条例」に定めることにより、建築基準法に基づく建築確認の対象となり、実現性が高まる。

5 地区計画の策定プロセス

地区計画は、区市町村が定める都市計画であるが、策定にあたっては、住民等の意向を反映することが義務付けられている。また、2000 年の都市計画法改正では、区市町村の条例を定めることにより、地権者や住民が地区計画案を区市町村に申出できるようになり（図 4・10）、さらに 2002 年改正では、地区計画を含む

事例 1　　**住環境の保全を目的とした地区計画の事例**

神奈川県大和市つきみ野地区は、1970（昭和 45）年に土地区画整理事業により開発された大都市郊外の戸建て住宅地である。開発当初は開発会社と覚え書きを締結するなどの取り組みを通じて、良好な住環境が維持されてきた。しかし、敷地の細分化や土地利用の転換に伴う住環境の変化への対応が課題となり、建築協定が締結され、さらに協定の内容の実現性を高めるために地区計画が策定された。

第一種低層住居地域に指定されている戸建て住宅を中心とする A 地区と商店など沿道型土地利用を含む B 地区に分けられ、地区整備計画は A 地区に定められた。地区整備計画は、主に共同住宅を対象とした建築物等の用途の制限、敷地細分化を防ぐための建築物の敷地面積の最低限度、良好な街並みを維持するための壁面の位置の制限、形態又は意匠の制限、かき又はさくの構造の制限が定められている。

図 4・11　大和市つきみ野 6 丁目地区の様子

表 4・3　神奈川県大和市つきみ野 6 丁目地区地区計画　A 地区地区整備計画

建築物等の用途の制限	次に掲げる建築物は、建築してはならない。 1. 共同住宅又は長屋のうち、3 以上の住戸を有するもの、又は住戸の部分の床面積が 55 平方メートル以下のもの 2. 宿舎又は下宿 3. 学校 4. 床面積の合計が 150 平方メートルを超える保育所 5. 神社、寺院、教会その他これらに類するもの 6. 公衆浴場
建築物の敷地面積の最低限度	敷地面積は 150 平方メートル以上とする。
壁面の位置の制限	建築物の外壁又はこれに代わる柱（以下「外壁等」という。）の面から道路境界線（すみ切り部分を除く。以下同じ。）及び隣地境界線までの距離は、0.75 メートル以上（面積が 150 平方メートル未満の敷地にあっては、0.5 メートル以上。）とする。 　ただし、建築物の部分が次の各号のいずれかに該当する場合は、この限りでない。 1. 外壁等の長さの合計が 3 メートル以下であるもの 2. 物置その他これに類する用途（自動車車庫は除く。）に供し、軒の高さが 2.3 メートル以下でかつ床面積の合計が 5 平方メートル以内であるもの 3. 自動車車庫の用途に供し、軒の高さが 2.6 メートル以下であるもの
建築物等の形態又は意匠の制限	建築物等の屋根、外壁その他戸外から望見される部分は、大和市景観計画に基づく住宅地の景観形成方針に適合するよう努めるものとする。
かき又はさくの構造の制限	道路境界線及び隣地境界線に面するかき又はさくの構造は、生垣又は透視可能なフェンス等とする。ただし、かき又はさくの構造が次の各号のいずれかに該当する場合は、この限りでない。 (1) 道路境界線に面する場合は、これらの基礎でブロック等これに類するものの高さが宅地の地盤から 0.7 メートル以下であるもの (2) 隣地境界線に面する場合は、これらの基礎でブロック等これに類するものの高さが宅地の地盤から 0.5 メートル以下であるもの (3) 門柱等の部分

事例2	**まちの賑わい創出を目的とした地区計画の事例**

神奈川県横浜市馬車道地区は、横浜市の中心市街地に位置し、開港当初からメインストリートとして栄え、現在でも当時の面影を残した歴史的建造物等による街並みが形成されている。そこで、開港以来の歴史を引き継いだ街並みを形成するために地区計画が定められている。地区整備計画では、グランドレベルの賑わいと「文明開化の街」を実現するための用途の制限、形態又は意匠の制限が行われている。

表4・4　横浜市馬車道地区地区計画　地区整備計画

建築物の用途の制限	次に掲げる建築物は、建築してはならない。 1.1 階又は2階を住居の用に供するもの（1階又は2階の住居の用に供する部分の全部又は一部が住戸又は住室の部分であるものに限る。）（計画図に示す道路境界線からの水平距離8メートル以内に存する土地を敷地の全部又は一部として使用するものに限る。） 2. 神社、寺院、教会その他これらに類するもの 3. 集会場（業として葬儀を行うことを主たる目的とするものに限る。） 4. マージャン屋又は射的場（計画図に示す道路境界線からの水平距離8メートル以内に存する土地を敷地の全部又は一部として使用するものに限る。） 5. ぱちんこ屋、勝馬投票券発売所又は場外車券売場その他これらに類するもの 6. 倉庫業を営む倉庫（計画図に示す道路境界線からの水平距離8メートル以内に存する土地を敷地の全部又は一部として使用するものに限る。） 7. 危険物の貯蔵又は処理に供するもの（自己の使用のための貯蔵施設その他これに類するものを除く。） 8. キャバレー、料理店、ナイトクラブ、ダンスホールその他これらに類するもの（計画図に示す道路境界線からの水平距離8メートル以内に存する土地を敷地の全部又は一部として使用するものに限る。） 9. 個室付浴場業に係る公衆浴場その他これらに類する建築基準法施行令第130条の9の3で定めるもの 10. 墓地、埋葬等に関する法律第2条第6項に規定する納骨堂
建築物等の形態又は意匠の制限	1. 建築物の屋根、外壁その他戸外から望見される部分及び屋外広告物は、開港都市横浜の異国文化発祥の地としての歴史・文化性に配慮した美観などを良好に保つため、色彩又は装飾等について工夫しなければならない。 2. 広告用屋外映像装置及び前項の美観の維持・創出を阻害する広告用屋外音響装置についてはこれを設置してはならない。

図4・12　横浜市馬車道地区の様子

事例3	**開発のコントロールを目的とした地区計画の事例**

東京都練馬区田柄5丁目地区は、東京近郊に位置し、隣接する大規模団地や都心に直結する地下鉄開通によって利便性が高まることにより、農地の宅地化が進んでいる地域である。良好な市街地を創出することを目的として、地区計画が策定された。

この地区計画では、道路や公園を地区施設として配置したことにより、策定から30年以上が経過した現在、宅地化とともに計画された区画道路が整備され、計画で想定した住宅市街地が形成されている。

図4・13　東京都練馬区田柄5丁目地区の街並み

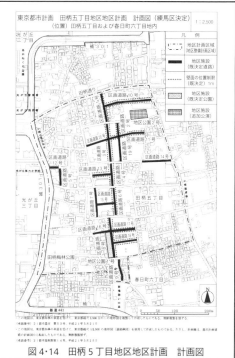

図4・14　田柄5丁目地区地区計画　計画図

都市計画素案を提案することができるようになった。また、区市町村の中には、まちづくり条例などで住民等による申出の手続きを詳細化することもある。

4・4　建築協定

　建築協定は、建築基準法に定められた制度で、土地所有者等の全員合意により、建築基準法の基準を超えた建築物の基準を定めることのできる自主的な協定である。建築協定は、合意が得られた土地を「**建築協定区域**」とし、その土地が対象となる。

　協定には、地域特性に合わせて、建築物の敷地、位置、構造、用途、形態、意匠、建築設備について、必要な基準を定めることができる。

　協定は法律に基づくが、合意をした土地所有者等の間の協定（契約）であることから、建築基準法における建築確認等の対象とはならない。しかし、建築協定に関する条例を定める区市町村において、合意された建築協定書を特定行政庁に申請し、公告・縦覧と関係者に対する意見聴取を経て、許可される。なお、協定の後に、新たに土地所有者等になったものに対しても、協定の効力が引き継がれる点が特徴である。そこで、新規住宅地において開発業者による協定（**一人協定**）が締結された上で分譲されることもある。また、協定には、有効期限を定めることから、一定期間を経て、期限切れ、あるいは協定更新が行われる。

　なお、建築協定の運用は、協定参加者によって構成される運営委員会によって行われ、協定違反に対する是正措置については協定に定める。また、区域に隣接する区域を「建築協定区域隣接地」とすることにより、随時追加で協定に加わることができる。

　姉小路界隈地区は、京都市の中心市街地に位置し、周囲は商業、業務用途の建物が集積しているが、当該地区は京町家が点在し、職住共存の老舗等が多く立地した落ち着いた雰囲気を持っている。そして、地域の特徴を継承するために建築協定を締結している。

　図4・15は、京都市姉小路界隈地区建築協定協定書の建築物の用途に関する基準である。商業地域であるが、生活の場でもあることから、特に静穏性を中心とした良好な環境を阻害する恐れがある用途を規制している。

　また、類似の制度として、景観法に基づく「景観協定」、都市緑地法に基づく「緑地協定」がある。

4・5　その他のまちづくりのルール等

1　法律等に基づかないルール等

　これまで都市計画法、建築基準法など法律に基づく地域特性を生かしたまちづくりルールを紹介してきたが、それ以外に法律に基づかないルール等を運用している地域もある。

　ひとつに町内会・自治会、あるいは商店街などの特定の区域を対象として活動をする組織、あるいは複数組織が、土地利用に関するルールを定めることがある。例えば、東京都練馬区練馬駅周辺地区は、土地利用や地区施設を定めた地区計画が策定されているが、加えて、地元の複数の商店街、町内会により「練馬駅南地区 まちづくり憲章」が策定されている。

```
■建築物の用途に関する基準
第6条 協定区域内においては、次の各号に掲げる建築物は建築してはならない。
(1) キャバレー、ナイトクラブ、バー、ダンスホールその他これらに類するもの
(2) 個室付浴場業に係る公衆浴場その他これらに類する建築基準法施行令第130条の9の2に定めるもの
(3) マージャン屋、パチンコ店、勝馬投票券発売所、場外車券場その他これらに類するもの
(4) カラオケボックスその他これらに類するもの
(5) 日用品を販売する店舗（当該店舗の営業時間が午前7時から午後10時までのものは除く）
(6) 共同住宅（すべての住戸の専用面積が45平方メートル以上のもの及び当該建築物の所有者の住宅が付属するものは除く。
(7) その他第8条に定める委員会が第1条の目的に反するものと認めるもの
```

図4・15　京都市姉小路界隈地区建築協定協定書（一部抜粋）

図4・16　練馬区練馬駅周辺地区の街並み

この地区は鉄道駅前の飲食店等が集積する商業地域であり（図4・16）、カラー舗装化、電線類地中化などハード整備を行い、かつ地区計画により、土地利用や地区施設が定められている。まちづくり憲章では、地区計画には定めることのできないハード整備後のまちの使いこなしのルール（商品や看板類の道路へのはみだし、放置自転車等）や活動の指針となるソフトな内容が定められている。

2 まちづくり条例など区市町村独自の仕組みに基づくルール等

区市町村の中には、地域主体によるまちづくりを積極的に進めるために、地区計画や建築協定など法律に基づく制度の利用を促すために、活動資金、技術提供など支援制度を設け、活用するところもある。中には、区市町村がまちづくり条例などにおいて独自の位置づけをすることで一定の効力を期待する制度を運用することがある。

例えば世田谷区では、「世田谷区街づくり条例」の中で、「区民街づくり協定」・「地区街づくり計画」が位置付けられている。区民街づくり協定は、住民間の協定を区が登録し、周知の支援をする。地区街づくり計画は、住民等が原案の提案を行い、区が住民等の意向を踏まえて、計画策定を行う。計画策定後は、建築行為等の事前届出を義務付けることによって、内容を担保することが期待されている。また、地区計画とは異なり、内容が限定されず、詳細に決めることができるとされている。

3 各種ルールによる特徴

これまで地域特性を踏まえたまちづくりを実現するルールとして、都市計画法に基づく地区計画、建築基準法に基づく建築協定などの各種協定、市区町村の条例に基づく制度、さらに任意の組織によるルール等をみてきた。実際にまちづくりを進める上では、これらの特徴を踏まえて、相応しいルールを選択することになる。また、これまで紹介した地域の中には、表4・5のように複数の仕組み（ルール）の特徴を踏まえて組み合わせることもある。

（1）担保性・実現方法

地区計画は、事前に市区町村への届出義務があるが、さらに条例化することによって建築確認の対象となり、計画内容の強制力が高くなる。また、建築協定は、制度的な担保はないが、建築確認の前に運営委員会が計画内容について審査することになり、また協定の中に違反措置を規定することで違反工事の停止・差止請求、損害賠償請求、違反建物の撤去請求を裁判所にすることができる。

また、市区町村の条例等に定められた制度の中には、建築主に対して市区町村への届出や地域との協議を義務付けることもある。しかし、手続き上の位置づけ等がない条例の場合には、地域が定めたルールを行政が認定すること（公定化）、またルールの存在を行政が周知することにより、ルールの実効性が高まると言われている。一方で、法律や条例などの位置づけのない仕組みについては、比較的担保力は低い。

（2）運営主体

ルールの運営について、地区計画は決定されると都市計画として位置づけられることから、地域が運営に関わることはない。それに対して、建築協定は運営委員会によって運営される。また、条例により異なり、地区計画と同様に行政によるものとまちづくり協議会など地域の組織によって運営されるものがある。任意のルールは、策定主体が運営することになる。

（3）規制できる項目

地区計画、建築協定（景観協定・緑地協定）については、規制できる項目が定められている。一方で条例によるルールの中にも項目が定められていることもあるが、法律に基くルールよりも幅広くなっていることが多い。さらに、土地利用等のハードな内容だけでなく、マナーなどのソフトな内容を含むことができ、地

表4・5　異なる制度等によるルールの組み合わせ

	大和市つきみ野6丁目地区	横浜市馬車道地区	京都市姉小路界隈地区	練馬区練馬駅周辺地区
地区計画	○	○	○	○
建築協定	○		○	
条例に基づくルール等		○	○	
任意のルール	○			○
備考	ルールにより区域が異なる		ルールにより区域が異なる	ルールにより区域が異なる

域事情を踏まえた項目を設定することが可能である。

　また、地区計画など担保力の高いルールの場合、恣意的な判断の余地を残さない数値等による客観的基準が必要になるが、地域が運営主体となる担保力の低いルールの場合には、敷地や相隣関係など個別状況も考慮して対話を行う前提で客観的基準だけでなく、地域固有の価値を示すなど定性的な項目を示す場合もある。

(4)　決定方法（合意形成）

　実際に地域でルールを定める場合には、地域での合意形成も含めた決定方法が、ルールの選択にとって重要になる。

　地区計画については、前述したように市区町村が決められた手続きを踏まえて決定される。一般的に規制内容に対して地域内での合意が不十分と判断される状況の場合には、実現が難しい。建築協定は、全員合意が必要であるが、合意した所有者等の敷地を単位として区域を定めることができる点が地区計画と異なる。

　市区町村の条例に基づくルール等は、条例ごとに決定手続きや条件が異なる。例えば、地域内の一定割合の合意が得られていること、地域への周知が充分に行われていることなど、法律に基づくルールよりは条件が緩やかになっていることが多い。

4・6　合意形成のプロセス

　地域の課題解決、魅力向上を図るために建築物の用途や形態を含む土地利用等のルールは、土地所有者等にとって直接制約がかかることから、地域の中で現状を把握し、将来のあるべき姿やそれを実現する方法（ルールの内容）を確認、共有しながら、進めるプロセスが重要である。

　例えば、地域が主体となったまちづくりを支援する仕組みを持つ京都府宇治市では、「宇治市まちづくり・景観条例」において、ルールの合意形成に向けた活動を想定し、その段階に合わせた支援制度を用意している（図4・17）。ここでは「まちを見る、感じる（地域の現状、特性の把握）」→「話し合い、参加する（まちの計画・ルールを調べる／まちの将来を話し合う）」→「まちのイメージを考える（合意形成をはかる）」→「ルール化（手法の選択）」という手順とともに行政か

図4・17　「地区のまちづくり」の主な進め方〜イメージ〜（出典：京都市宇治市インターネットHPより（https://www.city.uji.kyoto.jp/soshiki/73/4834.html））

らの支援メニューが示されている。同様の支援の仕組みを持っている区市町村だけでなく、支援制度がない場合でも概ね同様のプロセスと考えてよい。

例題

Q　自分が生活している地域（住んでいる場所、通っている（た）学校のある地域など）について、下記について調べよう。

・　土地利用に関する規制（用途地域や地区計画等の地域地区など）

・　現状の土地利用（建築物の階数、用途）

Q　土地利用規制の範囲内で将来起こりうる土地利用の変化（自分にとって好ましいと思う変化、好ましくないと思う変化）を想定しよう。

Q　「好ましくないと思う」を未然に防ぐために地域独自に定めた方がよいと思う地区施設、土地利用計画を検討しよう。

05

市街地開発事業と都市再生

貨物駅時代（2000 年代前半）の
うめきた（大阪駅北地区）(提供：UR 都市機構)

うめきた 2 期地区 2022 年 5 月時点の完成
予想イメージ (提供：うめきた 2 期開発事業者)

Q 魅力的なまちなかはどうすれば
   できるのか？

これらの写真や図は、大阪駅前のかつての姿と将来像である。都市のかたちや役割は時代の変化
とともに見直され、その役割を変化させていく。かつて貨物駅として利用されていた大阪駅北地
区（うめきた）は、新駅整備や大規模な公園、オフィスや交流機能など、都市の活性化を担う機
能へと変貌をとげている。かつて整備された都市も時間の経過とともに、老朽化や時代に合わな
い部分が現れてくる。都市が時代に適応して役割を担うために市街地開発事業と都市再生などが
取り組まれている。

5・1　市街地開発事業と都市再生

　本章では、市街地開発事業と都市再生を取り上げる。都市が抱える様々な課題を解決して、より望ましい状態へ更新、変化、発展させ、積極的にまちを変えていく一連の取り組みを扱う。

　都市計画法に定められた都市計画の実現手法には、**土地利用、都市施設**に加えて**市街地開発事業**の3つが規定されている（2章参照）が、**市街地開発事業**は道路や公園などの都市施設と宅地における建築敷地や建築物を含んだ市街地を一体的につくり、その性能を向上させる事業として位置付けられ、各地で取り組まれてきた。

　また21世紀に入ると、人口減少、少子高齢化などの潮流と相まって、国際的な都市間競争の激化や中心市街地の空洞化など、地域の経済や社会を支える役割を担う都市をとりまく環境が大きく変化してきた。加えて、これまでに整備されてきた市街地が老朽化し更新時期を迎えたことや、その機能や都市施設が時代に合わなくなり、アップデートが必要になってきたという事情もある。そこで近年では、都市の活力を高めることを目的としてハード・ソフト両面から様々な手法を組み合わせて取り組む**都市再生**という動きが広がってきている。

5・2　市街地開発事業

1　まちをつくり、改造する

　都市計画の主要実現手法の一つである市街地開発事業は、主に物的な環境としてまちをつくり、改造する技術として生まれ、発展を遂げてきた。田園や丘陵地など、まちでないところを市街地にするために道路や公園などの都市施設を整備すると同時に、建築物を建てて都市活動を行えるようにする建築敷地を整備する手法や、密集市街地など防災上の課題を抱えており、かつ道路や公園など地区に不足する都市施設を補うとともに、不燃化・耐震化された災害に強い建築物を建てて、土地や空間の高度利用を実現する手法などがその代表例だ。

　都市において、不足する都市施設を充足させ、土地や建物の高度利用を実現するためには、土地・建物の権利関係の見直しが必要となることが多い。公共施設用地を除くとわが国の都市部は私有地が多くを占めている。また、複数の権利者がいる場合は、権利関係を見直す際に特定の人だけが得をしたり、損をすることのないような公平性も求められる。こうした負担の公平性に配慮するための工夫としての土地収用、換地、権利変換など各種の手法を用いながら、行政と民間が協力して、宅地の整備やこれと一体となった公共施設の整備等を行うまちを作り上げていく手法が市街地開発事業と呼ばれるものである。

　市街地開発事業は、英語では Urban Renewal と呼ばれ、都市の刷新・更新を意味する。もともとあったものの除却するなど、都市空間を大幅に更新、刷新するハ

表5・1　都市計画法に規定される市街地開発事業

事業	内容
土地区画整理事業 （土地区画整理事業法 [1954年]）	道路、公園、河川等の公共施設を整備・改善し、土地の区画を整え宅地の利用の増進を図る事業で、換地方式により実施される。
新住宅市街地開発事業 （新住宅市街地開発法 [1963年]）	人口集中が著しい市街地の周辺地域で、健全な住宅市街地の開発や居住環境の良好な住宅地の大規模供給を図る事業。用地買収。ニュータウンの整備に用いられた。
工業団地造成事業 （首都圏整備法[1928年]、 近畿圏整備法[1964年]）	既成市街地への産業や人口の集中を抑制するために、首都圏や近畿圏の近郊整備地帯で計画的に市街地を整備したり、都市開発区域を工業都市として発展させるための事業。用地買収。
市街地再開発事業 （都市再開発法[1969年]）	市街地内の老朽木造建築物が密集している地区等において、細分化された敷地の統合、不燃化された共同建築物の建築、公園、広場、街路等の公共施設の整備等を行うことにより、都市における土地の合理的かつ健全な高度利用と都市機能の更新を図る事業で、権利変換方式により実施する。
新都市基盤整備事業 （新都市基盤整備法 [1972年]）	新都市の基盤（道路、鉄道、公園、下水道等の施設）を大都市の周辺部で整備することにより、大都市への人口集中の緩和と住宅地の供給を行う事業。
住宅街区整備事業 （大都市住宅法[1975年]）	良好な住宅地として開発整備する地区として都市計画に定められたエリア内で、共同住宅の供給と公共施設の整備をするほか、必要に応じて集団的農地の確保を行う事業。
防災街区整備事業 （密集市街地における防災街区の整備の促進に関する法律[2003年改正]）	建築物への権利変換による土地・建物の共同化を基本としつつ、例外的に個別の土地への権利変換を認める柔軟かつ強力な事業手法を用いながら、老朽化した建築物を除却し、防災性能を備えた建築物及び公共施設の整備を行う。

ード的な整備に主眼を置いている意味合いが強い。なお、市街地開発事業が都市計画決定されることにより、その都市計画が定められた区域内で計画によらない乱開発が起きないように建築制限が及ぶという仕組みも備えられており、計画的なまちづくりを担保している。

2 市街地開発事業の歴史と仕組み

都市計画法では、市街地開発事業として7種類が規定されている。代表的なものが**土地区画整理事業**と**市街地再開発事業**であるが、それらに加え、ニュータウンの整備に用いられる**新住宅市街地開発事業**など目的に応じた種類がある（表5・1）。これらのうち、土地区画整理事業や市街地再開発事業はいわゆる用地買収方式によらずに主に権利者を対象とした受益者負担によって、権利を保有したまま事業を実施できる点が特徴となっている。はじめに市街地開発事業の考え方を理解するため、その代表例である「土地区画整理事業」と「市街地再開発事業」について詳しく説明する。

3 土地区画整理事業

土地区画整理事業は「都市計画の母」とも呼ばれ、市街地開発事業の中心的役割を担っている。わが国では明治時代にドイツなどの法律を参考として、農地整備のための制度である耕地整理を準用して市街地をつくる方法に用いられたことがその始まりとされる。1919年の旧都市計画法の制定時に本格的に導入され、1923年の関東大震災の復興事業や大都市郊外部での市街化、第二次大戦後の戦災復興においても活用された。大火や津波など各地の災害復興でも用いられている。1954年には**土地区画整理法**が制定され、戦後の高度経済成長期の市街地拡大期においても郊外の住宅地開発や産業団地の造成などに用いられた。地方都市などでは市街地の大半が土地区画整理事業でできているケースも少なくなく、全国の市街地の約3割に及ぶ面積が土地区画整理事業によるものである。また、土地区画整理事業は、狭隘道路など防災上の課題をもつ既成市街地の再開発や災害からの復興、あるいは郊外ニュータウンの整備、拠点市街地の整備にも用いられている。既成市街地の整備・改善、スプロール市街地の解消、郊外部における住宅地や産業・物流拠点の整備など利用の範囲が多岐にわたる柔軟な制度である。

土地区画整理事業では不足する都市施設の整備と宅

地利用の増進（**高度利用**）を実現するための土地の区画形質の変更と道路・公園などの公共施設の新設・変更を行う。これにより高度利用が可能な建築敷地の造成が行われる。

公共施設用地の確保は、一般の公共事業のような**用地買収方式**によらず、**換地**と**減歩**という手法を用いて行われる。権利者（土地所有者）がそれぞれの土地の権利を入れ替え（換地）て、かつそれぞれの土地を出し合って（減歩）、道路や公園などの都市施設をつくることで実現される。

権利者にとっては従前とくらべて土地の面積は減ってしまうが、都市施設が充実し、高度利用が可能な宅地になることで資産価値としては減少しない仕組みとなっている。換地は原則として事業前後の状況を大きく変えない（**照応の原則**）ことになっているが、権利者の話し合いによって以前とは異なる新しいまちづくりを行うことも可能である。

土地区画整理事業は用地買収方式と異なり、権利者の多くが転出する必要がなく、コミュニティが維持できる点や、利用しやすい宅地（建築敷地）に整形される点、権利者にとってそれぞれ公平な負担となること、土地の権利移動に関する税金が不要であること、権利を移動せずに事業が実施できることなどが長所として挙げられる。一方で、建築物はそれぞれの権利者がそれぞれ建てることとなるため、バラバラの街並みになることが懸念され、地区計画や景観計画など別の方法を併用して実施されることも多い。また、反対する権

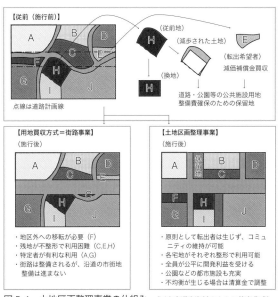

図5・1 土地区画整理事業の仕組み （国土交通省資料をもとに筆者作成）

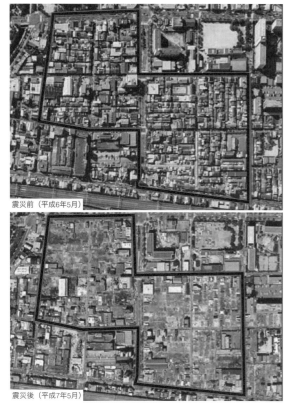

震災前（平成6年5月）

震災後（平成7年5月）

図 5・2　神戸市御菅地区土地区画整理事業 （提供：神戸市）

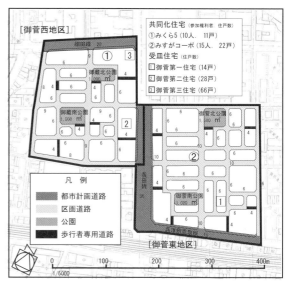

[御菅西地区]

共同化住宅 (参加権利者：住戸数)
①みくら5（10人、11戸）
②みすがコーポ（15人、22戸）
受皿住宅 (住戸数)
■御菅第一住宅（14戸）
■御菅第二住宅（28戸）
■御菅第三住宅（66戸）

[御菅東地区]

凡　例
　都市計画道路
　区画道路
　公園
　歩行者専用道路

図 5・3　神戸市御菅地区における復興まちづくり （提供：神戸市）

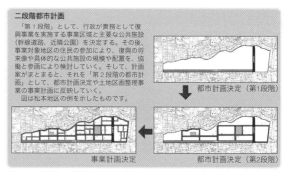

二段階都市計画
　「第1段階」として、行政が責務として復興事業を実施する事業区域と主要な公共施設（幹線道路、近隣公園）を決定する。その後、事業対象地区の住民の参加により、復興の将来像や具体的な公共施設の規模や配置を、協働と参画により検討していく。そして、計画案がまとまると、それを「第2段階の都市計画」として、都市計画決定や土地区画整理事業の事業計画に反映していく。
　図は松本地区の例を示したものです。

都市計画決定（第1段階）

都市計画決定（第2段階）

事業計画決定

図 5・4　阪神・淡路大震災で導入した二段階都市計画 （提供：神戸市）

利者が多いと事業が進まなくなるという短所もあるため、関係者間でまちづくりの将来像や公平な負担等について合意形成をはかることが必要不可欠である。手続きの流れとしては、権利者の財産を公平かつ適正に扱う点などから、都市計画決定、事業計画の認可、換地計画の認可、工事、換地処分、精算、完了という手順が詳細に定められている。

　土地区画整理事業は阪神・淡路大震災、東日本大震災などの震災復興にも積極的に活用されたが、阪神・淡路大震災の復興では、復興まちづくりのプロセスで全ての計画を決めるには地域住民や権利者との話し合いを十分に行う時間もないことから、**二段階都市計画**と呼ばれる新しい方法も導入された。

4　市街地再開発事業

　市街地再開発事業については、空襲（戦災）の苦い経験による建築物の耐火不燃化と周辺の延焼遮断を目指した**防火建築帯**に端を発し、関東大震災など戦前の震災や戦争の反省をふまえた**防災建築街区造成事業**や、土地区画整理事業の考え方を発展させ宅地を立体化させた**市街地改造事業**を前身とし、1969 年に**都市再開発**

法が制定された。よく、都市再開発という言葉も使われるが、広義には都市機能の更新整備を行う様々な事業を意味し、狭義には都市再開発法に基づいて敷地の共同化を伴う建物の更新整備と公共施設の整備を一体的に行う事業である。2018 年には全国で事業地区が1100 を超えており、国土交通省の調査によると、従前従後の比較で、土地の高度利用では容積率が平均約4.5 倍、道路等の公共施設の整備率が約 1.4 倍、不燃化率が 100％となるなど防災性の向上効果が見られる。また、都市型住宅の供給にも大いに貢献している。

　道路や公園などの都市施設が未整備で、木造住宅が密集するなど防災上も問題を抱えており、宅地に建築物を建て高度利用をすることが困難な場合や、土地が有効利用されていない低未利用地が点在している市街地、あるいは駅前にありながら広場などが未整備でその立地ポテンシャルを十分に活かしきれていない場所などにおいて導入される。

　市街地再開発事業は土地の合理的かつ健全な高度利

用と都市機能の更新を図ることを目的としており、都市施設の整備に加え、施設建築物を建設することにより、立体的な土地建物の権利を見直す方法を用いる。そのため、敷地等を共同化し高度利用することにより、公共施設用地を生み出すが、土地や建物などの従前権利者の権利関係は再編（**権利変換**）され、等価で新しい再開発ビル（**施設建築物**）の床（**権利床**）に置き換えられる。事業費は高度利用によって新たに生み出された床（**保留床**）を処分して事業費に充てられる。**権利変換方式**による**第1種事業**に加え、**全面買収（管理処分）方式**による**第2種事業**もある。

市街地再開発事業は事前に土地や建物の買収をする必要がないため、事業費を抑えることができ、事業終了後に従前の土地建物所有者が土地利用を再開できることが長所となる。一方で、事業に関わる権利者が多くなり、権利者間での合意形成が必要となる点や、そのための話し合いなどに時間がかかり、事業期間が長期にわたるという短所もある。

手続きの流れとしては、権利者の財産を公平かつ適正に扱う点などから、都市計画決定、事業計画の認可、権利変換計画の決定、建築工事、保留床の処分、完了という手順が詳細に定められている。

図5・5　大阪駅前の従前市街地（梅田新道交差点付近、1962）（出典：『大阪駅前市街地改造事業誌』）

図5・6　大阪駅前市街地改造事業の当初計画案（出典：『大阪駅前市街地改造事業誌』）

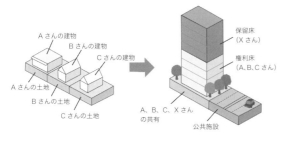

図5・7　権利変換（土地・建物の権利の再編）の仕組み

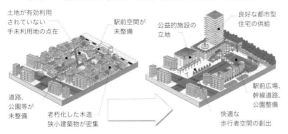

図5・8　市街地再開発事業による市街地の改善効果（出典：国土交通省資料）

図5・9　明石駅前南地区第一種市街地再開発事業（上：従前の市街地の状況　下：完成後）　駅前公共施設の不足、防災上の懸念、中心市街地の衰退等が課題であった（資料提供：明石駅前南地区市街地再開発組合）

5　その他の市街地開発事業

その他の市街地事業について簡単に触れておきたい。これらは、戦後都市化が進む中で都市のスプロール対策が課題となり、そのために計画的に新しい市街地整備を進めていくことを主たる目的としている。**工業団地造成事業**（1958、1964 年）は大都市圏における工業用地需要に対応するために、そして**新住宅市街地開発事業**（1963 年）は深刻な住宅不足に対応するために、住宅都市（ニュータウン）を計画的に開発するためにつくられた。大阪の千里・泉北ニュータウン、東京の多摩ニュータウンなどが実現された。

阪神・淡路大震災（1995 年）では、木造建築が密集する市街地（木造密集市街地）での被害が甚大で、改めてその整備の充実が再認識された。そこで**密集市街地における防災街区の整備の促進に関する法律**が制定され、防災街区整備事業（2003 年）が設けられた。

5・3　市街地開発事業のこれから

1　市街地開発事業の特徴と留意点

市街地開発事業は市街地の多くが私有地でその権利調整が必須となるわが国においては、土地や建物の権利関係を調整（交換分合）することで事業実施できる点や、土地建物などの買収費が多額となる全面買収方式と比較して事業費が抑えられるなどの長所を備えており、こうした手法が発達し積極的に用いられてきた。また、受益者負担の原則によって、権利者間で公平な負担がなされる点も合意をはかるうえでは必要不可欠な条件でもある。

また、市街地開発事業は都市施設の整備などを面的に行うため、多額の事業費がかかる。その負担は土地区画整理事業の場合は保留地の売却、市街地再開発事業の場合は保留床の売却などの受益者負担によって賄われるが、同時に行政からの補助金も投入されており、公共的な観点から市街地への波及効果が求められる。

一方で、事業費を確保するための保留地や保留床の売却による整備が前提となる場合、人口減少社会の到来や市街地の空洞化、スポンジ化などが課題となっている昨今の状況では、土地や建物床の需要が見込めず

に事業が頓挫したり、事業計画の見直しを強いられるケースも少なくない。なお、狭隘道路や狭小宅地など防災性能が低い市街地や緊急性や公共性の高い市街地開発事業については、保留地や保留床の売却による事業手法によらず、全面買収方式が用いられる場合もある。

多くの場合、多数の権利者が関わる市街地開発事業では、合意形成が事業実施の前提となるが、そのためにはまちの将来像がどうあるべきか、どのような都市施設が求められるのか、それぞれの負担は公平か、様々な意向をもつ権利者それぞれの考えが反映されているかなどが主な論点となる。このような合意形成を図るには何度も話し合いを持つなど十分な時間が必要となり、構想から完成まで数十年かかる事業も少なくない。また、多くの人の様々な意見を集約整理していくにはまちづくりの専門家であるコンサルタントや行政がこうした取組みの一連のサポートを行うなど、支援体制の充実も欠かせない。

さらに、市街地開発事業はまちを大きく変化、更新させる大きな影響力を持ち、まちの景観などに与える影響も大きい。また周辺市街地への波及効果なども期待される。そこで事業の効果を最大化する意味においても、地区計画や景観計画などをはじめとする都市計画に関わる様々な手法や景観形成ガイドラインなどを併用してまちづくりを適切に誘導するなど、よりよいまちづくりを目指していくことが求められる。

2　市街地開発事業の課題

人口減少社会、成熟型社会が到来した現在の状況は、市街地開発事業が創設され発展を遂げてきた都市化の時代とは大きく環境が変化している。人口減少や国際的な産業構造の転換などの状況で、住宅地、産業地など様々な用地需要が今後増えることが見込みにくく、逆に空家や空地など、都市のスポンジ化などへの対処が求められている。このような状況のなかで市街地開発事業を効果的かつ的確に活用する必要がある。

また、市街地開発事業は都市施設の整備や補助金の投入など公共性が高いことから、厳格な設計基準やルールにもとづいて整備される。その結果、完成した市街地は画一的で均質であるという指摘もある。そこで、事業の際に歴史的な建築ストックの活用や歴史的な街並みの継承など、地域独自の個性を活かしたまちづく

りに柔軟に対応していくことが求められる。

さらに、多くの都市では一旦市街化が進み、ストックの形成が図られていることが多い。その一方で、依然としてシャッター通りと呼ばれるような中心市街地の空洞化が進んでおり、新しいストックの形成ではなく、既存ストックの有効活用が課題となっている。近年ではかつて市街地開発事業を実施した地区を含んで再び市街地開発事業を実施する再々開発の事例も見られるようになってきている。

そして市場や社会環境の変化へ対応できることも必要となる。市街地再開発事業の場合、かつてはキーテナントと呼ばれる大規模小売店舗の入居が前提となった計画が一般的であったが、社会や環境の変化により、近年は店舗の構成も変化している。つまり事業が完了しても空き店舗が生じ、まちの賑わいが生まれない現象もみられ、ハードの整備とともに時代に合わせた需要や変化に柔軟に適応していくことが求められている。

5・4 都市再生

1 都市を時代にあわせてアップデートする

市街地開発事業を変化・発展させて、近年では**都市再生**という考え方が用いられるようになってきた。道路が狭隘で木造住宅が密集するなど市街地の空間的な

性能が低い場合には、市街地開発事業は都市の物的環境の性能を高める有効な手法となる。しかし、人口の減少や地域産業の衰退、空き店舗や空き家、空き地の増加などによる中心市街地の空洞化、市街地の活力低下のような問題は、ハード空間の改善だけでは中心市街地の本質的な課題解決につながらない。

わが国ではすでに都市が拡大する都市化の段階を終え、経済・社会が成熟し、人口減少社会に入り、産業、文化などの活動が都市を共有の場として展開する都市型社会への移行が始まっており、これまで築き上げられてきた都市のストックを活かしつつ、時代の変化を先取りして変化しながら魅力と活力にあふれた都市へと再生していくことが求められる段階に入ったといえるだろう。一方で長時間通勤、慢性的な交通渋滞、緑やオープンスペースの不足など20世紀から継続している都市課題の解消も依然として積み残されており、これらについてもその課題解消に向けて引き続き応答が求められる。

さらに、テクノロジーやモビリティの進化など情報化への対応、少子高齢化、国際化など社会経済情勢の変化など対応の遅れが指摘される分野への応答も急務となっており、スマートシティに代表される次世代都市への転換も急がれる状況にある。このように時代に合わせた都市機能や空間をアップデートしていく一連の取組みが都市再生に求められる役割といえる。

かつて計画立案や金融などまちづくりを担う民間の

図 5・10　都市再生整備計画事業のイメージ図（国土交通省）　市街地開発事業のみならず多様な取り組みを実施

開発事業者が十分育っていない状況では、様々な分野で行政が支援を行い、公的な事業主体が主に事業の担い手となっていた。しかし、近年では民間デベロッパーや金融機関などが成長しており、民間が活躍できる環境の整備も重要な課題となっている。とりわけ、わが国ではバブル経済崩壊以降の経済の低迷期（失われた10年）の経験から、都市づくりにおける経済の活性化との関係に重点を置きながら、都市再生分野に民間投資が進む環境づくりが求められた。

わが国では2002年に**都市再生特別措置法**が施行され、民間の活力を中心とした都市再生や官民の公共公益施設整備などによる都市再生の取り組みが推進されるようになった。全国都市での都市再生プロジェクトの決定や都市再生特別措置法に基づく支援措置によって、大都市圏の都心部を中心に、公共施設整備を伴う大規模なプロジェクトが進められた。また、都市計画や税制の特例、金融支援などにより総合的なまちづくりを展開する**都市再生整備計画事業**、UR都市再生機構による支援など多面的な施策展開が図られている。市街地開発事業など施設整備等のハード事業のほかに、市町村の創意工夫を活かしたソフト事業も含めてパッケージでの取り組みが進んでいる。

都市再生とは、都市の持続可能な発展（サステナブル・デベロップメント）を維持していくために、社会、経済、文化、環境など多面的な視点をもちながら必要な都市機能を活性化させるという視点をもつ。したがってその実現手法は都市の物的な環境の刷新のみならず、修復や保全、あるいはリノベーションやコンバージョンなど方法も多様化している点が大きな特徴といえる。英語では Urban regeneration や Urban renaissance と訳される。

また、その担い手も、行政や土地・建物所有者などの権利者のみならず、周辺の地域住民や事業に関わる民間事業者など多様なプレイヤーの参画が重視されるようになった。特定の利害関係者だけの参画では都市全体の再生に資するような大きな波及効果を生み出すことは難しくなっており、幅広い担い手を巻き込むことが大きな課題となっている。

2　多様化する都市再生の取り組み

近年の都市再生の取り組みでは、「都市に活力をどう取り戻すのか」から「活力を生む都市であり続ける

にはどうすればいいか」というテーマへと移行している。人々が行きたいと思う場所はどうすればつくれるのか、居心地のよい都心の市街地には何が必要か、新たなイノベーションや人々のクリエイティビティを高める人々の交流やコミュニケーションを生み出すにはどのような機能が必要か、といった都市の本質的な価値を問いかけるような問題意識から都市再生の取組みが進められるようになっている。また、都心ではこれまでの業務・商業を中心とした土地利用から、ホテルや文化・交流機能、そして都心居住など求められる機能が多様化しており、今後もさらにその取組みは広がりをみせていくことが予想される。

そこで、都市再生の取組みは各都市独自の取組みや、ストックを有効に活用した取組み、地域のまちづくりの主体が主役となって進める取組みなど、エリアで様々な取組みを複合的に進める方向へと発展を遂げている。以下にその主要な展開を紹介する。

(1)　ストック活用のまちづくり

中心市街地にある歴史的建築物などのストックや空家や空き店舗などの有休不動産を活用し、**コンバージョン**（建築物の用途変更を含む）や**リノベーション**により、都市の再活性化に取り組んでいる事例が増えている。建物単体のみならず、複数の取組みが連鎖する

図5・11　歴史的建築物のコンバージョン（今橋ビルヂング）消防署をレストランに改装し電線地中化も実施 （写真提供：髙岡伸一）

ことでエリア全体に波及する効果も期待できる。また初期投資が少なくて済み、地域で親しまれてきた既存ストックを有効に活用できることから、地域らしさを生み出しやすい点も特徴となっている。

図5・12 河川空間を活用した水都大阪再生の取り組み　河川敷地占用許可準則に基づく都市・地域再生等利用区域として整備された賑わいや舟運の拠点（タグボート大正）

(2) 都市空間の再編・プレイスメイキング

　河川や公園、道路をはじめとする都市の公共空間や、建築敷地内の空地など都市の公共的な空間を対象にその設えや使い方を柔軟にし、人々にとって魅力的な場所へと変えていく取組みが進んでいる。これまで河川では治水・利水、道路では自動車を主にした交通流対策など各施設の主目的に優先順位を置いた厳格な公物管理がなされてきたが、自動車交通の減少や環境意識の高まり、人中心のまちづくりへの転換、施設の有効活用などの社会潮流の変化から、老朽化した都市施設の更新のタイミングに合わせてその役割を見直すことで、人々が行きたいと思う場所、歩きたいと思えるまちなかなど、都市の魅力を高める取組みとして取り組まれるようになっている。また、市民・企業、NPOなど、多様な主体が公共と連携・協働し、都市空間の魅力向上や活性化に取り組む**プレイスメイキング**の取り組みやプログラムが一緒に実施されることも少なくな

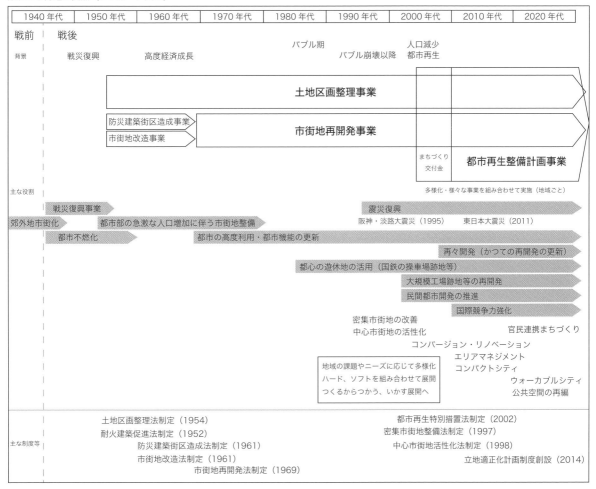
図5・13　市街地開発事業と都市再生の流れ

い。例えば、歩道を拡幅した道路空間再編の取組みを本格実施前に検証する**社会実験**などの経験を通じて、まちの将来像を共有するといったプロセスも重要視され、各地で実践が進んでいる。（詳細は10章を参照）

（3）エリアマネジメント

エリアマネジメントとは、地域における良好な環境や地域の価値を維持・向上させるための、住民・事業主・地権者等による主体的な取組みであり、行政の取組みのみならず、地域住民や企業などが主体となって地域の課題解決や地域の価値向上に取り組む活動が進んでいる。欧米では20世紀後半から取組みが進んでいるが、わが国では都市再生の取組みの充実とともに、都心市街地を中心に導入が広がっている。

清掃・維持管理、防犯・防災、エリアプロモーション、イベントの運営、エリアの将来計画の立案、景観のローカルルール運用などその活動内容は多岐に渡る。近年では、エリアで実施される各種社会実験の実施・

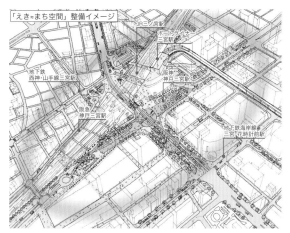

図5・14 神戸三宮の都心の公共空間の再編と将来の人中心のまちづくりへの転換をめざす「えきまち空間」（出典：神戸市資料）

図5・15 道路空間再編の利活用社会実験（御堂筋チャレンジ2021）

検証や公共空間の維持管理などの活動も盛んになっている。民主体で地域のまちづくりを構想し実践する主体が中心となり、地域の活性化に取り組んでいく方法が今後は都市再生の中心的な役割を担うことが大いに期待されている。

3 都市マネジメントと都市再生

都市の更新期を迎え、これからの都市再生は市街地開発事業や個別の建替、公共施設の再編などを組み合わせながら、日常的には清掃などのまちの維持管理、まちのプロモーション、防犯・防災の取組みをはじめ、エリアマネジメント団体などの地域の取組みが主役となった都市のマネジメントが重要な役割を担う。そして、都市に関わる様々なステークホルダーが関与しながら、官民連携により継続的にまちの発展を目指したアップデートが図られていく。そのためには、まちでの事業や雇用の創出や来街者・来訪者の滞在時間の増加、資産価値の向上など持続可能な都市となるための目標を設定し、継続的にマネジメントしていく視点が重要となる。

今後の都市再生は、日常的にエリアマネジメント活動を展開しつつ、ステークホルダー間で問題意識や目標を共有し、将来像を描き、社会実験などの手法により効果検証を行いながら、中長期的には個別の建替や市街地開発事業、公共空間の利活用など様々な手法を組み合わせて、あるべきまちの姿を実現していくといった方向へと発展していくことが期待される。

例題

Q 自分の暮らすまち、通学で使う駅前などの市街地を対象に市街地開発事業や都市再生に関する取り組みについて調べてみよう。

・ 自治体等のHPでの情報収集を行い、計画図などをみながら、現地調査を行い、改善されているところを調べよう。

・ 図書館などの資料から、昔の市街地の状況（道路や街並み）を調べ、変化しているところを確認しよう。

06

住環境の計画

まちの公園で休日を過ごす様子（大阪市内）

Q　住み続けられる都市をどうつくるか？

住まいとは、ひとが生きていくための器であり、生活の原点である。個人の空間である住まいが集まり「集住」となり、それを支えるインフラが整備され「都市」が形成されてきた。そこにはさまざまな機能があり、ルールやしきたりが生まれてきた。住まいというものは個人の空間、居場所であり、地域社会の一部であることも求められている。

住まいはどこにでも構えることができるものではない。都市計画上の規制や敷地の条件など様々な要件のうえに成り立っている。さらに個人の経済状況や嗜好、周辺環境などから選ばれている。本章では住まいの役割とそれらを取り巻く制度の変遷や取り組みを整理する。特に現在の日本においては少子高齢化、人口・世帯数減少、社会環境の変化に対応する新たな視点が必要である。上の写真のようなごく日常の光景は、人が住んでいるから見られるものである。住み続けられる都市とはどのように形成され、どのように維持されればいいのだろうか。

6・1　住むということ

1　住まいとは

　そもそも住まいとは「巣」である。外敵から身を守るシェルターであり、防御機能が優先されてきた。それは生物としての欲求であり、安全であることを基本としたうえでさらに様々な機能を持たせ、風土・土地に見合った文化や様式などが形成されてきた。住まい（住宅）は、個人や家族など住まい手の要求を満たし、その家族構成、社会環境、自然環境により変化してきた。近年ではライフスタイル、嗜好の変化への対応も求められ、より多様化している。

　人が狩猟を生活手段としていたころの住まいは洞穴や雨風のしのげる自然の中を移動するものであった。それが農耕へと変化し、定住するようになった。定住することで家具などの生活のための道具をもつ暮らしとなり、住まいの機能も向上していった。定住できる土地ということは、生きていくために必要な条件が充足されていることを意味する。その中で、その土地に合った住宅様式も生まれた。アジアでは高温多湿の気候に対し、高床式の建物で床下の湿気から逃れられるよう工夫された。世界各地でこのような工夫により独自の住文化が形成され、現在でも受け継がれている。

　また、「居は気をうつす」とも言われるように、住まいはそこに住む人の感情や心にも影響を与えると考えられており、住まいを整えることで、そこに住まう人の心も整うと言われている。

2　住環境の理念

　住まいとそれを支える環境を意味する「住環境」について WHO（世界保健機構）は 1961 年に「健康的な人間的基本住生活の環境」として「安全性」、「保健性」、「利便性」、「快適性」を示した。さらに、1987 年には WCED（環境と開発に関する世界委員会）は、報告書「地球の未来を守るために」で、この 4 つの理念に「持続可能性」を加えることとしている。これらは今日でも住環境における指針とされている。

　住まいの第一の役割である**安全性**とは、天候や気温など外的環境からの保護と、防犯、防災も含めた命の安全の確保である。そこに衛生的で心身が健康に保たれることを意味する**保健性**や、機能、効率などの**利便性**も指摘されている。そして、居心地よく過ごすための**快適性**には住宅内部だけでなく、住宅を取り巻くあらゆる環境が包含されている。住まいというのはその建物だけで生活できるものではなく、公共交通や商業施設、行政サービス、インフラ設備などが整えられているから快適に住めるのである。さらに、それらが継続して供給され、適切に維持管理・更新できることが今後の住環境においては重要な視点であり、持続可能性として求められている。

　このような住環境について、エコノミストなどが発表する「住みやすいまちランキング」では Stability、Healthcare、Culture & Environment、Education、Infrastructure の指標が用いられ、多角的な評価が行われている。これらは住むということが単なる物理的空間の確保だけでなく、公衆衛生や教育など人を取り巻くあらゆる環境を考慮すべきだということを示している。

図 6・1　郊外住宅地の様子

図 6・2　都心部マンション群の様子

3 日本における住まいの変遷

住まいにはその国や地域の気候・風土や手に入れやすい材料、生活習慣・文化、民族性など様々な要素が反映されている。日本は国土の約3分の2が森林であり、住まいには古くから木が多く用いられてきた。また、「夏を旨とすべし」という言葉からも分かるように、暑さと湿気への対策が重視され、日照と通風を意識した住まいとなっている。

日本の住まいが木造で地方による特徴も有して変化してきたように、世界各地でもその土地ごとに違いがみられる。寒冷な地域では寒さへの対策が優先され、断熱性の高い厚い壁で囲まれた住宅がつくられ、乾燥した地域では石や日干しレンガが用いられている。ま

た、室内で用いられる家具や生活習慣にも地域性が見られ、私たちの生活の背景に自然環境が大きく影響していることが分かる。

発見されている住居跡からは旧石器時代は集団で狩猟をしながら移動して生活していたことが分かっている。縄文時代になると高台などに簡単な屋根で覆った住まいをつくるようになり、農耕が中心となる弥生時代にかけて竪穴式住居（図6・3）が集合して建てられるようになった。私たちは古くから集団で生活をしており、集まって暮らしてきた。安定した稲作が普及してくると定住が可能になり、集落なども形成され、高床住居など住宅への工夫も進んでいった（図6・4）。奈良時代になると大陸との交流がはじまり、多くの技術が渡来した。仏教などとともに文化や制度、建築技術や都市計画ももたらされた。平城京では条坊制が導入され、都として定着し、長岡京、平安京へと引き継がれている。

中世になると住宅はその主の職業や身分を映すものとなり、武士は階級によって敷地の大きさなども定められていた。町家は間口は狭いが奥に長い区割りとされ、道路に対して多くの商家が立ち並んでいった。農村では広間型の三つ間取り、田の字型といわれる四つ間取りが住宅として普及している。階層や身分、職業により住様式にも明らかなルールがあり、住まいや住

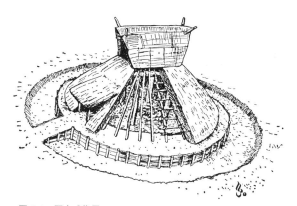

図6・3 竪穴式住居 （出典：西山夘三『日本のすまいⅢ』勁草書房、1993）

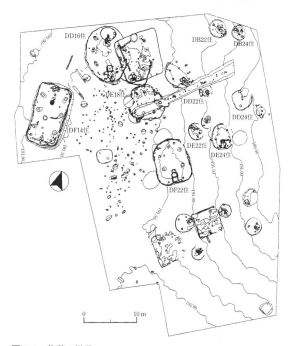

図6・4 集落の様子 （出典：日本建築学会編『日本建築史図集』彰国社、2011）

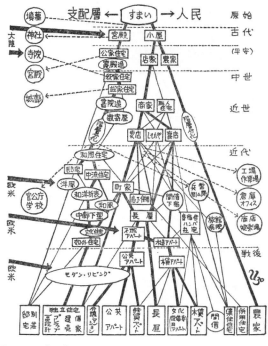

図6・5 日本の住まいの発展系譜 （出典：西山夘三『日本のすまいⅠ』勁草書房、1987）

む場所は個人で選択するものではなく社会的意味を持つものであった。

明治維新後は西洋からの技術や文化の流入により、住宅も大きな影響を受けている。日本家屋の一部を洋風にする和洋折衷様式が現れ、イスやテーブルを置く洋間も作られるようになった。明治以降は資本主義の導入により、住まいに経済力も反映されるようになった（図6・5）。

現在では住まいは個人の好みや条件などにより選択されており、どこにでも住むことができるかのように見えるかもしれない。たしかに、木造だけでなくさまざまな材料の住まいがあり、身分や職業を表すものではなくなっている。しかし、**用途地域**（3章参照）のような様々な土地利用制度や計画による制限や規制がある。

6・2 都市化と住環境

1 住宅政策の変遷

明治以降、産業構造の変化などにより地方から都市部へ仕事を求めて人口が移動し、住宅供給が追いつかず、不良住宅も形成された。人口の集中がみられるようになった1923年に発生した関東大震災では多くの住宅が失われ、その教訓として住宅・建築物の耐震、耐火への対策が採られるようになった。また、住宅不足の解消に向け共同住宅の建設や居住地の高密化も進められ、財団法人**同潤会**も設立された。同潤会は鉄筋コンクリート造で新しい生活様式を導入した都市的な集合住宅を提供した。

戦後は圧倒的な住宅不足に陥り、小屋や雨風をしのぐ程度の住まい、狭小過密な居住地が形成されていった。戦後復興期においては民間での自力再建には限界

があり、これらの解消に向けた国の政策として、3つの大きな施策が進められた。1つ目は**住宅金融公庫法**（1950年）であり、住宅取得のための資金融資を行った。2つ目は**公営住宅法**（1951年）による公営住宅制度で、国や地方公共団体による公的住宅の供給（県営住宅など）が行われた。3つ目は**日本住宅公団の発足**（1955年）であり、都市部での賃貸住宅供給などを行った。

しかし、1960年代の高度経済成長にともない都市部への人口集中や世帯の細分化など、住宅不足は続いた。そこで、1966年（昭和41年）に**住宅建設計画法**に基づく**住宅建設五箇年計画**が策定された。この計画は1966年から1970年の5年度を第1期として第8期まで40年に渡り我が国の住宅政策の基盤となった。

まず第1期では量的解消を図るため「**一世帯一住宅**」が目標とされ、第2期では「**一人一室**」など居住環境の改善が進められた。当初、住宅は量の確保に重点が置かれてきたが、その後1976年以降は広さの確保（最低居住面積、誘導居住面積）、バリアフリー化など、質の向上へと移行した。

さらに、昭和58年（1983年）には**地域住宅計画**（「HOPE［Housing with Proper Environment］計画」）が施行され、「地域に根ざしたすまい・まちづくり」も進められた。これは住まいのみならず、地域を見直すものであり、その地域がもつ自然環境、伝統・文化、産業など地域の特性を踏まえた住環境形成を提唱したものである。この中で住環境の維持、改善におけるコミュニティの重要性や地域資源の将来への継承なども指摘されている。HOPE計画では様々な自治体が地域らしさを模索し、その保全や活用に取り組んだ。

住宅建設五箇年計画は平成17年（2005年）度にその役割を終了し、平成18年（2006年）度からは**住生活基本法**が制定され、現在の住宅政策については住生活基本計画が担っている。

この間の住まいと都市、社会情勢との関係を概観す

表6・1 住宅建設五箇年計画の主な変遷 （出典：国土交通省「住宅建設計画法及び住宅建設五箇年計画のレビュー」をもとに筆者作成）

	住宅難の解消	量の確保から質の向上へ				市場・ストック重視へ		
期	第1期	第2期	第3期	第4期	第5期	第6期	第7期	第8期
期間 （計画年度）	S41〜45 1966-1970	S46〜50 1971-1975	S51〜55 1976-1980	S56〜60 1981-1985	S61〜H2 1986-1990	H3〜7 1991-1995	H8〜12 1996-2000	H13〜17 2001-2005
住宅建設の目標	一世帯一住宅の実現	一人一室の規模を有する住宅の建設	最低居住水準・平均居住水準の確保	住環境水準を指針とした低水準の住環境の解消	誘導居住水準の確保	大都市地域に重点を置いて水準未満世帯の解消	大都市地域の借家居住世帯に重点を置いて水準未満世帯を解消	住宅性能水準を設置

ると、1960年代は高度経済成長期であり、都市やその周辺部に**木造賃貸アパート（木賃アパート）**などが集中的に建設され、密集市街地を形成していった。中には質の良くないものもあり、住環境の悪化や延焼の危険性など周辺への影響も懸念され、現在でもその解消に取り組んでいる。また、郊外でのニュータウン開発も活発に進められた。

1970年代には一戸建て住宅への需要が高まる中、開発許可のいらない**ミニ開発**がみられるようになる。これは用途の混在やまちなみへ影響を及ぼした。1980年代になるとワンルームマンションなど単身者向け住宅が出現し、地域との交流を持たない、自治会へ加入しないなど住民と地域との関係性が問題視されるよう

になってきた。1990年代はじめはバブル経済期であり、地価の高騰による住宅取得困難などが発生し、経済の変化が都市にも大きく影響した。1995年の阪神淡路大震災以降は大規模災害発生など住環境において防災への意識が高まり、地域コミュニティへの重要性も再認識されていった。

2　ニュータウンの形成

住宅建設五箇年計画が進められて行く中で、住宅への欲求も高まり、郊外におけるニュータウンの開発も盛んにおこなわれた。田園都市論に影響を受けた宅地開発が都市近郊で行われ、一戸建て住宅は人々の憧れとなり、幸せの象徴と捉えられていた。**ニュータウン**はまさに新しい街であり、そこでの暮らしは住宅すごろくの「アガリ」と思われていた（図6・6）。そのため、より手頃な価格で供給される郊外ニュータウン開発は加速し、**ベッドタウン**として都市圏の拡大を招いた。

大規模なニュータウンでは地域に共益施設を配置し、

図6・6　住宅すごろく （出典：上田篤・久谷政樹『朝日新聞』1973年1月3日）

図6・8　高蔵寺ニュータウンセンター配置（6212案）（出典：高山英華『高蔵寺ニュータウン計画』鹿島出版会、計画』鹿島出版会、1967）

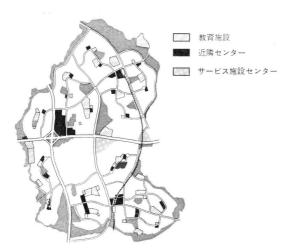

	教育施設
	近隣センター
	サービス施設センター

図6・7　千里ニュータウン近隣センター配置 （出典：高山英華『高蔵寺ニュータウン計画』鹿島出版会、1967）

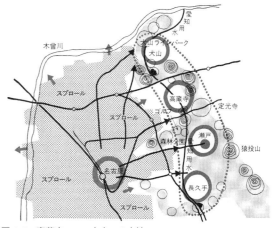

図6・9　高蔵寺ニュータウンの立地 （出典：高山英華『高蔵寺ニュータウン計画』鹿島出版会、計画』鹿島出版会、1967）

景観や近隣のアメニティに配慮した開発が行われた。ニュータウン開発においては、**近隣住区論やボンエルフ、クルドサック**などさまざまな住環境を改善しようとする手法が用いられた。

日本最初のニュータウンといわれるのが大阪の**千里ニュータウン**（図6・7）である。1962年に入居が始まった千里ニュータウンでは近隣住区論が導入されている。また、**高蔵寺ニュータウン**（図6・8、図6・9）では**ワンセンター・オープンコミュニティ方式**が用いられた。

これまで全国で約2022地区（平成30年6月時点）*1 ものニュータウンが開発されている。計画戸数が最大なのは大阪府泉北ニュータウンの5万4000戸（計画人口18万人）であり、次いで千葉ニュータウンの4万3400戸（計画人口13.4万人）となっている。小さなものでは100戸未満のものもある。また、事業主体も公的なものから都市再生機構（旧・日本住宅公団）、民間まで幅広く、事業手法としては土地区画整理事業が多くみられるが、新住宅市街地開発事業など多岐にわたっている。

しかし、多くのニュータウンは現在、人口減少傾向にあり、住民の高齢化や空き家の増加などオールドタウン化が問題となっている。

6・3　人口減少・少子高齢化による影響

1　人口減少による都市の変化

住宅建設計画よりその役割を受け継いだ「住生活基本計画（平成28年）」では、現在の住まいの課題として①少子高齢化・人口減少の急速な進展、大都市圏における後期高齢者の急増、②世帯数の減少による空き家の増加、③地域コミュニティの希薄化、居住環境の質の低下、④少子高齢化による住宅政策上の諸問題の根本的要因、⑤リフォーム・既存住宅流通等の住宅ストック活用型市場への転換、⑥マンションの老朽化・空き家の増加による課題の顕在化を指摘している。その背景には2008年をピークとして日本の人口が減少していることが挙げられる。これは都市においても大きな影響を与えており、さらに気候変動や自然災害などこれまでの制度では対応が難しくなっている。

2020年からは、新型コロナ感染症など新たな課題にも直面し、社会環境の変化は住環境にも大きな影響を与えている。

2　世帯の変化

さらに今後は人口減少だけでなく世帯数も減少していく。世帯の減少は住宅数に影響し、現状では住宅数が世帯数を上回る供給過多、家余りになっている。

また、世帯のあり方も変化している。これまでの住宅は夫婦と子ども2人といった世帯が標準として想定され、それをモデルとした住宅が供給されてきた。しかし、現在では単身者世帯が全体の3割を超え、夫婦のうち約6割が共働きである。世帯構成や働き方の変化は住宅市場にも大きく影響し、住まいへのニーズも変化している。

3　住まいへの意識の変化

また、不動産への意識も変化している。これまで不動産は財産の象徴であったが、令和4年版の『土地白書』によると、土地を有利な資産と思わないという回答が約3割を占め、有利な資産だと答えたのは17.4%となっている。持ち家に対しても土地建物の両方を所有したい割合は年々下がっている（図6・10）。

これまで住宅政策は持ち家を推奨し、量の確保と質の向上をすすめてきたが、そもそも持ち家への関心が低くなると賃貸住宅住まいが増加することになる。集合住宅の場合、賃貸住宅は分譲マンションに比べ、質も高くないことがあり、また賃貸への居住者は一般的に地域コミュニティへの関与が低いため、良質な賃貸住宅の供給や、地域とかかわりを持つような仕組みづくりが必要となる。

4　空き家の現状と対策

近年、社会問題となっている空き家の発生は世帯数の減少に起因すると考えられるが、住まいや住環境へ

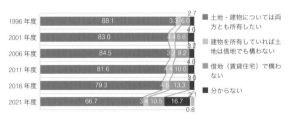

図6・10　不動産所有への意識 (出典：令和4年土地白書より)

のニーズがこれまでと大きく変化していることもある。これまでアガリとされてきた郊外住宅地は以前ほど魅力的だとは評価されず、共働き世帯にとっては鉄道駅からの利便性、子育て支援環境がより重視されている。しかし、この動向についてはコロナ禍後の変化に留意する必要がある。

　図6・11は大阪府内の密集市街地における土地利用の変化を現している。沿道部でのマンション立地が進んでいることと、大通りから入り込んだところで虫食い的に空き家の発生がみられる。また駐車場も増加している。都市部で利便性もよいまちなかでも住まいとしてニーズに対応できなければこのように空き家となってしまう。

　空き家の発生は地方部、郊外部ではさらに顕著に見られ、図6・12のように大阪府北部のニュータウンでは地域の3割が空き家となっているところや、区画の4割が空き地で分譲後住宅が建てられた形跡のないところもある。空き家はその一軒だけの問題ではなく地域への外部不経済として、風景・景観の悪化、防災や防犯機能の低下、ゴミなどの不法投棄等の誘発などが

指摘されている。また、草や樹木が繁茂し虫や動物が住み着いてしまったり、台風などの際には瓦や住宅の一部が飛散したりということもある。アメリカで空き家率が20%を超えた地域では放火や売春、違法ドラッグなどの犯罪が増加した例もある。

　このような状況に対し、2015（平成27）年に空家等対策特別措置法が施行され、空家等対策計画が各地で策定された。空き家に対しては多くの自治体で、管理、利活用、除却を主に取り組んでいる。しかしながら、増加する空き家への対策は相続や登記などの面からも必要であり、まだまだ解決には至っていない。

　空き家の活用としては地域のサロンや拠点となる事例が多く、地域コミュニティの活性化に寄与することが期待されている。また、除却し更地とすることで防災面の向上を図る、広場として暫定的に使用するなど、さまざまに工夫されている。これらの運営に地域組織やNPOなどが関わることで人のつながりが生まれている。

　空き家の増加は地域の課題となることが多いが、視点を変えると、これまでになかったものを作り出せる

図6・11　密集市街地の土地利用変化（出典：清水陽子・中山徹「木造密集市街地における土地利用の変化と空き家の分布について−大阪府松原市天美地区を事例として−」『日本建築学会大会梗概集』No. 7437、pp941-942、2013）

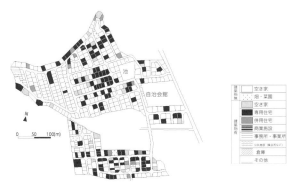

図6・12　郊外住宅地の現状（出典：清水陽子・中山徹「都市計画区域外で開発された郊外住宅地の生活環境の現状と住民の居住意向」『日本家政学会誌』Vol.65・No.2/pp82-92、2014）

図6・13　長崎市の空き家除却後の活用例

チャンスでもある。図6・13は長崎市での老朽危険空家除却事業で生まれた空地である。地域にとっては空地をつくることで風通しを良くすることも可能であり、ポケットパークにすれば地域住民の憩いの場となるかもしれない。個人としては隣地を買い取れば庭を広げる機会にもなるなど、多くの可能性がある。負の財産（負動産）と言われることもあり、放置することは望ましくないが、これからさらに増加が見込まれる空き家についてはできるだけ前向きにとらえ、制度や環境の整備を進めることが重要である。

5 地域・団地の再生

地域内の人口減少、空き家の増加に対しては、おもに面的な整備と空間・機能的改善の取組みが行われている（事例①、事例②）。

このように、地域・団地再生にはハード面からの取り組みと、ソフト面からの取り組みがあり、その両方を連携させながら進めていくことが重要である。今いる住民と来てほしい住民のニーズに答えることで、まちとしての付加価値を高めている。

6・4 住まいとまちづくり

これまでの住宅政策などにより、我が国の住宅は量的には十分充足している。そして、質の向上も進められ、機能としても改善している。しかし、住宅確保要配慮者への対策などまだまだ住宅に関する課題は残されており、高齢化への対応も十分とは言えない。さらに、これまでアガリとされてきた一戸建て住宅から、高齢期になり利便性の良いマンションやサービス付き高齢者向け住宅への転居など、住宅すごろくも変化している。

住まいが多様化している中、住宅は衣食を受け止める器であるだけでなく、個人の楽しみや志向も反映している。さらに、近年ではそれらを周囲の人やSNSなどで共有できることも求められている。そのためには教育や医療、福祉、買い物、余暇など生活を取り巻くすべての環境を整備し、快適にすることが必要である。

また、住むためには経済面も重要である。住まいと所得を得るための働き方の関係は転居の理由に「仕事」が上位に来ることからも明らかである。働き方の多様

化やリモートワーク、IT環境整備による場所を選ばない仕事の仕方などどのように働くのかも住まいの選択に大きく影響する。住まいと仕事の距離感はさらに変化すると考えられ、それは住まいだけでなく都市や公共交通のあり方にもかかわる。

6・5 これからの住まいと住環境

1 住まいの維持と管理

住まいは今後さらに多様化し、個人の嗜好や条件を満たすものが選ばれていく。そこには地域の要望やその土地の持つ資源、魅力も反映される。近年、都市居住・都心回帰の傾向により市街地でのマンション建設、特に都心部でタワーマンションが増加している。都市は個人の希望や期待が具現化された空間であり、その中に住まいも含まれる。しかし、それらは常に手入れが必要である。マンションであれば定期的な大規模修繕が必要になり、いずれは建替えなどの時期も来る。それらを含め、住まいを維持するためにはメンテナンスを怠ってはならない。住まいも地域全体としても、経年による変化を踏まえて維持管理することで、持続的に快適な生活を送ることができる。

空き家においても適正管理が求められている。管理の行き届かない住宅が周辺へ影響を及ぼすことは明らかになっている。今後の世帯動向を鑑みると空き家の増加は避けられず、住宅ストックが十分にあるにもかかわらず新規の住宅が供給し続けられる現状を見直し、住宅を総量として捉える必要があると考える。

また、住み続ける人にも住みこなす能力が求められる。これは住むということに受け身でいるのではなく主体的に活動し、積極的にそこに住むという姿勢である。住宅は住まい手のものであるが、地域の一部でもある。それをどうつくるかは、人々の求めていることを受け止め、まちを育てていくことである。そのために必要な制度の整備や、担い手の育成、住まい手の意識の醸成など、住めることが当たり前ではないことを知る必要がある。

2 住み続けるということ

心地よく暮らす、豊かに住むなど、住み続けるため

事例1　ライプチヒ市グリューナウの団地再生

　面的整備に取り組んでいる事例として、ドイツ・ライプチヒ市グリューナウの団地再生があり、主な事業は住棟の減築である（図6・14）。グリューナウ地区では地域の実情と将来的に人口の増加が見込めないことから住戸数の減少を進めた。住棟の取り壊しは、住棟ごとの空き家率や団地全体の質の向上、今後の維持管理などの視点で選択されている。事業初期は空家率が高い住棟であったため「点」としての取り壊しであり、比較的容易に進められた。しかし、地域としては虫食い的な取り壊しは望ましくないため、「点」ではなく、街区全体の「面」としてある程度まとまった形での取り壊しを計画した。また、取り壊しと同時に残す地域については住棟へのエレベータの設置や公共施設の改

図6・14　ライプチヒ市グリューナウ地区　都市計改造計画図
（出典：清水陽子・中山徹「ドイツにおける郊外型団地の改造計画に関する事例研究」『日本都市計画学会』 45-1巻、pp33 – 38、2010）

修、商業施設の充実をはかり、緑道や公園整備など住環境の向上を行っている。住棟を取り壊したところは芝生や樹木を配置し、周辺住棟は通風や日照が改善され、住環境の向上がみられた。

　この再生計画には、行政だけでなく大学、地域住民、NPOなど様々な主体が協働し、計画策定から実施、その後の運営に関わっている。

事例2　堺市茶山台団地

　空間・機能的改善として、大阪府住宅供給公社が空き家率の増加や入居者の高齢化などが見られる堺市茶山台団地で団地再生に取り組んでいる。茶山台団地は1971（昭和46）年に入居が開始され、中層住棟28棟、926戸の団地である。茶山台団地では空き家対策と団地の活性化を目指し団地内に住宅以外の要素を取り込んでいる。まず、地域の拠点となる集会所を「茶山台としょかん」として整備し、マーケットやオトナカイギなどさまざまな活動を展開している。また空き住戸を活用してDIYの作業ができるよう工具を揃えた「DIYのいえ」や食堂と軽食を販売する「やまわけキッチン」など、入居者が利用できるスペースをつくった。DIYの

図6・15　茶山台団地のようす

いえでは工具を自由に使うことができ、スリッパたてや棚の作製などを住民同士で教え合いながら作業できる場所となっている。やまわけキッチンでは団地内の食堂としてお弁当やお惣菜、パンなども買うことができる。住戸の改善では「ニコイチ」という2住戸を一つにする事業を進めており、その設計をコンペで行っている。様々なアイデアの詰まった住戸を提供することで、そこに魅力を感じた新しい入居者を迎えることができている。そして、茶山台としょかんは新住民と旧住民の顔合わせの場でもあり、地域を紹介したり困りごとを相談したりできる場ともなっている。茶山台団地では、リノベーションや空間づくりといったハードな整備を行うことで、ひとが集いそこで活動する。そしてまた必要な空間が生まれハードの整備をするとさらに活動が広がっていく、という循環が生まれている。

には住宅以外の要素も重要になる。それは住環境に求められている「安全性」、「保健性」、「利便性」、「快適性」を補完するものであり、ちょっとしたゆとりでもある。人口や世帯の減少は公共交通の縮小や商業施設の撤退など生活の利便性や快適性に影響する。これらを維持できない地域ではどのように補うのか、ほかの価値や魅力を伸ばすのかなど工夫が求められる。今、まちの中では空き家を活用した居場所づくりや空き地でのマーケット、商店街や通りにベンチを設置するなどさまざまなゆとりをつくる取り組みがなされている。

　今後は嗜好やライフスタイルの多様化により画一的でないまちづくり、住まい方の提示が求められる。これまでのベッドタウンのような住む機能に特化したまちへのニーズは減少している。住まいや地域に＋αとなる要素をいかにつくり出すのか、育てていくのかが住民を引きつけるポイントとなる。住まいと他の用途との混在などこれまでの制度に縛られない住環境のあり方も求められている。地域に求められる多様性を受け入れ、活かしていくことがまちの魅力となる。

　環境への配慮やICTなど最先端技術への対応も必要とされている。Society5.0時代のICT技術による住生活（買い物行動・移動手段など）の変化を踏まえた今後の多様な欲求にも応えなくてはいけない。簡単なことではないが、これらをできるだけ的確に読み取り、地域の特色や強みを活かしたまちづくりをすることが住み続けられるまちをつくることにつながるのではないだろうか。

　都市が持続していくためには「住み続ける人」がいるということが今まで以上に意味を持つと考えられ、そのためには機能、効率の面だけでなく、つながりやコミュニティ、安心感なども必要になる。さらにそれを支える町内会・自治会、まちづくり協議会などの組織やしくみも重要である。これらは地域資源ともいえ、今後さらに役割が期待されている。そのためにも地域を支える人材と組織の育成は不可欠である。

　また、地域の持つ文化は大きな強みであり、その地域らしさを発信することで新たな住民を引き寄せることもある。慣れ親しんできた地域の伝統、文化が「再発見」されることで、こうした地域の魅力がまちの付加価値となり、その地域に「住んでみたい」「住み続けたい」につながるのではないだろうか。

例題

Q　下記の2つの視点から自分の住環境を見直してみよう。

・　A3程度の用紙に自宅と最寄り駅、最寄りの小学校を含む地域の地図を描いてみよう。友人の家や遊んだ場所、コンビニエンスストアや商店などできるだけ詳しく描き込むこと。

・　自分がどのくらい地域について知っているのか、何に支えられてきたのかなど自分の住まいとその周辺環境を再確認しよう。

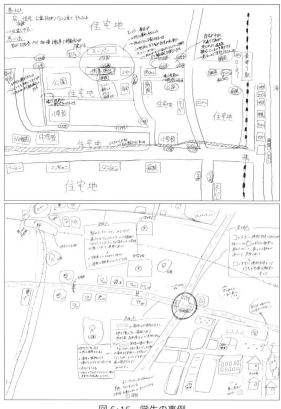

図6・16　学生の事例

注・参考文献
＊1　国土交通省土地建設産業局　企画課：全国のニュータウンリスト（平成30年度作成）より

07
公園・緑地計画

子どもたちでにぎわうまちなかの小公園（三国ヶ丘公園：大阪府堺市）

Q 「私たちの身のまわりの緑」、その保全と
創出は、どのように計画されているのか？

「私たちの身のまわりの緑」、その代表として公園があげられるが、公園・緑地計画の対象となる
緑地は、公園に加えて、道路の街路樹、街角広場、戸建住宅の庭や生垣、集合住宅の広場、商業・
業務施設、工場等の広場、近年では、緑化技術の進展に伴って屋上緑化、壁面緑化が計画の対象
となる。さらに、市街地周辺の農地、集落の裏山として人々の暮らしを支えてきた里山や河川、
周辺山系の山林等、多様である。

快適な生活環境の創造、持続可能な都市及び都市圏の計画において、緑が存在する場所をいかに
して保全し、どのようにして新たに創出するか、その緑地を持続的に人間がどのような関わりを
持って、維持・運営管理するのか、時間次元も含めた緑の総合計画が求められる。

7・1　公園・緑地と人間の関わり

1　オープンスペースと人間

　公園・緑地は、**オープンスペース**とも称される。これは、屋外にあるから「オープン」であるとともに、どんな人でも受け入れる「オープン」さを持つことの両面を意味する。また、公園・緑地はその大半が植物によって覆われていることから、植物の環境への適応性とその応答とともに、植物また環境に対して人間がどのような働きかけをするのかが重要であり、緑地を健全な状態で維持するためには、健全な環境と人間の適切な関わり、すなわち人間・植物・環境の相互関係を考慮する必要がある（図7・1）。

2　公園・緑地に関わる総合計画の必要性

　緑地が存在する場所をいかにして保全し、新たに創出するか。そのためには公園・緑地に対して人間が持続的にどのような関わりを持って、維持・運営管理するのか、時間の次元も含めた計画が必要である。

　21世紀の地球規模の環境問題の顕在化に伴って温暖化やヒートアイランドといった都市の温熱環境が変化し、都市型洪水が頻発するようになると、総合的な公園・緑地計画が求められ、都市及び都市圏の公園・緑地を**グリーンインフラストラクチャー**として都市計画に位置付けることが、欧米のみならず日本でも行われている。先例として、公共、民有に関わらず市域の全ての緑地資源を対象に、都市問題を解決するための緑地の保全、創出のための戦略を示したイギリスのリバプール市、気候変動に伴う集中豪雨による都市型洪水に対応して、既存の人工施設による排水設備の機能を補強するために、雨庭（レイン・ガーデン）に代表される自然面のもつ水循環の仕組みを組み入れたアメリカのポートランド市等がある。都市及び都市圏における公園・緑地は、公園・緑地が有する多面的効果が発現され、豊かな都市生活を実現する上で必要不可欠な社会的共通資本である。

7・2　緑の基本計画

1　緑の基本計画とその関連計画

　緑の基本計画は、1994（平成6）年に**都市緑地保全法**（現：都市緑地法）に創設された制度である。都市緑地法第4条に、緑の基本計画は「緑地の保全及び緑化の推進に関する基本計画」で、市町村が公園・緑地の整備や維持管理、緑化の推進、自然環境、生物多様性の保全などの取り組みを総合的かつ計画的に実施するための緑の総合計画として市町村が定めるとされている（図7・2）。

　緑の基本計画では、「緑地の保全及び緑化の目標」、「緑地の保全及び緑化の推進のための施策に関する事項」、「都市公園の整備及び管理の方針」、「保全すべき緑地の確保及び緑化の推進に関する事項」に加えて、「**緑地保全配慮地区**」、「**緑化重点地区**」等が示されている。緑の基本計画は、住民に身近な緑の計画であることから、その計画策定において、現況調査に加えて住民アンケートや計画づくりにおける市民ワークショップの取組み等を踏まえ、市町村域の緑の総合的な分析、評価を元に、十分な庁内調整を図り、住民の意見が反映されたものでなければならない（図7・3）。

　緑の基本計画の根拠法である都市緑地法における「**緑地**」の定義を見ると、「緑地」とは、樹林地、草地、水辺地、岩石地もしくはその状況がこれらに類する土地とされてきたが、2019（平成27）年の法改正によって、「これらに類する土地」として「農地を含む」ことが明確化され、都市における農地は、「宅地化すべきもの」から「あるべきもの」として、その環境維持機能に着目されるようになってきた。緑の基本計画においても、市街化区域内に指定された生産緑地地区内の緑地の保全に関する事項の追記、さらには、都市の環境問題への対応としてヒートアイランド現象の緩和に加えて、都市における生物多様性保全に向けた取組みの促進が

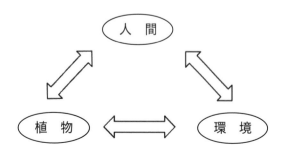

図7・1　人間・植物・環境の相互関係

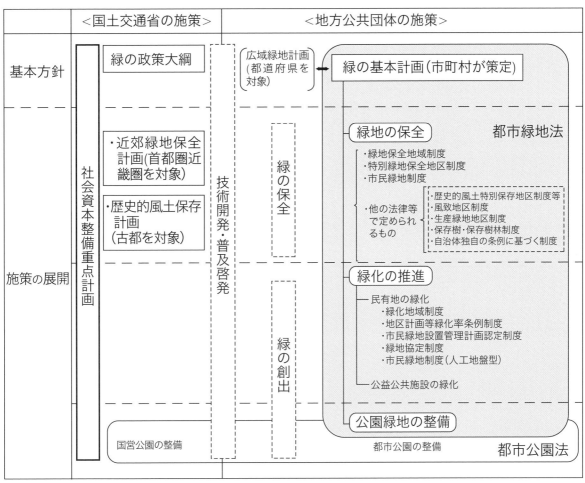

図7・2　都市の緑の保全と緑化推進の体系 (出典：日本公園緑地協会『平成 29 年度版公園緑地マニュアル』2017)

重要な課題として位置づけられるようになってきた。

　緑の基本計画では、緑地を保全し、創出することで都市の緑のネットワーク化が示される（図7・4）。

　この緑地配置計画の計画理論は、イアン・マクハーグが *Design with Nature* によって提唱した機能別地図情報のオーバーレイ手法（**エコロジカルプランニング手法**）がその原型となる。近年では、GIS（地理情報システム）の発達によって、より高度に簡易に各種の地理的空間情報が扱われるようになってきた（図7・5）。計画の対象となる公園・緑地は市町村域といった行政界で独立することなく市町村域を超えて連担するものも少なくないことから、市町村域を超える緑地に関する計画として都道府県は、**広域緑地計画**を定めている。さらに、国立公園、国定公園は、都道府県域を超えて、国土レベルでの位置づけが求められることから、これらは環境省により、自然公園法に基づいて国立公園、国定公園、都道府県立自然公園の指定がなされている。

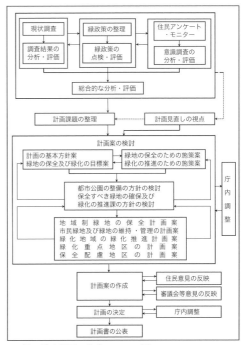

図7・3　緑の基本計画の策定フローの例 (出典：日本公園緑地協会『平成 29 年度版公園緑地マニュアル』2017)

図7・4　堺市緑の基本計画：緑の将来像図（2018）

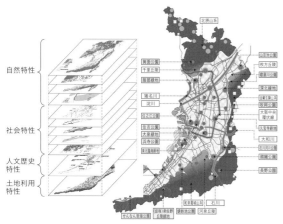

図7・5　みどりの大阪推進計画におけるみどりの将来像図とオーバーレイ手法（2009）

2　緑の基本計画の対象となる緑地

　緑の基本計画の対象となる緑地は、「施設緑地」と「地域制緑地」に大別される（図7・6）。

　施設緑地は、**都市公園**がその代表である。**公共施設緑地**とは都市公園以外の公有地、または公的な管理がなされており、公園緑地に準じる機能を持つ施設であり、例えば、**河川緑地**や**港湾緑地**等がある。また、**民間施設緑地**として民有地で公園緑地に準ずる機能を持つ施設、公開しているもの、500㎡以上の一団となっている土地で、建蔽率20%以下で、永続性の高いものとして、**公開空地**や**市民農園**、**寺社境内地**、**屋上緑化**で公開されているものなどがその対象となる。

　一方、**地域制緑地**とは、風致の保護や環境の保全等のため、土地の所有に関係なく一定の地域の範囲で土地利用の規制による保全が図れる緑地である。緑地保全のための法制度は、都市緑地法とともに、都市計画法、古都における歴史的風土の保存に関する特別措置法（通称：古都保存法）、自然公園法、自然環境保全法、さらには、農業振興地域の整備に関する法律（通称：農振法）、河川法や森林法、文化財保護法等、多岐にわたる。

7・3　「公園」の分類と種類

1　「公園」の分類

　一般に「公園」と呼ばれるものは、営造物公園と地域制公園に大別される（図7・7）。営造物公園は、都市公園法に基づく都市公園に代表される。**営造物公園**は、国または地方公共団体が一定区域内の都市の権限を取得し、目的に応じた公園の形態を作り出して、一般に公開する営造物である。**地域制公園**は自然公園法に基づく自然公園に代表される。国または地方公共団体が一定区域内の土地の権限に関係なく、その区域を公園として指定し、土地利用の制限や一定の行為の禁止または制限等によって自然景観を保全することを主な目的とする。

2　「都市公園」等の種類

　日本が近代国家として幕を開けた1873（明治6）年に公園設置の太政官布告（第16号）が発せられた。欧米諸国の近代都市において公園が民衆の庭として重要な都市装置であったことから、その政策を模倣して日本に導入したものであり、市中あるいは郊外にあった江戸期の名所旧跡などで大衆の遊観場所となっていた国の所有地を「公園」として指定したことが公園制度のはじまりである。

　現在の都市公園は、1956（昭和31）年に制定された**都市公園法**に基づいてその整備、管理が行われている。都市公園等は、住民の利用に供する身近なものから広域的な利用に供するものまで、様々な規模、種類のものがある。その機能、目的、利用対象等によって、**住区基幹公園**（街区公園、近隣公園、地区公園）、**都市基**

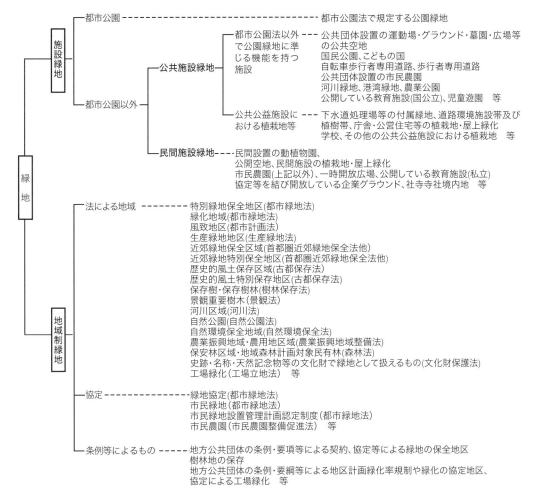

図 7・6　緑の基本計画の対象となる緑地 (出典：日本公園緑地協会『平成 17 年度版公園緑地マニュアル』)

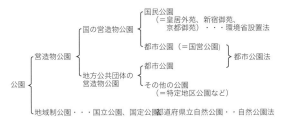

図 7・7　「公園」の分類 (出典：日本公園緑地協会『公園緑地マニュアル　平成 21 年度版』2009

幹公園（総合公園、運動公園）、**大規模公園**（広域公園、レクリエーション都市）、**国営公園**、**特殊公園**（風致公園、動植物公園、歴史公園、墓園等）、**緩衝緑地**、**都市緑地**、**緑道**、**都市林**、**広場公園**がある（表 7・1）。

　都市公園の設置にあたっては、その機能が十分に発揮されるよう、適切な規模のものを適切な位置に系統的かつ合理的に配置することが必要である。都市公園の配置及び規模の基準が都市公園法及び同施行令に示されている。特に、住区基幹公園の街区公園、近隣公園、地区公園の 3 公園については、ペリーの近隣住区論を参考に、**近隣住区**（約 1km×1km の区域：1 小学校区に相当）内における公園配置が実施され、それぞれの公園面積の標準に加えて、誘致距離の標準（街区公園 250m、近隣公園 500m、地区公園 1km）が明示され、これを基に配置されてきた。一方で、これは画一的な公園の配置を助長してきたとも言われており、地域の特性に応じてより柔軟に住区基幹公園の配置を図れるようにするため、2003（平成 15）年にこの誘致距離標準の明示は廃止されている。なお、都市基幹公園の総合公園、運動公園は、都市規模に応じて設置され、特殊公園等は、地域の歴史やその実情、都市格に応じて設置される（図 7・8）。

　市街地には、都市公園の機能を補完する公園がその他にも多数ある。小規模なもの（主に 300 〜 500㎡ で 1000㎡ 以下）では、開発許可制度によって整備された**提供公園**、地区計画に基づいて設置された**地区施設**としての公園・広場、児童福祉法に基づく児童厚生施設

の一つである**児童遊園**、中規模から大規模なものとしては、港湾法に基づいて港湾における就労環境や生活環境の向上ならびに良好な自然環境の保全や向上等に資するために設置される**港湾緑地**、農林水産省が所管し、農業振興を図る交流拠点として、生産・普及・展示機能、農業体験機能、レジャー・レクリエーション機能等を有し、農業への理解の増進や人材の確保育成を図るための**農業公園**がある。

3 「自然公園」の種類

　自然公園とは、日本の優れた自然の風景を保護し、国民の保健休養教化に資するとともに、生物多様性の確保に寄与するために法律または条例によって設定されたものであり、国立公園、国定公園、都道府県立自然公園がある。

　国立公園は、欧米の自然保護思想や景勝地に関する情報、あるいは自然の楽しみ方が取り入れられたことを受け、アメリカの世界最初の国立公園であるイエロ

表 7・1　都市公園等の種類 (出典:日本公園緑地マニュアル平成 29 年度版』2018)

種　類	種　別	内　容
住区基幹公園	街区公園	主として街区内に居住する者の利用に供することを目的とする公園で 1 箇所当たり面積 0.25ha を標準として配置する。
	近隣公園	主として近隣に居住する者の利用に供することを目的とする公園で 1 箇所当たり面積 2ha を標準として配置する。
	地区公園	主として徒歩圏内に居住する者の利用に供することを目的とする公園で 1 箇所当たり面積 4ha を標準として配置する。
	特定地区公園	都市計画区域外の一定の町村における生活環境の改善を目的とする公園 (カントリーパーク) で、一箇所当たり面積 4ha 以上を標準として配置する。
都市基幹公園	総合公園	都市住民全般の休息、観賞、散歩、遊戯、運動等総合的な利用に供することを目的とする公園で都市規模に応じ 1 箇所当たり面積 10 ～ 50ha を標準として配置する。
	運動公園	都市住民全般の主として運動の用に供することを目的とする公園で都市規模に応じ 1 箇所当たり面積 15 ～ 75ha を標準として配置する。
大規模公園	広域公園	主として一の市町村の区域を超える広域のレクリエーション需要を充足することを目的とする公園で、地方生活圏等広域的なブロック単位ごとに 1 箇所当たり面積 50ha 以上を標準として配置する。
	レクリエーション都市	大都市その他の都市圏域から発生する多様かつ選択性に富んだ広域レクリエーション需要を充足することを目的とし、総合的な都市計画に基づき、自然環境の良好な地域を主体に、大規模な公園を核として各種のレクリエーション施設が配置される一団の地域であり、大都市圏その他の都市圏域から容易に到達可能な場所に、全体規模 1000ha を標準として配置する。
国営公園		一の都府県の区域を超えるような広域的な利用に供することを目的として国が設置する大規模な公園にあっては、1 箇所当たり面積おおむね 300ha 以上として配置する。国家的な記念事業等として設置するものにあっては、その設置目的にふさわしい内容を有するように配置する。
緩衝緑地等	特殊公園	風致公園、動植物公園、歴史史園、墓園等の特殊な公園で、その目的に則し配置する。
	緩衝緑地	大気汚染、騒音、振動、悪臭等の公害防止、緩和若しくはコンビナート地帯等の災害の防止を図ることを目的とする緑地で、公害、災害発生源地域と住居地域、商業地域等とを分離遮断することが必要な位置について公害、災害の状況に応じ配置する。
	都市緑地	主として都市の自然的環境の保全並びに改善、都市の景観の向上を図るために設けられている緑地であり、1 箇所当たり面積 0.1ha 以上を標準として配置する。但し、既成市街地等において良好な樹林地等がある或いは植樹により都市に緑を増加又は回復させ都市環境の改善を図るために緑地を設ける場合にあってはその規模を 0.05ha 以上とする。(都市計画決定を行わずに借地により整備し都市公園として配置するものを含む)
	緑道	災害時における避難路の確保、都市生活の安全性及び快適性の確保等を図ることを目的として、近隣住区又は近隣住区相互を連絡するように設けられる植樹帯及び歩行者路又は自転車路を主体とする緑地で幅員 10 ～ 20 m を標準として、公園、学校、ショッピングセンター、駅前広場等を相互に結ぶよう配置する。
都市林		市街地及びその周辺部においてまとまった面積を有する樹林地などにおいて、その自然的環境の保護、自然的環境の復元を図れるように十分に配慮し、必要に応じて自然観察、散策等の利用のための施設を配置する。
広場公園		市街地の中心部の商業・業務系の土地利用がなされている地域における施設の利用者の休憩のための休養施設、都市景観の向上に資する修景施設等を主体に配置する。

注) 近隣住区=幹線街路等に囲まれたおおむね 1 km四方 (面積 100 h a) の居住単位

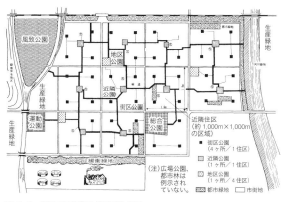

図7・8 都市公園等の配置模式図 (出典：北海道『公園緑地事業実務要領』2017)

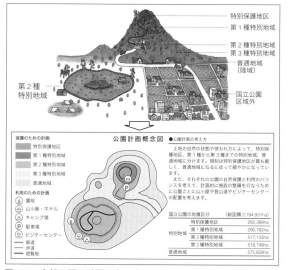

図7・9 自然公園の計画の考え方 (出典：環境省自然環境局国立公園課『未来に引き継ぐ大自然―日本の国立公園』2006)

ーストーンに倣ったもので、国土全体での鉄道網の整備に応じて観光による地域振興を図り、美的見地による公園の指定を目的として 1931（昭和6）年に国立公園法が制定され、1934（昭和9）年に瀬戸内海、霧島、雲仙、阿寒、日光等が指定されたことが始まりである。

諸外国の国立公園は、その土地全てが国立公園局等国の所有であり、園内の管理の一切の責任は国立公園局等にある。一方、古くから土地を多目的に管理し、利用してきた日本において、大面積にわたる地域を国立公園専用に限定することは難しいことから、土地の所有に関わらず「地域」を公園として指定する方式が採用されている。日本の自然公園は、所有権、財産権や産業との調整を図りながら、自然の保護と利用の増進を図るきめ細かい運用がなされており、土地の自然の状態や使われ方によって、**特別保護地区、第1種から第3種までの特別地域、普通地域**に分けられる（図7・9）。

7・4　緑地の保全

既存の民有緑地の保全を図るため、各種の**緑地保全制度**が設けられている。大別すると、①樹林地等の保全のための制度、②風致の維持のための制度、③歴史的風土保存のための制度、④農地保全のための制度である。緑地の保全手段は、規制的手段により緑地の保全を図る制度、土地所有者の発意や住民等の自主的な取組みを尊重し、誘導的手段による緑地の保全を図る制度がある。

日本においては、日本国憲法第29条で「財産権は、これを侵してはならない」とされていることから、緑地をそのまま残し、他の土地利用を制限することは財産権の剥奪となるため、土地所有者の権利救済の観点から、補償として土地の買入制度を導入してその制度が運用されている。例えば、古都保存法（1966［昭和41］年）に基づいて歴史的風土の保存を図ることのできる地域は、往時のわが国の政治、文化の中心等として歴史上重要な地位を有する市町村に限られている。京都市、奈良市、鎌倉市等の10市町のわが国を代表する古都においてその適用がなされているが、歴史的風土とは、わが国の歴史的な建造物や遺跡等、それらを取り巻く樹林地などの自然的環境が一体となって古都らしさを醸し出していることから、歴史的風土保存区域を定め、さらに区域の内、歴史的風土の保存上、枢要な部分については、歴史的風土特別保存地区を定め、地区内の建築行為等は許可制とすることで現状凍結的な保存が図られている（図7・10）。このように、土地所有者が行為の制限を受けることにより、土地の利用に著しい支障をきたす場合には、土地所有者はその土地の買い入れを申し出ることができるようになっている。同種の緑地保全制度として、首都圏近郊緑地保全法（1966［昭和41］年）、近畿圏の保全区域の整備に関する法律（1967［昭和42］年）による**近郊緑地特別保全地区**、都市緑地法に基づく**特別緑地保全地区**がある。

都市における風致の維持を目的として定められる制度として**風致地区**がある。風致地区は、1919（大正8）年の旧都市計画法の制定に伴い、用途地域などとともに創設された制度で、都市における緑地の保全に関する制度として日本で初めてのものである。

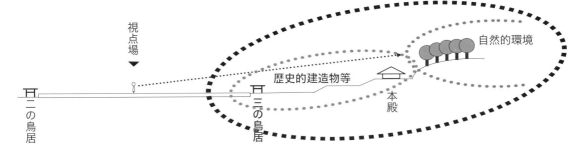

図7・10　歴史的風土の概念 (出典：歴史的風土審議委員会資料 (1997年12月) より筆者作成)

風致地区は、市街地において、樹林地もしくは樹木に富める土地であって、良好な自然的景観を有しているもの、水面を含む水辺池、農地その他市民意識の高い土地であって、良好な自然的景観を有している地区に指定される。風致地区は、ある程度の開発行為や建築行為を認めながらも、受認限度の範囲内において全体としての風致の維持を図る制度であることから、土地の買い入れ等の補償はなされていない。

7・5　緑化の推進

1　緑化の推進制度の特徴

緑豊かな都市環境の形成にあたっては、既存の緑地を保全する施策とともに、これと一体となって新たな緑の創出に関する施策を総合的に推進していく必要がある。緑化の推進は、道路、公園等の公共公益施設はもとより、民有地や地域における取組みが促進されることによって、その効果が期待できる。

2　民有地の緑化の推進

緑化地域制度は、良好な都市環境の形成に必要な緑地が不足している市街地などにおいて、建築物の敷地内において緑化を推進することを目的に、都市計画の地域地区として定め、敷地面積の一定割合以上の緑化を義務付けるものである。名古屋市、横浜市、世田谷区、豊田市で施行されている。

地区計画等緑化率条例制度は、地区計画等において、当該地区計画等の内容として定められた建築物の緑化率の最低限度を条例で建築物の新築等に関する制限として定めることを可能とする制度である。

緑地協定制度は、市街地の良好な環境を確保するた

め、土地所有者等の合意によって緑地の保全や緑化に関する協定を締結する制度である。建築基準法には、良好な建築景観と住環境を保持するために「建築協定」があるが、この緑化版が「緑地協定」である。

工場敷地については、1973 (昭和48) 年に制定された工場立地法に基づいて**工場緑化**が義務付けられている。

高密な市街地においては、建築物の敷地内に一般住民が利用できる空地 (**公開空地**や**有効空地**) が、建築基準法に基づく**総合設計制度**、都市計画法に基づく**特定街区制度**に基づいて設置されている。近年では、「**市民緑地**」として、人工地盤型 (2004 [平成16] 年) のものや、市民緑地設置管理計画認定制度 (前身：緑化施設整備計画認定制度、2017 [平成29] 年) によって商業・業務系地域において空地が設置されている。

3　道路の緑化：街路樹

都市緑化の代表として道路の**街路樹**をあげることができる。日本の街路樹の歴史は、藤原京、平城京、平

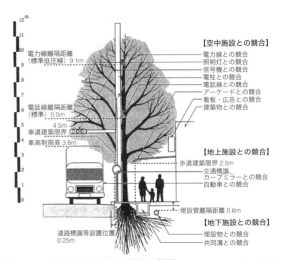

図7・11　街路樹の生育空間に関わる制限 (出典：亀山章編『街路樹の緑化工—環境デザインと管理技術』ソフトサイエンス社、2000)

安京などの古代の都に遡ることができる。また、江戸時代には、東海道の松並木、日光の杉並木などを五街道に見ることができる。

　日本の近代以降の街路樹のはじまりは 1867（慶応 3）年の横浜の馬車道に植えられたヤナギやマツ、1874（明治 7）年の銀座通りのクロマツやサクラに見ることができる。幕末から明治にかけて近代都市化を図る日本において「公園」とともに都市の風格を象徴する都市装置として欧米に倣い街路樹が移入され、今日に至っている。日常生活の中で目にする機会の多い街路樹は、仙台市の青葉通りのケヤキ並木、名古屋市の桜通りのイチョウ並木、東京・青山、表参道のケヤキ並木等、豊かに枝葉を左右に隆々と伸ばし、車道と歩道の天蓋を覆い、都市の風格を表象する街路樹がある一方で、街中の街路樹には、強剪定によって、小さく、見すぼらしい姿のものも少なくない。

　街路樹は、多くの場合、車道と歩道の間に植栽される。道路は、車や人の円滑な通行を確保することが第一義とされることから、街路樹は、道路構造令上、道路付属物として扱われている。現実には、様々な要因が複雑に作用することによって、良好な街路樹育成が阻害される状況にあると言われている。中でも、道路の構造上、街路樹は、地下部や地上部ともに植物が健全に生育するには厳しい環境と空間の制約下にあり、場所性や地域性に合わない不適切な樹種が選定された街路樹も少なくない（図 7・11）。また、沿道住民から日照不足や風通し阻害、落ち葉といった苦情が管理者である自治体に寄せられ、自治体はそれらに個別に対応せざるを得ず、強剪定や伐採等、その場限りの対応が取られがちになる。街路樹に対する社会の認識や理解不足といった社会的要因も相まって、街路樹の質の低下につながっている。

　2015（平成 27）年に道路緑化技術が改定され、改めて「道路緑化が有する多様な機能を総合的に発揮し、街路の質を高めることが大切である」と示されるとともに、さらに、2020（令和 2）年の道路法改正により創設された歩行者利便増進道路制度によって、街の賑わいや風格を形成するために街路樹の価値が再評価されている。市町村では、街路樹マスタープランや街路樹維持管理ガイドラインやマニュアルを策定し、街路樹の保育管理に取り組む市町村が近年増加しつつある。

7・6　公園・緑地の新たな展開

　経済成長、人口増加等を背景に、公園・緑地の量の確保から社会の成熟化、市民の価値感の多様化、都市インフラの一定の整備等に対応して、新たな制度が創出されてきた。

　2004（平成 16）年に都心部等において土地の有効利用による都市公園の整備が有効であることから、都市公園の下部空間の土地利用の用途の制限を緩和することで、民間施設との一体的整備を可能とする立体都市公園制度、公園管理者の判断で都市公園の保存規定を緩和し、「期間限定」の都市公園を設置することを可能とすることで借地公園制度が拡充されている。

　近年、まちづくりにおける住民参加が注目されるが、公園・緑地の管理における住民参加制度は、戦後の戦災復興、高度経済成長期の土地区画整理事業による市街地整備に伴って多くの公園が整備された時代に見ることができる。この時にできた公園愛護会制度は、地域住民が清掃、除草、灌水等の身近な公園の維持管理を担う制度であり、横浜市、京都市、神戸市をはじめ、1960 年代以降、全国の都市部を中心に制度化された。同時期に、殺伐とする市街地に花を通じて人々の気持ちを豊かにとの願いを込めて始められた長野県松本市の花いっぱい運動をきっかけとして、全国の駅前広場や公共空地、公園等に市民花壇が設置されている。2000 年代以降には、地域住民が里親として道路や公園の美化や緑化等の管理を引き受けるアドプト制度が登場する。1995 年の阪神・淡路大震災の復興に際して、住民参加型のまちづくりが活発化するが、地域住民が将来のまちの姿を考えるきっかけとして、地域住民の憩いとコミュニティの場となる公園づくりワークショップが数多く実施された。公園づくりワークショップでは、利用者の視点から公園の整備内容について意見が交わされるとともに、その後の維持管理、また、各種のプログラムなど、地域住民による公園の運営管理について議論がなされ、実践されることになる。今日では、身近な小公園のみならず、総合公園や国営公園といった大規模公園でも公園づくりワークショップが実施され、市民が市民のためにサービスを提供する参画型の公園づくりが主流となりつつある。

　地域住民の公園管理への参加促進、民間事業者等の

公園施設の整備・管理への参画による多彩な運営とにぎわい空間の創出等、地域活性化を図るため、2003（平成15）年の地方自治法改正を受けて、都市公園法を改正し、都市公園における**指定管理者制度**が導入された。さらに、2017（平成29）年より、民間活力による新たな都市公園の整備手法として、公園の再生・活性化を推進する「**公募設置管理制度（Park-PFI）**」が創設された。これは、都市公園等において飲食店、売店等の公園施設（公募対象公園施設）の設置または管理を行う民間事業者を選定し、民間事業者がカフェ等の飲食施設の整備・管理と園路、広場等の公園施設（特定公園施設）の整備を一体的に行うものである。また、同年の都市公園法の改正において、公園を舞台に地域の賑わいの創出ためのイベントの実施に向けた情報共有・調整、キャッチボールができるなど地域住民の公園利用を促進するために公園利用のローカルルールを決める仕組みとして、公園管理者と地域住民等の公園の関係者が一堂に会する協議会制度も発足した。これらの取り組みは、都市公園を一層柔軟に使いこなし、公園の個性を引き出す工夫において着目される。

例題

Q　緑豊かな都市形成において、今後、どのような人の関わりが必要か考えてみよう。その際に、下記について調べてみよう。

・インターネットの航空写真で、自分が住む、もしくは、よく知る地域の緑の様子を見る。

・インターネット等で入手した地図に、航空写真で確認できた緑の位置をプロットし、緑のマップを作成する。

・それぞれの緑がどんな緑（例えば、公園、道路の街路樹、神社・寺、河川・ため池、集合住宅の広場、戸建て住宅の庭や生垣、農地、山等）か、その名称を記入する。

・また、地域を散策して、通りからどのようにそれぞれの緑が見えるかも見ると良い。

・自治体のHP等で入手できる緑の基本計画や各種の都市計画情報を確認し、それぞれの緑の保全・創出に関する各種の法制度との関係を整理する。

・最後に、マップを見ながら、地域の緑の将来について、考えてみよう。

08

景観計画

神戸市中央区旧居留地 　　　　　　　神戸市東灘区岡本駅前地区

Q 「美しい都市」はどうすればできるか？

この2枚の写真を見比べてみよう。左側は神戸港開港後西欧近代都市計画技術によって開発された地区である。昭和50年代末頃から大正〜昭和初期に建設された近代洋風建築物の価値が見直され、都心業務地としてもショッピング等を楽しめる場としても認識されている。現在も開発当時の碁盤の目の街路構成と敷地割のサイズはほとんど変わっておらず、地区計画（都市計画の手法の1つ）により、欧米のまちなみと同様に沿道建物の壁面線（建物の壁面の線）が隣接建物と揃っている。広告物やテントのデザイン等は、旧居留地連絡協議会（地域の協議会）が策定したガイドラインの内容が参照されている。右側は、駅前の商業店舗と低層集合住宅が混在したまちである。このエリアでは地区計画と神戸市の条例に基づくまちづくり協定を運用しながら、美しい街岡本協議会（地域の協議会）が広告物に関するルール＆ガイドラインを策定し、運用している。景観の規制・誘導策がないままに建築行為が進むと、無秩序な景観が形成される可能性が高くなる。建築物とその付属物に関するルール（規制）とガイドライン（誘導）による細かな配慮の積み重ねが、整然としたまちなみ形成を実現している。住民を中心とした地域団体・行政・事業者の連携による地道な景観まちづくり活動が、美しい景観を生み出しているのである。

8・1 　景観とは何か?

1 　景観の由来と定義

　景観の由来は、ドイツ語の Landschaft（ランドシャフト）と言われており、この用語は土地の広がりを示す「地域」と地表のながめである「風景」の二つの意味を有している。ヨーロッパの景観条約では、「景観とは、自然によってつくられる特徴、人によってつくられる特徴、あるいは、その両者の相互作用によってつくられる特徴からなり、人々が認識する広がりである」と定義している。日本の学術界では各研究者が景観を下記のように定義づけている。

・中村良夫：景観とは、人間をとりまく環境のながめにほかならない。しかし、それは単なるながめではなく、環境に対する人間の評価と本質的なかかわりがあると考えられるのである[*1]。

・後藤春彦：景観とは、地域社会の像として出現する「社会関係資本」。他者とのコミュニケーションの媒体となる空間的な表現のひとつが「景観」[*2]。

・嘉名光市：「人間をとりまく環境＝外的環境」「ながめ＝人間の内的システムを経た主観」の両者によって成立する[*3]。

　上記の様々な景観の定義をみてもわかるように、景観とはまちの見た目のみを指す概念ではない。本書では、「景観とは地域の歴史・風土、文化・伝統、暮らし、技術、建築や都市計画に関する制度が背景となって、目に見えてくるもの。そのため、目に見える表層的なものだけでなく、地域の固有性を含めた概念である。」と記しておく（図8・1）。

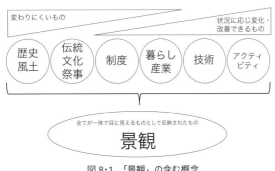

変わりにくいもの　　　　　　　　状況に応じ変化・改善できるもの

歴史風土　伝統文化祭事　制度　暮らし産業　技術　アクティビティ

全てが一体で目に見えるものとして反映されたもの

景観

図 8・1 　「景観」の含む概念

2 　景観問題や不揃いな景観はなぜ生み出されるのか?

　周辺の建物と比較して、建築面積も高さもかなり大きい集合住宅が低層住宅地の近隣に建設されることがある。地域住民は、見たことのない建物のボリューム感・スケール感の大きさに対して、周辺の景観と調和がとれていないと感じるため、**景観問題**ととらえられる。しかし、集合住宅を建設する事業者は、建築基準法・都市計画法等の関係法を遵守して建設しているため違法行為ではない。つまり、都市計画が都市の形態を決め、景観に大きな影響を与えるのである。

　都市計画が都市の形態を決め、景観に大きな影響を与えることが自明でありながら、都市計画は都市計画法で、景観は地方自治体の自主条例で規制・誘導がなされ、両者は関連が薄いもののように扱われてきた。景観に関する価値や意識の高まりを国が認識するようになり、2004 年に景観法が制定された。2000 年代に入り、ようやく都市計画と景観を一体的に考えようとする枠組みが整ってきたといえよう。

3 　景観特性と景観のスケールをとらえる

　景観は地域・地区特性によって多様である。建築物を規制・誘導しながら、地域がまもっていきたい景観や目指したい景観を形成するには、景観特性を正確にとらえ、特性に応じた規制・誘導手法を採る必要がある。景観特性は、①道路の**平面線形**、②道路の縦断線形、③視点場と視対象との距離、④景観構成要素の各々の関係を描写することで説明できる。

①道路の平面線形の違いによる景観の違いを説明する。道路が直線の場合、道路の両側の建物が立ち並んでいるさまが一目で見えて、その先にランドマークとなる建築物がある。このように、方向性が強く意識される景観を「**ビスタ景**」と呼ぶ（図8・2左）。一方、山の上から町を見下ろす眺望のような、視野の

図 8・2 　左：米国ウィスコンシン州 Monona Terrace から市議事堂を見るビスタ景、右：英国ロンドン・Regent Street のシークエンス景

図8・3　左：函館市基坂（俯瞰景）　右：神戸市王子公園の東側の坂道（仰観景）

図8・5　左：神戸・六甲ケーブル山上駅からのパノラマ景（遠景）　右：神戸・ビーナスブリッジからの眺望（近景＋中景）

広がりのある景観を「**パノラマ景**」と呼ぶ（図8・5左）。道路が曲線の場合は、歩行者が歩みを進めていくにつれて、両側の建築物が徐々に見えてくる景観となる。動きながら変化のある景観を、**シークエンス景**と呼ぶ（図8・2右）。

②道路の**縦断線形**とは、道路の傾斜のことである。縦断線形の変化、地形の起伏、水平から傾斜に変わる変曲点によっても景観は変化する。山上や坂道から見下ろす景観を**俯瞰景**、山の上や坂道の先を見上げる景観を**仰観景**と呼ぶ（図8・3）。

③視点場と視対象の間の距離（**視距離**）は、**遠景・中景・近景**と大まかに分けられるが、景観のスケールによって視距離は異なる。造園系の場合、篠原修の「景観における視距離の分割の概念図」（図8・4）がよく引用され、近景域は樹木1本1本の葉・幹などの樹木の特徴がわかる領域、中景域は樹木の1本1本のディテールをとらえられず、樹木のテクスチュア（きめ）が判断できる領域、遠景域は大きな植生分布の変化がわかる領域と示されている*4。建築スケールの場合、筆者の研究においては、山上から市街地を見下ろした時に建物1つ1つが識別できず集合体として見える景観を遠景、建物1つ1つが明確に識別できるような、視点場（歩行者）と視対象が近い景を近景、中景は近景と遠景の中間と設定した（図8・5）。

④**景観構成要素**について説明する。1978（昭和53）年

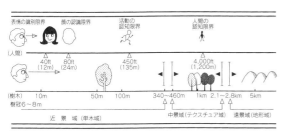

図8・4　景観における視距離の分割（出典：篠原修『景観用語辞典・増補改訂第二版』、彰国社、p.44）

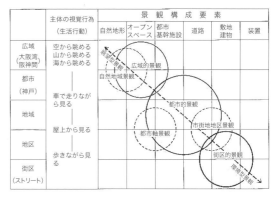

図8・6　地域や地区の段階構成と景観構成要素（出典：神戸市都市景観形成基本計画（昭和57年7月策定）、p.15）

制定の神戸市都市景観条例では、景観のスケールと景観構成要素とのかけあわせで、景観特性を区分し、景観特性に応じた規制・誘導策を展開してきた（図8・6）。縦軸の示す場のスケール（広さ）と斜めの線が示す景観のスケールによって、規制・誘導できる景観構成要素が異なるからである。例えば、山の麓から市街地を見下ろす俯瞰景の場合、市街地の建物の屋上部分が見える。そこからの俯瞰景を保全するためには、建築物の規制・誘導は壁面の色や素材のみではなく、屋上設置物を制限することで、景観形成の効果を強化できる。勾配のついていない景色（水平景）と仰観景は、近景の沿道建築物の規制・誘導が主となる。

4　景観の公共性と景観の規制・誘導

景観行政が取り扱う領域は、**公的領域**と**境界領域**である（図8・7）。個人の敷地内では法律を遵守する範囲で、所有者が建物の規模やデザインを自由に決める権利がある。しかし、車道や歩道といった公的領域から見える民間敷地の外側の部分、住宅の塀、庭、外壁、屋根といった部分は、公共性があるとして境界領域の半公的な領域として扱う。景観行政ではその境界領域（半公的）に出てくる要素を、景観法と地方自治体の景観に関する条例に基づいて、景観計画、景観に関する

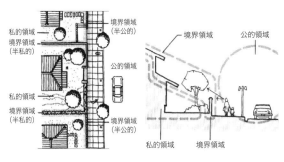

図8・7 景観行政が取り扱う領域 (出典：神戸市都市景観形成基本計画（昭和57年7月策定）、p.18)

マスタープラン、地域・地区のガイドライン等を運用して、規制・誘導を行う。

景観に関する計画の構成を図8・8に示す。景観形成基本計画（マスタープラン）と景観法に基づく景観計画を別々に作る自治体もあれば、両者を一本化して景観計画として策定する自治体もある。計画に記載する内容は、自治体によって多様であるが、景観の特性を解説し、特性別の景観形成方針・基準を設定して、景観形成の規制・誘導を行うのが一般的である。

景観形成方針は長年にわたって取り組めるような総合的な表現となっている（図8・9）。

そして建築物を新築する際には、景観形成方針に沿って建築物を設計するように、規制（景観形成基準）が設けられている（表8・1）。基準の項目は、建築面積の最低規模、建築物の色彩・形態・屋根の形態・ベランダ、設備の位置と形態等、その地域の景観方針に

景観形成基本計画・景観計画※

- **景観の現況と特性**

- **景観形成方針・基準**
  景観特性別の計画・方針・基準
  地区別の計画・方針・基準

- **景観法を活用した施策**
  景観計画区域、景観重要建造物
  景観重要樹木、景観重要公共施設等

- **届出制度**

- **表彰・助成**

- **屋外広告物条例　など**

※景観形成基本計画と景観計画を別々に策定する自治体もあれば、基本計画の内容と景観法に関する内容をまとめて1つの計画に記載して、景観計画のみを策定する自治体もある。

図8・8 景観に関する計画の一般的な構成

1. 住宅地景観と調和した魅力ある街並みの形成を図るため、建築物等の規模、意匠等について誘導する。
2. 生活都心にふさわしい活力ある街並みの形成を図るため、建築物の1階部分の用途、植栽などについても誘導を行う。
3. 景観形成上、特に重要と考えられる道路、街角を景観形成道路及び景観形成街角として設定し、これに面する建築物等に対して、重点的な誘導を行う。

図8・9 良好な景観の形成に関する方針の一例（神戸市岡本駅南地区）
(出典：神戸市景観計画、p.58（参照 2022-8-8)
https://www.city.kobe.lg.jp/documents/49353/keikankeikaku_kaiseigo_2-3-5.pdf)

表8・1 景観形成基準の抜粋（神戸市岡本駅南地区）
(出典：神戸市景観計画、p.59（参照 2022-8-8)
https://www.city.kobe.lg.jp/documents/49353/keikankeikaku_kaiseigo_2-3-5.pdf)

	景観形成道路1沿い	景観形成街角沿い
①色彩	・緑と調和した色調とする。 ・活気とまちなみの連続感に配慮する。また、原色はアクセントカラーのみに使用する。	・緑と調和した色調とする。 ・街角との一体感とアイストップに配慮する。
②建築面積	山手幹線に面する場合は150㎡以上とする。ただし、敷地面積が狭小で、これによりがたい場合を除く。	―

沿って必要な項目が設定されている。表8・1に示すように、建築面積の最低規模は150㎡以上といった、数字を用いた基準を定量基準と呼び、調和した色調とするといった数字を用いない基準を定性基準と呼ぶ。色に関しては、色相・明度・彩度を数字で示したマンセル値を用いて定量基準を設定する自治体がみられる。定量基準のメリットは、どの人がみても、基準の遵守状況を数字で判断できる点である。しかし定量基準を守っているからといって、必ずしもその建築物が景観形成に資するデザインを実現できているという確証はない。なぜなら建築物の設計は、総合的なものであり、数字で表現しきれない部分がどうしても存在するからである。

景観形成上重要な地域・地区の新築の建築物等に関しては、建築物の確認申請とは別に、景観に関する届け出を義務付け、景観形成基準と合わない建築物をチェックできる体制を整えている自治体もある。さらに、景観形成上大きな影響を与える可能性のある大規模な建築物等に関しては、行政・行政が設置した委員会・建築物の事業者や所有者が、定性基準の項目と定量基準の項目の両方を守っているかを相互確認したうえで、建築物の平面図・立面図・パース等を見ながら、建築物の全体のデザインが景観形成にさらに寄与するよう

に意見交換をする場が設定されていることもある。このような場を"協議"と呼び、神戸市では景観デザイン協議と呼ぶ。設計者は景観形成基準を参照しながら建築物の設計を行っているものの、コストや敷地の条件のために景観形成への寄与の度合いが不十分な場合がある。また、市外の会社の設計者が設計を担当する場合は、その地域の景観に関する理解が深くない場合がある。デザイン協議の場では、景観形成方針と基準を基本としつつ、地域の目指す景観形成にさらに寄与してもらうように、助言を行う場として機能している。

8・2　都市景観をめぐる制度

1　歴史的町並み保存から一般的な町並みの規制・誘導へ

　景観を公共財として扱い、行政で規制・誘導するようになった発端は、**歴史的な町並み保存運動**からである。日本は第二次世界大戦の敗戦後、驚異的なスピードで復興し、高度経済成長期を迎える。経済成長を最優先にした開発を続けた結果、貴重な歴史的建築物が開発圧力に負け喪失していった。この状態を憂いた住民団体や市民組織が、歴史的町並み保存に関する組織を結成し活動が活発になったのは、1960年代といわれている。その後、1960年代後半に古都保存法の施行や文化財保護法の改正等の、歴史的環境保全のための法律の整備がなされ、金沢市や京都市といった歴史的資源が多い自治体では、条例を制定して歴史的な町並み保全の動きを展開していった（1968年金沢市伝統環境保存条例、1972年京都市市街地景観条例制定）。1975年には文化財保護法が改正され、**伝統的建造物群保存地区制度**が創設された。このような歴史的町並み保存の活動と法律・条例の整備が進むにつれ、歴史的町並みだけでなく一般的な町並みへの関心が広がり、関西では神戸市、関東では横浜市が景観形成に関する取組みを先導していった（1978年神戸市都市景観条例制定）。

　景観形成に熱心な自治体が、条例等を制定して、一般的な市街地の景観形成の規制・誘導に取り組んできたが、景観に関する根拠法がなかったため、裁判で景観利益が認められず勝訴できない、条例に基づく基準

1960年代	町並み保存行政の進展
1975年	伝統的建造物群保存地区制度開始（文化財保護法の改正）
1970年代後半	都市景観行政の進展
1990年代〜	町並み保全に関する住民団体の拡大
1996年	登録文化財制度開始（文化財保護法の改正）
2004年	文化的景観制度開始（文化財保護法の改正）
2004年	景観法制定

図8・10　景観に関する法の年表

を守ってほしいと事業者と所有者に依頼しても行政からのお願いに留まり、罰則があるわけでもないため、依頼を受け入れてくれない事業者が出てくる場合があった。このように景観行政は景観問題の解決につながらないことがあり、実効性の点で問題を抱えていた。1990年代に入ると、オゾン層の破壊、酸性雨、地球温暖化といった環境問題のグローバル化の進展と共に、身近な環境への関心も高まりがみられ、景観の重要性が地方自治体レベルに留まらず、国レベルでも認識されるようになった。2000年には建設白書に「美しい景観のまちを育むために」という章が記され、2003年には国土交通省の「**美しい国づくり政策大綱**」が発表された。そして、2004年6月に**景観法**が成立・公布され、同年12月には施行されるに至った（図8・10）。これにより景観に関して根拠法がようやくでき、地方自治体が景観行政に取り組むにあたって、景観の重要性を示しやすくなり、法に基づいた景観行政を展開できるようになった。

2　景観法の制定・運用

　景観法は、良好な景観の形成を促進するため、景観計画の策定等の施策を総合的に講ずることによって、美しく風格のある国土の形成、潤いのある豊かな生活環境の創造及び個性的で活力ある地域社会の実現を図り、国民生活の向上並びに国民経済及び地域社会の健全な発展に寄与することが目的とされている。そして、良好な景観形成について、国、地方公共団体、事業者、住民の責務を法第三〜六条に位置づけ、条例レベルでのお願い行政からの脱却を図っている。

　景観法の制定を受け、法制定前に自治体の独自条例で景観行政を進めていた自治体は、景観法の枠組みに合うように、景観に関する条例と計画を修正して、**景観計画**を策定した。景観法の成立までは景観形成に熱心な自治体だけが景観行政に取り組んでいたが、景観法の整備により、景観行政に取り組む団体数は、年々

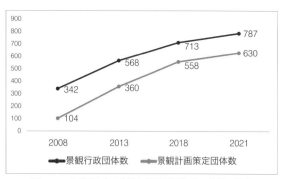

図8·11　景観行政団体数と景観計画策定団体数の推移

増加している（図8·11）。

　景観法の枠組みを説明する（図8·12）。景観法に基づく大部分の事務の実施主体となる地方自治体は、「**景観行政団体**」と位置付けられる。都道府県、政令指定都市、中核市は全て「景観行政団体」になることができ、その他の市町村は、都道府県と協議したのち、景観行政団体になることができる。「景観行政団体」が良好な景観形成に関する景観法に基づいた計画、即ち、「景観計画」を策定する。「景観計画」には、景観計画の区域（「**景観計画区域**」という）、良好な景観形成のための行為の制限に関する事項、**景観重要建造物**又は**景観重要樹木**の指定の方針を定める。屋外広告物に関する行為の制限に関する事項、道路法・河川法等に関係する良好な景観の形成に必要なもの（「**景観重要公共施設**」という）は、必要に応じて計画に盛り込むことができる。そして、「景観計画」の実行の担い手を位置づけるために「**景観整備機構**」・「**景観協議会**」や、権利者で合意し建築物のルールを定める「**景観協定**」といったメニューが用意されている。

　さらに都市計画制度と連携した「**景観地区**」を定めることができる。「景観地区」は都市計画法に基づく都

市計画区域又は準都市計画区域内に定めることができる。「景観地区」において、建築物の形態意匠の制限を定めて、必要に応じて、建築物の高さの最高限度又は最低限度、壁面の位置の制限、建築物の敷地面積の最低限度を定めることができる。景観地区内の建築物の形態意匠は、都市計画に定められた建築物の形態意匠の制限に適合しなければならず、景観地区内で建築物の建築等を使用しようとする際は、適合しているかについて市町村長の認定を受けなければならない。この認定制度によって景観規制の実効性を高めるという狙いがある。しかしながら、景観地区は33市区町村の55地区のみ（2022［令和4］年3月末時点）であり、実効性の検証は今後の課題である。

3　広域の景観コントロール（眺望景観）

　パノラマ景のような広域の眺望景観の規制・誘導について、1自治体で実施する事例として神戸市（事例1）を、複数の自治体が実施する事例として関門景観計画（事例2）を紹介する。

4　伝統的建造物群保存地区

　伝統的建造物群保存地区制度は1975（昭和50）年の文化財保護法の改正によって始まった。市町村が歴史的な資源が集積している地区を「伝統的建造物群保存地区」と定めて、保存条例に基づき保存活用計画を策定し地区内の保存事業を計画的に進めることができる。市町村が国に申し出て、国レベルで価値が高いと判断したものは「**重要伝統的建造物群保存地区**（略して、**重伝建**）」に選定される。2021（令和3）年8月時点で、104市町村126地区 * 5 が重伝建に選定されている。

5　文化的景観

　文化的景観とは文化財の1つで、文化財保護法で規定されている。建築物に留まらず、その周辺の自然環境や、地域の生産活動が作ってきた景観も含めて、積極的に文化財として価値を正しく評価し、継承していく仕組みである。文化的景観とは、「地域における人々の生活又は生業及び当該地域の風土により形成された景観地で我が国民の生活又は生業の理解のため欠くことのできないもの」（文化財保護法第二条第1項第五号）と定められている。文化的景観の中でも特に重

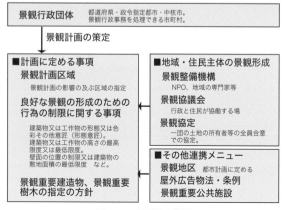

図8·12　景観法の概要

事例1　神戸市の眺望景観形成誘導手法

　1自治体の眺望景観のコントロールの事例として、神戸市を紹介する。神戸市では3ヶ所を視点場として、眺望景観形成誘導基準を定め、2010（平成22）年から運用している。そのうちの1ヶ所は、公園から市街地と背後の山並みを眺める「**見晴らし型眺望景観**」の形成を目的としている（図8・13）。眺望景観形成区域の新築の建築物について、建物の高さが基準面を超えないという基準を設定することで、山の稜線をカットするような高層建築物の建築を抑制し、建物の幅の最大値の設定によって、板状の建築物の建築を抑制している。

1　眺望景観形成誘導基準A（眺望点：ポーアイしおさい公園）

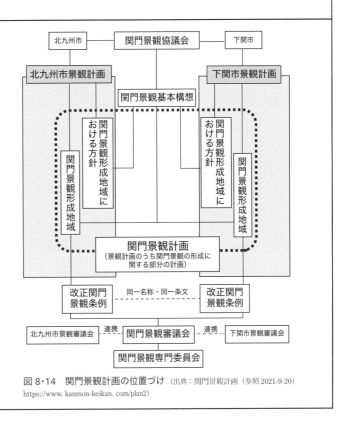

図8・13　神戸市眺望景観形成区域Aの眺望 （出典：景観形成の考え方【図解】（2-2-1 ポーアイしおさい公園）（参照2022-8-8）https://www.city.kobe.lg.jp/documents/50618/2-2-1.pdf）

事例2　関門景観計画

　2つの自治体の景観計画の中に、広域に及ぶ眺望景観に関する計画を共有している事例として、関門景観計画がある。北九州市と下関市は関門景観に関する基本構想、基本方針、地域指定を共通とし、各ゾーンの行為の制限等は、景観の現状に応じて共通している項目と異なる項目を設定している（図8・14）。

図8・14　関門景観計画の位置づけ （出典：関門景観計画（参照2021-9-20）
https://www.kanmon-keikan.com/plan2）

要なものは、都道府県又は市町村の申出に基づき、国が「**重要文化的景観**」として選定する。「重要文化的景観」においては、現状の変更、保存に影響を及ぼす行為をしようとする場合に、文化庁長官に届け出が必要になる。そして、文化的景観の保存活用のために行われる事業（調査、保存活用計画策定、整備、普及・啓発等）に対して、国からの経費の補助を受けられる。2022（令和4）年3月時点で71件の重要文化的景観が選定されている*6。

8・3　歴史的資源の活用

1　建物を保存・保全・活用するための制度

　歴史的な建築物の保存・保全・活用で用いられる制度は、文化財系と景観系の制度がある（表8・2）。

　文化財は原則として建設後50年を経過した建造物等を対象としている。文部科学大臣は、**文化財保護法**に基づき、有形文化財のうち重要なものを重要文化財に指定でき、重要文化財のうち世界文化の見地から価値の高いものを国宝に指定できる。重要文化財以外の有形文化財のうち、保存及び活用のための措置が特に必要なものを登録有形文化財として登録できる（以後、登録文化財と記す）。文化財の現状変更等について一定の制限が課されるが、保存修理や防災施設の設置等への事業費の補助が可能となるため、歴史的な建築物の保存・活用に向けて、文化財の指定や登録を目指すことが多い。建造物について、**重要文化財**の指定基準は、意匠的に優秀／技術的に優秀／歴史的価値が高い／学術的価値が高い／流派的又は地方的特色において顕著なものといういずれかに該当し、かつ、各時代又は類型の典型となるものとされている。つまり、歴史的建築物の様式や学術価値等が認められないと、文化財指定は困難である。一方、**登録文化財**は、国土の歴史的景観に寄与しているもの／造形の規範となっているもの／再現することが容易でないもののいずれかに該当するものが登録の基準となっていることから、重要文化財指定よりも登録文化財の方が建築物の保存・活用に向けてのハードルが低いものとなっている。

　一方、景観系の制度では、保存ではなく**保全**（preservation）という言葉を用いることが多い。時代に応じ

表8・2　歴史的建築物の指定等の制度

文化財系	景観系
国宝 重要文化財 登録文化財　等	景観重要建造物（景観法） 景観重要建築物等（景観条例）

て多少手を加えながら、歴史的建築物を活用していこうという意図を含むのが、保全である。文化財では**保存**（conservation）という言葉を用いるのが通例で、竣工時の建築物を極力そのまま残すという意図が入っている。地方自治体の景観条例に基づく景観重要建築物等（自治体によって呼び名は様々）や景観法に基づく「**景観重要建造物**」は、地域の景観形成上特に重要な価値があると認める建築物等を指定する。自治体の条例に基づく景観重要建築物等の指定の基準は、歴史的又は建築的に価値が高い／周辺地域の雰囲気を特徴づけている（ランドマーク）／市民に愛され親しまれている／その都市・地域にゆかりの建築家が設計した建築作品等のいずれかに該当するものである。文化財の指定・登録が難しいものであっても景観系の制度では指定しやすいというのが利点だといえる。また建築物のみではなく、樹木、外構（塀や門）、工作物なども一体的に指定でき、指定範囲を柔軟に決められる。景観法に基づく景観重要建造物の指定の方針については、各自治体の景観計画の中で定められ、景観条例に基づく指定基準と類似している。「景観重要建造物」は、所有者等の適正な管理義務が生じ、増築・改築・外観の変更に市長の許可が必要になる。「景観重要建造物」指定の利点は、相続税の評価において、利用上の制限の程度に応じた適正な評価を受けられる点である。

2　未指定・未登録の歴史的建造物の地域での活用

　指定・登録された歴史的建造物は、建物の修理・修景に関する費用の補助や固定資産税の減免等の支援が受けられる。しかしながら、それはあくまで補助に過ぎず、所有者には金銭的な負担、工事内容を判断する負担、定期的な維持管理の負担等が発生するため、歴史的建造物の活用には所有者が建造物を残すという意志、保存・保全に関する知識、制度に基づく運用に対する協力等が必要になる。

　古い建築物は、現在のライフスタイルと建築物の内部の仕様が合いにくく、居住者・利用者がいなくなり、

管理不全の空き家として放置されたり、開発圧力の高い地区では、歴史的建築物が売りに出されて、買い取られたのち取り壊され、別の建築物が建てられて、歴史的建造物が滅失したりする。日本の制度上、基本的には所有者の意向が最優先であり、所有者が建物を残し、活用していくことを断念すれば、滅失してしまうのである。このように、歴史的建造物の保存・保全・活用は、なかなか難しいのが実情である。歴史的建造物の所有者や地域の住民に、歴史的建造物等の価値を啓蒙し、将来的に文化財や景観重要建築物等への指定につながる前段階として、未指定・未登録の資源を発掘する動きの活発化を今後期待したい（事例3）。

8・4　景観まちづくり

1　まもる・つくる・そだてる

　景観形成について、これまで行政制度を中心に解説してきた。行政制度のみの運用だけで地域らしい景観が形成されるわけではなく、行政・事業者・住民の各主体が役割を担い、下記の3つのアプローチを継続していくことで、地域らしい景観が作られていく。
①まもる：地域にあり続ける資源をなくすことなく、保存・保全していくこと。

②つくる：ニュータウン開発等ではランドマークをつくり、地域の顔となる場所づくりを"つくる"と言っていた。ランドマークづくりに限らず、保存・保全したい景観資源を発見することも"つくる"に入るだろう。景観資源を積極的に活用し、新たな地域らしさを生み出していく担い手やイベント等を含めて、"つくる"といえよう。
③そだてる：景観資源を使いこなす活動、維持管理の活動など、景観まちづくりに関係する活動は、"そだてる"活動だといえる。

2　景観資源の発見・表現・共有―地域による景観ルールの運用

　毎日自分の住んでいるまちの景観を目にしていると、目新しさを感じにくいかもしれないが、地域住民が生活してきた環境の中で、大切だと思う環境を後世の住民に継承していく意志と活動によって、地域らしい景観は形成される。景観資源の特定は難しいが、専門家と住民が一緒に話し合いながらまちを歩く、地域内外の関係者にヒアリング調査を行う、文献を調査する等の方法によって、資源を特定できる。そして景観資源を保全・育成するためのルール・ガイドラインを、地域団体・専門家・行政が連携して作成し、運用していく（事例4）。

事例3　旧グッゲンハイム邸

　行政の制度による指定・登録を受けずに、所有者の努力により地域で活用されている歴史的建築物の事例として、神戸市垂水区塩屋の**旧グッゲンハイム邸**を紹介する（図8・15）。コロニアル・スタイルの洋館で、現在の所有者は2007年に本建物を取得した。結婚式場、音楽会やイベント、教室（ヨガ、ピアノ等の楽器、子育て関連）、月1回の建物内部の無料公開、所有者による自主事業等の場として活用されている。敷地内には洋館に加え、事務局の建物とシェアハウスがある。文化財の指定や登録による固定資産税の減免という補助

図8・15　旧グッゲンハイム邸（左）、事務局（右）。洋館の裏にシェアハウスがある

は、歴史的建築物の箇所のみ適用され、敷地内全ての固定資産税の減免にならないため、固定資産税の総額と比べ減免額は少額になる。本建物では行政からの補助を受けずに、シェアハウスの家賃収入や結婚式場や撮影現場としての利用収入によって、歴史的建築物の維持を可能としている。

景観まちづくり活動の事例として、神戸市岡本駅南地区での**美しい街岡本協議会**[7] による屋外広告物に関する景観まちづくり活動を紹介する。本協議会は 1982（昭和 57）年に発足し、まちづくり協定・地区計画などのまちづくりルールを運用してきた。

岡本駅南地区は神戸市東部に位置する住商混在の市街地で、私鉄の駅前周辺のエリアである。大学の最寄り駅であり学生の乗降者数が多い。山手に行くと戸建て住宅地、駅前は小規模店舗や集合住宅、南に少し下ると JR の駅があり、徒歩圏内で生活に必要な店舗が揃い、利便性の高いまちである。小規模店舗が多いことから、屋外広告物が地域の景観に与える影響が大きいことを協議会は懸念していた。

図 8・16　神戸市岡本駅前地区 "お店の顔" コンテストの様子（景観に関する啓蒙活動の一例）

一方で、店舗の広告物の中にも、お店の特徴をかわいらしく伝えているような洗練されたデザインの広告物もあり、岡本の地域らしい景観形成に寄与している。そこで協議会は地域独自の屋外広告物のデザインルール＆ガイドラインの策定を目指した。

岡本駅南地区では、夏祭り（岡本サマーフェスティバル）で、岡本の "お店の顔" コンテストを行い、好感のもてる店舗のファサード写真に投票をしてもらうコーナーを開設し（図 8・16）、地域の景観資源への関心・理解を深めてもらうように努めた。また、別の年の夏祭りでは地域の数店舗に協力してもらい、大学の研究室が建築物

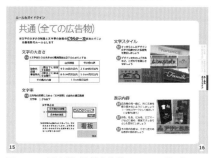

図 8・17　岡本版・屋外広告物ルール＆ガイドライン（抜粋）

のファサードの広告物のデザインを変更したシミュレーション画像を作成し、どのシミュレーション画像が岡本らしいかを住民に投票してもらい、その投票結果を、ルール＆ガイドライン作成時の参考情報として活用した。このような景観に関する情報公開は、地域住民へ関心や取組内容を伝えるフィードバックの場として機能している。

協議会・行政・大学の研究室の連携により、「岡本版・屋外広告物ルール＆ガイドライン」[8] の原案が作られ、2014（平成 26）年 5 月にその内容が承認された（図 8・17）。その後、ルール部分は神戸市景観計画の「屋外広告物の表示等に関する行為の制限」に位置付けられ、2016（平成 28）年 3 月に施行され、運用されている。本地区内で屋外広告物を設置する場合と建築行為等が行われる場合には、市役所への届け出の前に、協議会との事前協議が必要となる。事前に計画内容がわかる図面等の資料を事業者から協議会に提出してもらい、このルール＆ガイドラインの内容と照合しながら、広告物のデザインや掲出位置等について地域の意見を広告物設置業者へ伝えている。ルール施行から約 5 年が経過し、協議件数は 139 件、既存不適格物件の是正（撤去・更新）は 25 件（2021 年 5 月時点）と、着実な成果が見えてきている。

例題

Q　あなたの住んでいるまちや思い入れのあるまちの景観計画について、地域の景観の価値の位置づけ、景観資源、景観形成方針、景観形成基準の内容を調べてみよう。地域の景観資源について、行政が気づいていない他の景観資源があるのかなど、考えてみよう。

注・参考文献
＊1　中村良夫他『土木工学体系 13 景観論』「1　景観」彰国社、1977 年、p.2
＊2　後藤春彦他『生活景—身近な景観価値の発見とまちづくり』学芸出版社、2009 年、pp.282-284
＊3　嘉名光市他『生きた景観マネジメント』鹿島出版会、2021 年、pp.16-17
＊4　篠原修『景観用語辞典・増補改訂第二版』彰国社、p.44
＊5　文化庁「伝統的建造物群保存地区」（参照 2022-8-8）
　　https://www. bunka. go. jp/seisaku/bunkazai/shokai/hozonchiku/
＊6　文化庁「文化的景観」（参照 2022-8-8）
　　https://www. bunka. go. jp/seisaku/bunkazai/shokai/keikan/
＊7　美しいまち岡本協議会（参照 2021-9-20）http://okamoto-machikyo. org/
＊8　神戸市「岡本版・屋外広告物ルール＆ガイドライン」（参照 2022-8-8）https://www.city.kobe.lg.jp/documents/50860/okamoto_ruleguide.pdf

09

都市交通計画

オランダ・ロッテルダム駅近くの Kruis 広場

Q 「持続可能な都市交通」をどう実現するか？

交通は都市機能の重要な役割の一つである。交通に関する安全や環境の問題は世界共通の課題となっており、持続可能な都市の実現に向けた交通機能の更新が求められている。写真の Kruis 広場は、ロッテルダム中央駅と街の中心部をつなぐ、街で最も重要な広場のひとつである。鉄道、Light Rail Transit（LRT）などの交通システム関連の施設が集中するエリアではあるが、駐車場を地下に配置し、地上部分は歩行者中心の緑の大通りとなっている。多くの人が安心・快適に移動・滞留を行えるように、交通関連施設の立体的な空間構成についても総合的な検討が必要である。

9・1　交通と都市

1　近代都市における交通機能

　持続可能な都市の要件として、都市交通に関する機能はますます重要になってきている。現代における交通機能の重要性については、**近代国際建築会議 CIAM**において、工業化と都市化の進む中での都市機能がアテネ憲章（1933）で示された。4 つの都市機能として、「住まい（Dwelling）」「レクリエーション（Recreation）」「仕事（Work）」「交通（Transportation）」があり、交通が都市機能の重要な一つとして位置づけられている。憲章では、「正確な統計に基づいて交通分析を行い、都市とその地域の循環の一般的パターンを示すとともに、交通量の多い路線の位置とその交通の種類を明らかにすること。交通経路はその性質によって分類され、特定の種類の自動車の要求と速度に適合するように設計されるべきであること。交通の頻繁な交差点は、異なるレベルを用いて、車両が連続的に通過できるように設計されるべきであること。歩行者用道路と自動車用道路は、別々の道を通るべきであること。道路は、生活道路、遊歩道、貫通道路、主要幹線道路など、その機能によって区別されるべきであること。交通量の多い道路は、原則としてグリーンベルトで遮断すること」が示されていた。この憲章のもとになっているのは、建築家ル・コルビュジエの「**輝く都市**（Radiant City）」（1930）と呼ばれる都市設計教義である。

図 9・1　ル・コルビュジエのヴォアザン計画（出典: http://www.fondationlecorbusier.fr/corbuweb/）

2　交通の定義

　人や物の空間的移動のうち、不特定多数の移動のために供用される空間内の移動であり、人間の意思に基づく目的を持った移動のことを**交通**と定義している。

　また、特定の場所における移動現象を traffic、人や物を移動させる交通機関側の視点として Transportation、物流に限定して Logistics、ある場所や社会階層、仕事から他へ容易に移動する能力のことを Mobility とよんでいる。

　都市における交通手段では、徒歩、自転車、自動二輪車、乗用車、貨物車、バス、路面電車、モノレール、新交通システム、都市高速鉄道等があり、これらで形成される**都市交通体系**がある。都市交通体系は、①交通動力、②交通具、③交通路、④運行システム、⑤経営システムの 5 つの要素で構成されている。持続可能な交通を提供するために、これらの交通要素を組み合わせた多様な形態の交通サービス等が模索されている。

　次に、交通を経済学的観点から捉えると、移動そのものを需要、道路や鉄道などを供給とし、目的地での活動のための移動を**派生需要**、移動自体が目的となっているものを**本源的需要**とに分けている。交通を本来の目的に派生するサービス需要とすると、交通そのものは主目的ではなく、主目的を疎外しないほうが望ましいことから、速く、安く、快適な移動サービスが一般に求められる。一方、散歩や観光のように、移動そのものが目的となる場合もあり、こういった場合には移動と周辺空間とが連動したサービスが求められる。

3　交通に関する経済学的視点

①交通とその関連施設に関する主要概念

　経済学の分野では、移動をサービス需要、移動に関する空間を供給として、関連する諸問題を取り扱う。交通とその関連施設、さらにそれらの整備方法に関する主要な概念を以下に示す。

・**社会資本**（Social Capital）：鉄道や道路等の公共施設等の企業・個人の双方の経済活動が円滑に進められるために作られる基盤のことをいう。社会資本の整備は、一般に政府が責務を負うべきもので、民間の供給のみに頼っていたのでは望ましい量が供給されない財として定義され、適切な供給量を確保するために公的主体の関わりが正当化ないし要請される。

- 公共財（Public Goods）：次の 2 つの条件が満たされない財と定義される。多数の人に同時に消費されることはない（競合性）。対価を支払わない者の消費を禁ずることができる（排除原則）。道路は公共財、鉄道は運賃を支払い多くの人がサービスを享受する準公共財（Quasi Public Goods）に分類される。
- 受益者負担の原則（beneficiary-pays principle、user-pays principle）：特定の公共事業に必要な経費にあてるため、その事業によって特別の利益を受ける者に経費の一部を負担させるもので、資源の効率的な割当法とされる。利益を受けない者は支払い義務を負うべきではなく、受益者と利用者が一致する場合に機能する。
- 利用者負担が可能な財：施設の規模が大きく、建設に巨額の資金を必要とし、投下資金の回収にきわめて長期を要する場合に利用者負担が適用される。
- 外部効果（External Effects）：ある人の経済行動が市場を経由せず、他の人に利益や損失を与えること。外部経済と外部不経済とを総称していう。
- 外部経済（Positive Externalities）：ある経済主体の行動が、他の経済主体に、何らの対価の支払を伴わずに利益を与えること。また、その利益。
- 外部不経済（Negative Externalities）：ある経済主体の行動が、他の経済主体に、何らの対価の支払を伴わずに不利益を与えること、またはその不利益。
- ピグー税（Pigouvian Tax）：英厚生経済学者 Pigou によって提唱されたもので、外部不経済が存在するとき、市場の働きのみでは社会的な効率性は生まれないことから、経済的インセンティブ（ピグー税）によって、私的限界費用（原因者が支払うコスト）を社会的限界費用（社会が支払うコスト）に調整する方法。
- 利用者負担：施設等のサービス利用により直接的便益を得る利用者が料金を支払い、一部の費用負担を行うこと。
- 間接的受益者負担：開発に伴う地価上昇分等を間接的便益として、受益者にも支払いを求めること（開発利益の還元）。
- 公共負担：利用料金の徴収、間接的便益の取込みが実質的に不可能な場合、施設の建設を財政資金（税金）で賄う。
- 幸福感：経済学では、幸福の大きさを消費者余剰によって計測する手法が用いられている。消費者余剰

Consumer surplus とは、消費者が支払っても良いと考えている価格＝支払意思額（Willingness to pay）と、実際に支払っている価格との差で計測できる。

②交通に関わる外部経済

ある経済主体の行動が、他の経済主体に、何らの対価の支払を伴わずに不利益を与えることを外部不経済（Negative Externalities）という。交通に関する外部経済には、交通渋滞、道路交通事故、大気汚染、気候変動の 4 つがある。

- 交通渋滞（Traffic Congestion）

交通渋滞とは、交通が円滑に流れず滞る状態をいう。これは、道路の交通容量を上回る自動車群の交通需要が流入する場合に起きる現象である。道路構造の変化する区間での交通容量低下や、交通事故の発生などのように突発的な交通容量の低下による交通渋滞もある。道路利用者と交通渋滞の関係では、道路利用者は外部不経済の被害者であると同時に加害者でもあり、交通量の増加により他の道路利用者の被る混雑がわずかに増加する特徴がある。

- 道路交通事故（Road Traffic Accident）

道路交通事故とは、道路において車両等及び列車の交通によって起こされた事故で、人の死亡又は負傷を伴うもの（人身事故）のことである。自動車が社会と大衆に広く普及するモータリゼーションの流れと共に交通事故が増加した。

- 大気汚染（Air Pollution）

大気汚染とは、大気中に排出された物質が自然の物理的な拡散・沈着機能や科学的な除去機能、及び生物的な浄化機能を上回って大気中に存在し、その量が自然の状態より増加し、これが人を含む生態系や物などに直接的、間接的に影響を及ぼすことをいう。発生源には自然起源と人為起源があり、人為起源の代表的なものとして工場や発電所など（固定発生源）や自動車など（移動発生源）の化石燃料の燃焼による排出物、生産活動により生成するガスや粒子状物質などがある。

- 気候変動（Climatic Variation）

気候変動とは、気温および気象パターンの長期的な変化のことで、これらの変化は自然現象の場合と人間活動の場合に分けられる。一般に、1800 年代以降における気候変動の主な原因は、化石燃料（石炭、石油、ガスなど）の燃焼とされている。これによっ

て発生した温室効果ガスが、地球を覆って太陽の熱を閉じ込め、気温が上昇する。気候変動を引き起こす主な温室効果ガスは、二酸化炭素とメタンで、気温の上昇、短時間強雨や大雨の発生頻度の増加、海面水位の上昇、台風の激化、干ばつ・熱波の増加、無降水日数の増加などにより、浸水や法面崩壊、輸送障害など交通への影響が想定されている。

4　持続可能な開発目標 SDGs と交通

交通は、**持続可能な開発目標 SDGs** を実現するための重要な構成要素となっており、雇用と福祉を促進し、不平等と排除を減らすことにも間接的に寄与している。一方、交通は、気候変動や大気汚染への影響の低減、交通システムへのアクセスや交通安全の改善等、多くの課題がある。交通が直接的にターゲット指標となっているものを紹介する。

①指標 3.6.1: 交通事故による死亡率

目標：2030 年までに、世界の交通事故による死傷者数を半減させる。

交通事故による死亡率を、絶対数（総死亡数）と率（人口 10 万人当たりの死亡数）で測定する。世界保健機関（WHO）が監理する。道路交通事故による死亡者には、自動車運転者、同乗者、自動二輪車運転者、自転車利用者、歩行者が含まれる。

②指標 11.2: 公共交通へのアクセス

目標：2030 年までに、弱い立場にある人々、女性、子ども、障害者、高齢者のニーズに特に配慮しながら、とりわけ公共交通機関の拡大によって交通の安全性を改善して、すべての人々が、安全で、手頃な価格の、使いやすく持続可能な輸送システムを利用できるようにする。

アクセスは、少量輸送交通システム（バス、トラム）の徒歩 500 メートル以内の距離と、大量輸送交通システム（電車、地下鉄、フェリー）の 1000 メートル以内の距離にいる人口の割合として測定される。信頼性が高く、利用しやすく、手頃な価格の公共交通機関は、交通公害や自動車交通量を減らし、生産性と包括性を促進することができる。

世界 95 カ国、610 都市の 2019 年のデータによると、世界の都市人口のうち、公共交通機関を便利に利用で

きているのは半分に過ぎない。世界のデータは、長期的なモビリティ計画とターゲットを絞った投資を通じて、徒歩や自転車の道とうまく統合された公共交通機関へのアクセスを強化する必要性を示している。

9・2　交通と環境

1　環境の定義

環境（Environment）とは、広義には、人、生物を取り巻く家庭・社会・自然などの外的な事の総体であり、狭義ではその中で人や生物に何らかの影響を与えるものだけを指す場合もある。特に限定しない場合、人間を中心とする生物・生態系を取り巻く環境のことである場合が多い。

交通分野においては、その関連施設の整備なども含めて社会・環境に対する影響が大きいことから、**環境影響評価**をはじめするインパクト分析の対象となることが多い。具体的な評価項目として、大気、騒音・振動・低周波音、温室効果ガスなどがある。国内の**環境問題**は、**公害問題**に始まったものが多いが、交通に関わったものとしては、一本の老松が蒸気機関車の影響で枯れたことに端を発する信玄公旗掛松事件（1914 ［大正 3］年、損害賠償請求事件）がある。

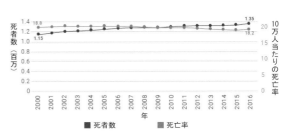

図 9・2　世界の交通事故死者数と死亡率の推移（WHO）（出典：WHO GLOBAL STATUS REPORT ON ROAD SAFETY 2018　https://www.who.int/publications/i/item/9789241565684）

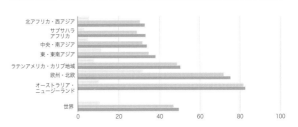

図 9・3　公共交通機関へのアクセス人口割合（出典：国連「The Sustainable Development Goals Report 2020」https://unstats.un.org/sdgs/report/2020）

2 公害問題から地球環境問題へ

1878（明治11）年頃の足尾銅山鉱毒事件の水質汚染に代表されるように、公害問題の原因の多くは工場などの固定発生源であった。本格的な規制を伴う対策は、1967年の公害対策基本法や1971年発足の環境庁により行われ、その発生源に関しては固定発生源への対策が進む一方で、移動発生源の影響も大きくなった。道路交通に起因して生じる排出ガス、騒音・振動などは、**道路交通公害**と定義され、それぞれ規制するための法律が整備された。大気汚染物質としては、一酸化炭素（CO）、炭化水素（HC）、鉛（Pb）化合物、窒素酸化物（NOx）、粒子状物質（PM）が規制対象となった。

1967年には、国道43号公害裁判の提訴があり、とくに三大都市圏ではいわゆるモータリゼーションの進展とともに、交通に起因する大気汚染に関わる公害問題が起きた。このように、自動車単体の排ガス基準は守られていても、特定の地域への自動車交通の集中によって公害問題が顕在化したことから、排ガス規制の強化や道路構造対策などが進められた。1992年には**自動車窒素酸化物削減法（自動車NOX法）**、2001年には**自動車NOX・PM法**が成立し、都市部ではさらに道路交通の環境対策、規制強化が進められた。欧州では、地球温暖化対策としてディーゼル車が推進されてきたが、現在は将来の温室効果ガス削減の目標達成のために、一部の国・都市では電気自動車への転換促進政策が進められている。米国では、環境局において交通に起因する大気汚染対策が、燃料や内燃機関、排気システムなどの対策とともに、土地利用や街路デザインとともにスマートで持続可能な交通計画についても関連政策が進められている。

3 大気汚染・二酸化炭素の排出状況

国内の大気汚染物質については、インベントリと呼ばれる排出源別の排出量が示されている。この結果によると、PM2.5では船舶、窒素酸化物NOxでは船舶と自動車走行・始動時の排出量が多くなっている（2015年度）。

世界の二酸化炭素の排出量については、2018年に335億トンとなっており、国別では、中国、アメリカ、インド、ロシア、日本の順になっている。一方、国内では、2020年度には10.44億トンとなっており、運輸部門は17.7%を占めている。その構成率では、自家用乗用車が45.7%、営業用貨物車が21.9%、自家用貨物車が17.4%となっている[*1]。

4 アセスメント制度

人間活動による環境をはじめとする様々な負の影響を事前に予測評価してインパクトの軽減を図ることを**インパクトアセスメント** Impact Assessment（IA）という。関連するアセスメント手法について紹介する。

①環境系アセスメント

環境影響評価 Environmental Impact Assessment（EIA）とは、主に大規模開発等による環境への影響を予め評価すること。米国で1969年に成立した国家環境政策法（NEPA）では、持続可能な開発の概念が法の目的に示されており、この目的を達成するため、予防措置として開発された。関連して、事業よりも上位段階の計画や政策の意思決定段階で行う環境アセスメントの総称として**戦略的環境アセスメント** Strategic Environmental Assessment（SEA）、SEAを越えて、環境、経済、社会の三面を総合的に評価するものとして**持続可能性アセスメント** Sustainability Assessment（SA）がある。

②社会系アセスメント

大規模開発事業等に伴う社会・経済・環境への影響について、すべての立場の利害関係者との対話により利点・問題を明らかにして事業計画の評価を行う手続きを、**社会影響評価** Social Impact Assessment（SIA）という。この他にも、政策や事業が集団の健康にどのような影響を与えるかを予測・評価するための一連のプロセス、方法として、1990年代からEUで発達した**健康影響評価** Health Impact Assessment（HIA）、1960年頃の米国で科学技術の適用により起きた公害問題、自然破壊の問題に対応するための手法である**テクノロジーアセスメント** Technology Assessment（TA）、製品・サービスのライフサイクル全体（資源採取―原料生産―製品生産―流通・消費―廃棄・リサイクル）又はその特定段階における環境負荷を定量的に評価する手法である**ライフサイクルアセスメント** Life Cycle Assessment（LCA）がある。

③交通系アセスメント

交通に関するアセスメント手法として、大規模小売店舗が地域社会との調和を図っていくために、交通・

環境問題等の周辺の生活環境への影響について適切な対応を図るための「大規模小売店舗を設置する者が配慮すべき事項に関する指針」、市街地内における大規模な都市開発に伴う交通需要に関わる問題に対応するための「大規模開発地区関連交通計画マニュアル」、重要物流道路沿い大規模小売店舗等の商業施設の沿道立地による渋滞に対応するための「重要物流道路における交通アセスメント」などがある。また、建築環境総合性能評価システム（CASBEE）の中でも、面的開発に伴う交通による二酸化炭素排出量が簡易的に評価できるものがある。

5　環境改善のための交通空間デザイン

世界の都市が、20世紀の人口増加に伴う都市化とモータリゼーションの進展や工業化に伴う住環境に関する課題に対して、どのように交通空間デザインを行ってきたのか、主要なものを示す。

①田園都市 Garden Cities

1898年に英国でエベネザー・ハワード Ebenezer Howard により出版された *Tomorrow* の1902年改訂版 *Garden Cities of Tomorrow* は、公害により汚染された都市から脱出し、郊外における**田園都市**の構造図をユートピア的ビジョンとして示したものである。この都市は、グリッドとスケールを持ち、大通り、公園、橋、鉄道駅などさまざまな施設が配置されている。

②自動車時代の街ラドバーン Radburn system

自動車時代の街のあり方については、米国クラレンス・ステイン等によって1929年に米国のラドバーンで実践された。交通に関わる特徴として、**スーパーブロック**、**高速道路システム**、**自動車と歩行者の完全分離**がある。とくに、歩行者と車の交通を分離することで、伝統的な格子状の道路パターンにかわるものとして期待されたものである（図9・5）。

③輝く都市 Radiant City

ル・コルビュジエは、超高層ビル群に百万人規模の人口を収容し、交通空間についても立体的に配置する都市構想を発表した。1925年の**ヴォアザン計画**は、パリを対象とした再開発計画案で、18棟の高層の居住用建物と道路と公園を機能的に配置している（図9・1）。1930年の『**輝く都市**』では歩車分離に加え、車種別の通行路を立体的に配置したものになっている。

④ブキャナンレポート

英国スコットランドのコリン・ブキャナン Colin Buchanan は、1963年に発表された報告書 *Traffic in Towns* において、道路の機能性という概念を示した。道路の階層を基礎として、「**居住機能**」と「**交通機能**」を区別し、交通機能には、「**トラフィック機能**」と「**アクセス機能**」があり、環境地区におけるトラフィック機能を段階的に小さくしながら、**歩車分離**の概念を提示した。

⑤交通静穏化 traffic calming

交通静穏化 traffic calming とは、既存の道路空間を対象に、物理的な道路デザインを適用して、自動車、歩行者、自転車の安全性を向上させるものである。より安全で責任ある自動車運転を促し、交通の円滑性の低下を狙ったものである。1970年代にオランダで開発された生活道路の交通静穏化策として**ボンエルフ Woonerf** があり、都市部の住宅地を中心に、交通量の多い道路を混在させる特殊な道路デザインとなっていて、歩行者と自動車は明確に分離されず、互いに配慮し合うことが求められる（図9・7）。類似のコンセプトとして、**シェアドスペース**や**出会いゾーン**などがある。

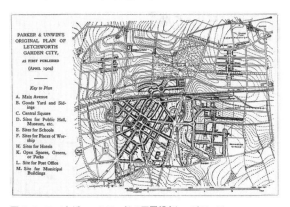

図9・4　エベネザー・ハワードの田園都市レッチワース（出典：https://digital.library.cornell.edu/catalog/ss:575323）

図9・5　クラレン・ステイン等によるラドバーン計画（出典：https://digital.library.cornell.edu/catalog/ss:575323）

⑥ 15 分都市 The 15-minute city

仏カルロス・モレノ Carlos Moreno は、郊外から都心に長時間通勤するような都市間構造に対して、「**15 分都市**」を提唱した（図 9・8）。15 分都市は、空間よりもまず時間を考えさせるもので、これを**クロノアーバニズム**と呼んでいる。その特徴として以下の 4 項目が指摘されている。

・健康増進と生活の質の向上
・より環境に配慮した持続可能な都市
・より公平で包括的な都市
・地域経済の活性化

6　交通による環境負荷低減の取り組み

①規制政策

米国では、第二次世界大戦後、経済成長、人口増加、急速な郊外化、一部の公共交通機関の閉鎖などにより、交通手段としての自家用車への依存度が高まった。米国の自動車とトラックの数は、高速道路の数と同様に劇的に増加し、特に都市部では大気汚染が発生し、公衆衛生や環境に深刻な影響を与えた。米国議会は1970 年に**大気浄化法**を可決し、新たに設立された米国環境保護局 EPA が自動車などによる大気汚染を規制

図 9・6　コリン・ブキャナンによる道路の階層　(出典：*Traffic in towns: a study of the long term problems of traffic in urban areas*, 1963.)

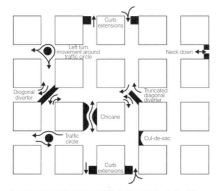

図 9・7　生活道路における交通静穏化策の導入イメージ　(出典：https://www.fhwa.dot.gov/publications/research/safety/pedbike/05085/chapt20.cfm)

図 9・8　カルロス・モレノによる 15 分都市　(出典：https://www.15minutecity.com/about)

することとなった。その結果、燃料の脱鉛化、脱硫化といった対策が進み、最近では燃費規制により、環境性能の向上策についても進めている。

②ゾーン対策

ロンドンでは、自動車、バン、トラックからの汚染物質の排出を制限するために新しい**超低排出ガスゾーン（ULEZ）**を導入している。欧州の他都市でも類似の施策を導入しており、これらはすべて大気汚染に取り組むことを目標に自動車の使用に制限をかけている。ロンドンは、2003 年に都市内の自動車交通による渋滞緩和を目的として**渋滞課金**を実施しており、2008 年からは**低排出ガスゾーン（LEZ）**の設定により**環境課金**を始めることとなった。調達した賦課金は公共交通機関の改善等に用いられている。

③グリーンインフラ

グリーンインフラは、米国で発案された社会資本整備手法で、自然環境が有する多様な機能をインフラ整備に活用するという考え方を基本としており、近年欧米を中心に取組が進められている。導入目的や対象は、国際的に統一されておらず、米国では都市の緑地形成（雨水管理等の観点）に力点をおいている一方、EU では生物多様性の保全、カナダや OECD 諸国では、低炭素を含む環境問題全般を対象としている。

9・3　都市交通のマネジメント

1　交通を捉える単位

交通の流れのもととなる「人（パーソン）の一日の

動き（トリップ）」を把握することを目的として、人が
どこからどこへ、どういう交通手段を使って、どの時
間帯に移動したか、などを調べる調査のことを**パーソ
ントリップ調査**という。日本では、概ね 10 年ごとに
調査を行っている。

交通を捉える単位として**トリップ**がある。ある１つ
の目的での、出発地から到着地までの移動をトリップ
とする。図 9・9 を例にすると、目的は「会社に行く
（出勤）」なので「1 トリップ」となる。トリップの目
的は大きく次の５つ（出勤、登校、自由、業務、帰宅）
に区分されており、１つの目的を達成するための移動
（トリップ）を**リンクトリップ**（目的トリップ）、リ
ンクトリップ（目的トリップ）を達成するために使
用した交通手段を**アンリンクトリップ**（手段トリッ
プ）という。また、１つのトリップにおける出発地と到
着地を「**トリップエンド**」という。

パーソントリップ調査は、全国の都市を対象に実施
されており、その調査結果から各都市の交通状況の特
徴を理解することができる。例えば、自動車分担率を
都市別でみたものでは、東京 23 区、大阪などでは 10%
程度まで減少していることがわかる。一方、地方部の
人口密度が低い都市ほど自動車分担率は高く、かつ、
経年的に高まる傾向が見られる。

2　段階推定法

交通需要予測とは、将来、特定の交通機関を利用す
る車や人の数を予測することである。例えば、計画中
の道路や橋の車線数、鉄道の利用者数、空港の利用者
数、港湾の寄港船舶数なども予測することができる。
交通量予測は、まず現在の交通量に関するデータを収

集することから始まる。この交通量データを、人口な
ど他の既知のデータと組み合わせて、現在の状況をモ
デル化する。これに人口や土地利用の変化などを与え
ることで、将来の交通量を推計する。また、これらの
交通需要予測に基づいて、道路車線数などインフラの
容量を計算したり、**費用便益分析**や**社会影響評価**を用
いてプロジェクトの財政的・社会的実現性を見積もっ
たり、大気汚染や騒音など環境影響を計算するために
も用いられる。

代表的なものは**段階推定法**で、1950 年代にデトロイ
ト都市圏交通調査やシカゴ地域交通調査で初めてメイ
ンフレームコンピュータで実施された。ここで段階と
は、生成交通量、発生集中交通量、分布交通量、分担
交通量、配分交通量をそれぞれ分けて需要交通量を予
測するものである。

生成交通量については、各ゾーンにおけるトリップ
の出発地または目的地のトリップ頻度を、土地利用や
世帯の人口統計、その他の社会経済的要因の関数とし
て決定するものである。**発生集中交通量**は、生成交通
量が、どの起点から終点へ移動するかをゾーン単位で
予測するものである。**分布交通量**は、将来の社会経済
的要因の変化を考慮し、出発地と目的地のトリップ頻
度を予測するものである。交通機関の**分担交通量**につ
いては、各起点と目的地間のトリップのうち、特定の
交通手段を利用する選択割合を計算する。**配分交通量**
は、特定の交通手段による出発地と目的地間のトリッ
プを路線や道路に割り当てる。この時、**ワードロップ
のユーザー均衡の原則**が適用され、各ドライバーは最
短旅行時間の経路を選択し、他のドライバーも同じよ
うに経路を選択することが条件とされる。

3　交通工学的アプローチ

交通の特性を理解するための方法として、交通流の
基本図（fundamental diagram）がある。とくに重要な
のは、「交通量＝交通密度 × 空間平均速度」という式
で、この式は物理学の質量保存則に相当する。

交通密度−交通量の図では、交通密度が最大（**臨界
密度**）となる最大交通量（**交通容量**）が存在し、これ
よりも左側の交通密度状態を**自由流**、右側の交通密度
の場合を**渋滞流**とよぶ。

交通流を表現する方法として、時間距離（空間）図
がある（図 9・12）。横軸に時間、縦軸に距離（空間）

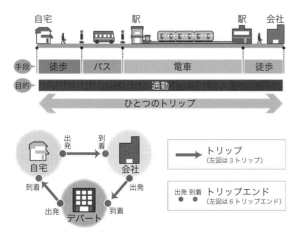

図 9・9　トリップのイメージ（出典：http://www.kkr.mlit.go.jp/plan/pt/data/glossary.html.）

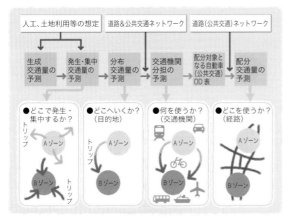

図 9・10　段階推定法のイメージ（出典：堺市「パーソントリップ調査に関する用語の説明」https://www.city.sakai.lg.jp/shisei/toshi/kotsuseisaku/kento/kanrencyosa/persontrip/yogosetsumei.html）

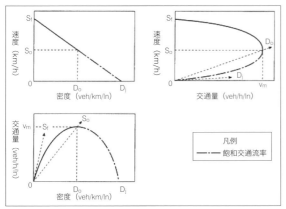

図 9・11　速度、密度、および交通量の一般的な関係（出典：*Highway Capacity Manual*,Transportation Research Board,Washington,D.C.,2000）

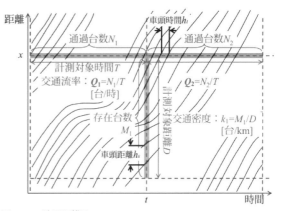

図 9・12　時間距離図（出典：https://www.iatss.or.jp/common/pdf/publication/commemorative-publication/iatss40_theory_04.pdf）

モビリティマネジメント対策のタイプ
・リアルタイムの旅行情報を含む情報提供
・持続可能な交通手段の意識向上と促進
・学校やその他の場所での教育と訓練
・学校や会社の移動計画など、現場に根ざした対策
・テレワーク、営業時間の変更、患者や市民の病院や市役所への移動回数の変更、インターネットショッピング、電子政府などのテレコミュニケーションと柔軟な時間の編成

図 9・13　欧州のモビリティマネジメント対策（出典：https://civitas.en/TG/mobility-management）

をとり、時間ごとの個別車両の空間上の軌跡を描き、交通流の特徴や渋滞発生状況などを理解できる。

　信号交差点の設計においては、流れの特性に基づいて設計が行われている。信号が赤から青に切り替わったときの交通流率の低下を発信損失、黄信号から赤信号の切り替わり時をクリアランス損失時間とよぶ。途中の青時間の流率には最大値があり、これを**飽和交通流率**とよぶ。交通の状態については、サービス水準（Level of Service）という考え方が米国の Highway Capacity Manual において示されており、様々な流れの状態ごとに、A ～ F の 6 段階で表現する。

4　交通需要管理

　人々がどのようにして交通機関を利用するかを理解し、交通機関、ライドシェアリング、徒歩、自転車、テレワークなどのインフラを利用できるようにすることに焦点を当てたものを**交通需要管理**（Transportation demand management）とよぶ。交通機関や物理的なイ

ンフラの設計を導くことで、費用対効果が高く、運転の代替手段が自然と促進され、システムのバランスが良くなるようにする。

5　モビリティマネジメント

　旅行者の意識や行動を変えることで、持続可能な輸送を促進し、一人乗りの自動車の利用を減らすためのマネジメント手法をモビリティ・マネジメント（Mobility Management）と呼ぶ。**モビリティ・マネジメント**の中核をなすのは、マーケティング、情報、コミュニケーション、教育、サービスの組織化、さまざまなパートナーの調整活動などの「ソフト」な施策である。また、都市交通における「ハード」施策と比較して、モビリティ・マネジメントの対策は、必ずしも大規模な財政投資を必要とせず、高い便益・費用対効果が得られる可能性がある。

9・4　持続可能な都市交通の実現に向けた取り組み

1　持続可能なモビリティ

　世界の各都市に共通する大きな環境問題のひとつは、

個人の移動に着目したモビリティと密接に関わっている。人々は、社会や経済を維持するために、無限ともいえる自動車や交通システムのネットワークを必要としている。その一方で、さまざまな交通手段が、環境に大きな負荷をかけており、中でも世界のCO_2排出量の約4分の1は、人とモノの移動に起因している。持続可能な交通手段の実現は、今日の都市が直面する最大の課題の一つといえる。

持続可能な都市のモビリティを高めるには、移動に関わる物理的な障壁を取り除き、利用可能な交通手段における適切な交通行動の変容を促しながら、ドアツードアのサービスを提供できる自動車と同様な移動サービスを、公共交通機関と他の交通手段と組み合わせて提供し、環境負荷の少ない移動を増やす必要がある。

2 新たな交通関連技術の展開

CASE とは、**コネクテッド**（Connected）、**自動運転**（Autonomous）、**シェアリング**と**サービス**（Shared & Services）、**電動化**（Electric）の頭文字をとった造語で、交通関連技術の変革要素を捉えたキーワードである。以下に、関連する内容を紹介する。

①自動運転

自動運転車両の種類には、無人・低速車両、条件付運転自動化、自動運転システム、トラック自動運転、低速旅客シャトルがある。**自動運転技術**に関してはLv0～5の6段階で構成されており、レベル3では、自動運転と運転者が切り替わる必要性があり、レベル4以上がいわゆる自動運転車となる。

②シェアドモビリティ

交通分野におけるシェアリングエコノミーについては、米国発のライドシェア型サービスが2013年に日本に上陸した。法的な位置づけなどの課題もあったが、カーシェアリング、ライドシェアリングなどの新しいサービス形態として、それぞれ規制緩和とともに導入が検討されてきた。

ライドシェアは、自動車やバンなど1台の車両を複数の利用者がルートをシェアして目的地まで移動する方法である。この車両は、ルート上で何度も停止して乗客を乗せたり降ろしたりするため、道路を走る複数の車の必要性を減らすことができる。カーシェアリングは、1台の車を複数のドライバーで共有し、通常は有料で利用する。**ライドヘイリング**とは、ライダーが個人的にドライバーを雇い、目的地まで連れて行ってもらうことで、タクシーサービスがこれにあたる。重要なポイントは、ドライバーと車両を共有するカーシェアリングやライドヘイリングでは、大気中の二酸化炭素排出量や道路の交通渋滞は減らないことになる。従って、化石燃料に依存しない交通手段をシェアドモビリティとして活用したり、車両を利用する際にも複数の需要を束ねて移動サービスを提供できるライドシェアを活用することで、問題の改善が期待されている。

③モビリティアズアサービス

Mobility as a Service（MaaS）という言葉は、2014年にフィンランドで初めて発表された[2]。公共交通機関、ライドシェア、カーシェアリング、バイクシェアリング、タクシー、レンタカー、リース、またはそれらの組み合わせなど、顧客の要望に応じた多様な交通手段をサービスとして提供するものである。ユーザーにとって、MaaS は、複数の発券・支払い操作の代わりに、単一のアプリケーションを使用して、単一の支払いチャネルでモビリティへのアクセスを提供することにより、付加価値を提供することができる。

国内では、「地域住民や旅行者一人一人のトリップ単位での移動ニーズに対応して、複数の公共交通やそれ以外の移動サービスを最適に組み合わせて検索・予約・決済等を一括で行うサービスであり、観光や医療等の目的地における交通以外のサービス等との連携により、移動の利便性向上や地域の課題解決にも資する重要な手段となるもの」とされている[3]。

例題

Q 自分の住むまちにはどのような交通環境上の問題があるのか調べてみよう。その上で、自分ならどのような交通工学的な提案ができるか考えてみよう。

注・参考文献

*1 国土交通省「運輸部門における二酸化炭素排出量」
https://www.mlit.go.jp/sogoseisaku/environment/sosei_environment_tk_000007.html
*2 Sonja Heikkila,"Mobility as a Service -A Proposal for Action for the Public Administration-", Aalto University School of Engineering,
https://aaltodoc.aalto.fi/bitstream/handle/123456789/13133/master_Heikkil?_Sonja_2014.pdf?sequence=1&isAllowed=y
*3 国土交通省「日本版 MaaS の推進」
https://www.mlit.go.jp/sogoseisaku/japanmaas/promotion/index.html

10
パブリックライフの計画

大阪・中之島公園のパブリックライフ （撮影：中村仁玲）

Q 人々が居心地よく過ごせる公共空間は どうすればできるのか？

都市は人々の生活の舞台である。特に公共空間で他者と直接的・間接的に関わりを持ちながら過ごす「パブリックライフ」は、都市に生きるうえで欠かすことのできないものだ。誰もが気軽に他者とふれあい、刺激を受け、都市のムードを交感するといった経験は、都市生活の持つ本質的な意味そのものである。しかし都市の機能分化に伴って、都市生活の時間と空間は分断され、豊かなパブリックライフを過ごすことは難しくなっている。

人々の生活の質を計画の起点におくことで、都市をもう一度、人間のために再編しなおしていくことができるのではないだろうか。もしくは空間の改変なしに、そこにある生活の質を向上させることはできないだろうか。このようにして再生された都市で、人々の生活が交じり合い、相互に関わりあうことで、ほんとうに居心地よく過ごせる公共間が生まれるはずである。

10・1　人間のための都市

1　都市計画の起点としての パブリックライフ

　近代都市計画の父の一人とされるパトリック・ゲデス（1854-1932）は、「われわれは都市の生命と市民について、またその内部関係についても探索せねばならない」[1]と述べ、都市そのものを生き物のように捉えるとともに、そこに暮らす市民との関係においてはじめて成り立つものであることを指摘した。1915年に著された『進化する都市』の副題は「**都市計画運動**（Town Planning Movement）と**市政学**（Study of Civics）への入門」とされ、Town Planning と合わせて Civics という考え方が提示されている。日本語では市政学と訳されているが、訳者の西村は「都市での市民や行政の活動を総合的に捉える学問分野でぴったりしたものがない」と述べており、Town Planning が都市の形態的な計画であるのに対して、Civics は都市の社会的側面を含んだ都市活動に関することを示している。このように、近代都市計画はその始源から都市を単なる形態論としてではなく、長い時間の中でそこに暮らす市民の社会的な営為が反映されたものとして理解する必要性が説かれていた。ゲデスの考えを引き継いだルイス・マンフォード（1895-1990）は、都市環境の原理を「公共的活動のために明解」[2]にすることの重要性を述べている。「社会機関やオープンスペースによる多様性と交流の促進」こそが都市の使命であり、都市計画は単なる空間の計画だけでなく「人々の計画」でなければならないとしている。

　パブリックライフとは、「私たちが外に出て目にすることができるすべての出来事のこと」[3]であり、公共空間で他者と直接的・間接的に関わりを持ちながら過ごす社会的な生活のことである。ゲデスやマンフォードの指摘は、人々の生活との関係のなかでどのように都市空間をマネジメントしていくかが問われている現在の課題意識とも重なる。パブリックライフから都市を計画するということは、都市を考える根源的な態度であると言える。しかしこのような考え方は都市計画の主流とはならなかった。これまでの都市計画には具体的な人間の生活は十分に描かれてこなかった。機能を重視した都市計画のなかで、都市全体の最適化が目指され、効率性や合理性に基づいた、車中心で画一的な空間形態の都市がつくられてきた。

2　人間のための都市づくり

　一方で、このような機能的な都市計画の考え方に疑問を投げかけた専門家も少なくない。

　ケヴィン・リンチ（1918-1984）は、『都市のイメージ』[4]において、市民が都市に対して抱くイメージは一人ひとりの「記憶と意味づけに満たされて」おり、それらの集合する「都市のデザインは時間が生み出す芸術である」と述べている。リンチは特に美しく、楽しい都市環境の形成には、都市がイメージされる可能性である「**イメージアビリティ**（Imageability）」が最も重要な条件であるとして、市民の大多数が共通して抱く心像としての「**パブリック・イメージ**」を対象に研究を進めた。そして、都市環境のイメージは、**アイデンティティ**（Identity）、**ストラクチャー**（Structure）、**ミーニング**（Meaning）の3つから成り立つとしたが、特に最初の2つは形そのものがもたらすものであり、これに集中してイメージアビリティを追求することに価値があるとして、都市の形態そのものが人の心に与える影響を強調した。いくつかの都市での調査の結果、都市のイメージ（図 10・1）は**パス**、**エッジ**、**ディストリクト**、**ノード**、**ランドマーク**の5つの要素によって捉えられていることを明らかにし、これらを用いた**イメージマップ**という地図化の手法によって都市の課題分析や改善を検討する方法を提案している。

　ジェイン・ジェイコブズ（1916-2006）は、より直接

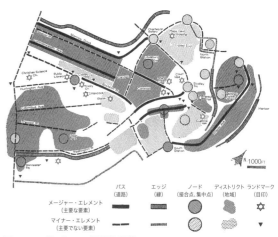

図 10・1　ボストンの視覚的形態（出典：ケヴィン・リンチ著・丹下健三・富田玲子訳『都市のイメージ』岩波書店、1968）

的に機能重視の都市計画を批判し、都市に住む人々の生活を取り戻す必要性を強く訴えた。彼女はモダニズムの都市計画理論によって自動車交通が都市を支配していくなかで、かつて偉大な都市とされていた都市が、死に絶えた都市となってしまうと警鐘を鳴らした[*5]。自らの住むマンハッタンのグリニッジ・ヴィレッジで起こる具体的な出来事をもとに、都市の問題を社会、経済、環境の包括的なアプローチで捉えた。そして、都市環境と社会生活が複雑に絡み合った関係が破壊されているとして、机上で標準的な枠に当てはめようとする都市計画に反対した。詳細な街の観察から、魅力的なコミュニティに共通する特徴として、①街路は狭く折れ曲がっていて一つのブロックが小さいこと、②様々な形態の古い建物と新しい建物が混在していること、③地区の機能が単一ではなく多様な用途があること、④人口密度が十分に高いことが重要だとした。

ウィリアム・H・ホワイト（1917-1999）もジェイコブズと同じようにジャーナリズムの立場から都市の問題を指摘した人物である。ホワイトはコマ撮り写真という手法を用いて、より客観的な都市の観察データを蓄積した。「ストリート・ライフ・プロジェクト」[*6]に代表されるように、ホワイトは人々の生活のための具体的な公共空間のつくり方に関する調査・提案を行った。このような研究を踏まえて、1975年にフレッド・ケントらによって、Project for Public Spaces（PPS）が設立された。PPSはニューヨークを中心とした数多くのプレイスメイキング（Placemaking）の実践を踏まえて、4つの特性からパブリックスペースにアプローチすることの重要性を説明している（図10・2）。その特性とは「アクセスとつながり」「快適性とイメージ」「使い方と活動」「社会性」である。これらそれぞれに対する定性的要素と定量的要素が示され、魅力的なパブリックスペースの評価を可能にしている。

バーナード・ルドフスキー（1905-1988）もニューヨークをはじめとするアメリカの諸都市が自動車交通へ傾倒していくことに警鐘を鳴らし、世界各国の街路の事例を用いてそこで営まれている豊かな生活文化を紹介し、人間のための街路の価値を提示している[*7]。地域計画協会は歩行者交通に関する基礎的な計測を積み重ねたうえで、徒歩交通需要の予測や歩行空間の必要面積を算定する方法を示し、全体的な都市計画の中で歩行者空間をどのように設計すべきかを示した。この

ように、1960年代のニューヨークは世界で最もモータリゼーションの影響を受けた都市である一方で、パブリックライフと都市計画の関係についての問題が提起された中心地でもあった。

パブリックライフ研究の学術的拠点の一つは、1970年代にUCバークレーで構築された。クリストファー・アレグザンダー（1936-2022）は、長い時間をかけて自然にできあがった都市は物理的要素が重なり合いながら集まるセミラティス構造を持つのに対して、短期間に計画的につくられた都市では、ツリー構造になっていることを指摘した[*8]。この理論を発展させ、人々が心地よいと感じる環境のパタンを抽出し、それらの組み合わせで、都市環境を構築しようとするパタン・ランゲージ[*9]を提案している。

ドナルド・アプルヤード（1928-1982）はジェイコブズが指摘した街路の価値について、そこでの社会活動を交通量との関係から実証的に分析した。街路の交通量に応じて、実際にそこで発生するコミュニケーションの量は大きく異なること（図10・3）を示した。また、クレア・クーパー・マーカス（1934-）は、住環境を中心にパブリックライフとパブリックスペースの相互作用について、社会的・心理的な側面から分析をした[*10]。

このようなアメリカでの人間のための都市を考える動きと並行して、デンマークにおけるヤン・ゲール（1936-）の実践的研究は重要な位置を占める。1971年に出版された『建物のあいだのアクティビティ』[*11]は、それまでにゲールがデンマーク王立芸術アカデミーを中心とした研究活動で取り組んできた成果を取り

図10・2　パブリックスペースを魅力的にする要素（出典：プロジェクトフォーパブリックスペース著・加藤源ほか訳『オープンスペースを魅力的にする』学芸出版社、2005）

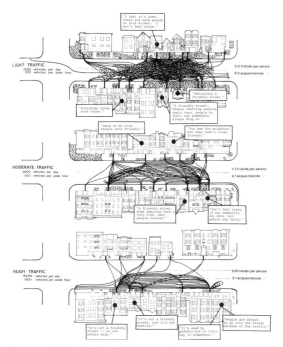

図 10・3　街路の交通量と社会的関係の量 （出典：Donald Appleyard, *LIV-ABLE STREETS*, University of California Press, 1981）

まとめたものである。パブリックライフを、**必要活動・任意活動・社会活動**に分けて捉え、物的環境の質との関係を論じている。特に、屋外環境の質が良好であれば、任意活動の発生率が上昇し、社会活動の量もそれに応じて増加することを指摘している。また、**パブリックスペースに求められる 12 の質的基準**（図 10・4）を明らかにし、交通や犯罪からの保護といった基盤的な質だけでなく、利用の快適性に加えて、良好な感覚体験等を通じた喜びの質の重要性が示されている。

　このようなパブリックライフの視点から都市環境の計画・設計を考えるスタンスは、世界各国に広まっていった。例えば、オランダのヘルマン・ヘルツベルハー（1932-）はパブリックとプライベートの生活欲求の調和や均衡を図ることや空間をつくり込み過ぎずに使われ方の多様性を確保することの重要性を指摘している[12]。

　1963 年にイギリス政府が発表した「都市の自動車交通」[13]いわゆるブキャナンレポートが、道路の明確な段階構成を示し、特に通過交通を排除する**居住環境地域**を提案して以後、道路空間でも歩行者の視点からの計画・設計手法が求められるようになった。ロベルト・ブランビラ（1939-）らは、世界の歩行者モールの事例から、交通計画としてだけでなく中心市街地の経済復興、環境改善、社会便益の視点から歩行者空間の必要

性を述べている[14]。

　これらの建設環境を主対象とした都市計画の流れに加えて、ランドスケープ・アーキテクチュアの分野では、都市環境における生活と自然環境の調和の問題を対象としてきた。1960 年代以降、都市化の急激な進展とあわせて、都市と自然との共生や建築とオープンスペースの関係によるトータルな環境形成の視点が指摘され[15, 16]、公園[17]や遊び場[18]を中心に自然との触れ合いや屋外レクリエーションの重要性が指摘された。特に子供にとっての都市環境における情操教育や健全な身体育成、コミュニケーションの場づくりの計画・設計技術が積み重ねられてきた。これらの視点は、時代を越えて都市におけるパブリックライフを考える普遍的な課題である。

　また、防犯の面からの空間の守りやすさもパブリックスペースにおける人間の生活の基盤を保持する重要な視点である[19]。

　このようなパブリックライフを重視した都市づくりの理論は、実際の都市でも展開されていった。なかでもブラジルの小さな地方都市クリチバでの人間を中心とした都市づくりの実践は世界に大きな影響を与えた。国際連合人間居住会議はクリチバを世界一革新的な都市と評価している。ジャイメ・レルネル（1937 ～ 2021）は、1964 年にクリチバ市のマスタープランのコンペに

図 10・4　パブリックスペースに求められる質的基準 （出典：ヤン・ゲール著・北原理雄訳『人間の街』鹿島出版会、2014）

対して、市民生活の質を向上させることを目標にした提案で最優秀案に選ばれ、1971年に33歳という若さで市長に就任した。花通りと呼ばれる目抜き通りの歩行者空間化をはじめ、経済的に貧しい都市でありながらも公共交通やごみ処理など、様々な都市の課題解決の中心に人の生活を据え、「都市は問題でなく、解決のためにある」と訴えた。後に、その手法をAcupuntura Ubana（**都市の鍼治療**）と名付け[20]、都市をよくするためには、細胞に刺激を与える鍼治療のように、人々の生活を生き生きとさせなければならないと主張している。

10・2 都市再生における パブリックライフ

1 人間性を取り戻すための都市再生

これらのパブリックライフを重視した都市計画の第一世代に対して、1980年代頃からは、グローバリゼーションの進展と合わせて、地球規模での環境問題への対応が求められ、都市の持続可能性や社会的責任に対する関心が高まるなかで人々の生活の改善を通じた都市環境の再生が目指されるようになる。

自動車中心の郊外住宅開発に対する批判から、アメリカを中心に「**ニューアーバニズム**」[21]と呼ばれるコミュニティやヒューマン・スケールといった視点から都市と人間の親和性を復興し、人々の魅力的なアクティビティを支えるための新しい都市づくりの動きが生まれた。1991年にピーター・カルソープ（1949-）らによって提唱された「**アワニー原則**」[22]は、自動車への過度な依存を減らすこと、生態系に配慮すること、人々が自ら居住するコミュニティに対する帰属意識や誇りを持てるようにすることが謳われている。

1997年に出版された『都市 この小さな惑星の』[23]でリチャード・ロジャース（1933-）は、地球規模での環境問題に対峙するために、**創造的な市民性**（Creative Citizenship）によって都市のサステイナビリティを高めていくことの重要性を指摘している。これを受けてイギリス政府がロジャースに依頼して設置したアーバン・タスクフォースは1999年に"Towards an Urban Renaissance"[24]という最終報告を発表した。コンパクトシティによって都市の持続性を高めるという目標が示

されたが、タイトルに「ルネサンス」と示されたとおり、その根底には人間性を再び取り戻そうという、都市再生の中心に人を置くことの重要性が主張された。同年にCABE（Commission for Architecture and the Built Environment）が、このような都市再生の趣旨を支援する専門機関として設立され、市民や自治体職員に向けた技術的な支援を実施することで、人々の心構えや振る舞い、そして価値観を変えることで、質の高い都市環境を評価し、支持していくような国民文化を創造していくことが目指された。

このような都市再生の動きは世界に広がっていった。2000年代以降の世界的なグローバリズムの進展と引き換えに、ますます均質化・規格化する都市環境に対して、各都市でその土地ならではの人々の生活に根づいた都市の価値を高めることは、都市再生におけるますます重要なテーマになっている。

2 小さなアクションからの都市再生

国策としてのトップダウン的な都市再生の流れとは全く異なった草の根運動として、都市生活の充実から都市環境を大きく変えようとする動きもみられる。例えば、2005年にサンフランシスコの路上ではじめられた"Park（ing)"（図10・5）と呼ばれる活動は、道路沿いのパーキングメーターを一時的に公園のように利用することで、車中心の都市空間を人間のためのものに取り戻そうとする実験的な試みである。この小さなチャレンジは、毎年9月の第3金曜日に世界中の都市で"Park（ing) Day"として同時開催されるようになるとともに、公的に車道を歩道化するサンフランシスコ市のパークレット事業に結実している。このようなポップアップの動きを短期的なものに終わらせるので

図10・5　Park（ing)（出典：Rebar Group, *THE PARK（ing) DAY MANUAL*, 2009）

はなく、長期的な変化を意図したアクションとして捉えることで都市計画に人々の生活の変化を取り込むことは可能である。このような都市の情況の変化の生み出し方は「**タクティカル・アーバニズム**」[25]と名付けられ、小さなアクションを大きな都市の変化につなげることの重要性が認識されるようになった。

このような人々の生活のための小さなアクションを都市の大きな施策に結び付けた最も重要な事例のひとつがニューヨークにおける道路空間の再編である。2002年にマイケル・ブルームバーグ（1942-）がニューヨーク市長に就任すると、2007年に長期計画"PlaNYC"が発表され、市民の生活の質を高めることを分野横断の最重要のテーマに掲げた公共事業の方針が示された。特に道路空間は歩行者のために大きく再配分され、当時の道路局長であったジャネット・サディク＝カーン（1960-）のリーダーシップのもとにタイムズスクエア（図10・6）をはじめとする多くの歩行者空間が生み出された。スピーディーな社会実験によって人々の共感を集め、都市のムードを一変させることに成功している。

このような道路空間を歩行者空間へ再配分する動きは、パリのセーヌ川沿いの道路を砂浜にする「**パリ・プラージュ**」やバルセロナの複数の街区を単位としてその内部への自動車の乗り入れを制限する「**スーパーブロック**」事業などにも見られ、都心部の車のための交通空間から人間のための滞留空間を生み出すことが都市再生のひとつの重要なコンテンツとなっている。

このような道路空間の再配分の動きに連動して、2012年にジェフ・スペックによって『**ウォーカブルシティ**』[26]が著され、アーバン・タスクフォースが掲げた**コンパクトシティ**とあわせて、中心市街地再生の

図10・7　パブリックライフの変遷（出典：ヤン・ゲール・ビアギッテ・スヴァア著、鈴木俊治・高松誠治・武田重昭・中島直人訳『パブリックライフ学入門』鹿島出版会、2016）

一つの大きな都市環境の目標となっている。歩いて暮らせる都市のためには、車から人へ再配分された道路空間の基盤が整っているだけではなく、いかに歩きたくなる魅力が生み出されているかが重要となる。

このような人間のための空間を取り戻すアクションは、都市に自然を取り戻すことで人間の快適な生活環境を取り戻すこととも親和性が高い。また、近年ますます重要性が高まる自らの環境のあり方を自らが決定していくという、デモクラシーの問題とも深く関わる。ランドルフ・T・ヘスター（1944-）は「**エコロジカル・デモクラシー**」[27]という考えを提示し、人間も含めた都市の生態系と民主主義的な市民の社会活動とが相互に関係を持ちながら発展していくことに可能性があるとしている。

このような都市再生における人間の生活の質の向上の取り組みの蓄積のうえに、パブリックライフを都市計画にどのように実装するかは、ますます重要な課題となっている。ヤン・ゲールは20世紀初頭にパブリックスペースで行われていた必要に迫られた行動に対して、近年は積極的なパブリックライフが生まれており（図10・7）、そのためにはより質の高い都市空間が必要であることを指摘している。

10・3　日本における　　　　パブリックライフ

1　まちづくりの誕生と展開

日本におけるパブリックライフの都市計画への反映を考えると、1970年代の「**まちづくり**」の芽生えをそ

図10・6　タイムズスクエアの歩行者空間化（出典：Janette Sadik-Khan, Seth Solomonow, *STREET FIGHT*, VIKING, 2016）

の端緒と考えることができる。1960年代の高度経済成長期の負の側面として公害問題に代表されるような身近な生活環境が脅かされる情況に対して、生活者の批判的な態度や運動が生じた。

　近年では、少子高齢化の進展や地方分権化の動きの中で、市民が主体的に身の周りの環境に働きかけ、地域を主体的に運営していこうとする活動は、生活そのもののあり方が見つめ直されるきっかけともなっている。一定の社会基盤が担保されているなかで、生活のニーズはますます多様化・複雑化しており、行政だけで対応することの難しい課題に対して「**ラストワンマイル**」と言われる現場での細やかな対応をすることが市民の活動に期待されている。このようなまちづくりの動きは、まさにパブリックライフのあり方を環境とセットで提案・改善しようとする取組みへの展開と捉えることができる。

2　官民連携による公共空間の活用

　一方で、高度経済成長期以降、**国土の均衡ある発展**をめざしてきた都市計画は、2000年代以降は、世界の動向に呼応して**都市再生**へと大きく舵を切ってきた。2002年に閣議決定された都市再生基本方針の最初に掲げられた「都市再生の意義」には、「経済再生の実現」や「不良債権問題の解消」が強調され、人々の生活のための都市再生という趣旨は感じられない。「**選択と集中**」という考え方のもと、社会資本の整備はより経済的に効果のあるものへと集中されていった。

　このような都市再生の動きの中で、公共空間の活用はますます重要な意味を持つようになっている。これまで量的な目標を掲げて整備を進めてきた社会資本を今後は官民連携のもとで経済効果を生み出しながら、より多様な価値を生み出すようにマネジメントしていくことが求められている。公共空間のマネジメントに対する批判は大きく2つに分けられる* 28。ひとつは公共空間が過剰に管理されすぎているというものであり、もうひとつは公共空間がうまく運営されていないというものである。いずれもパブリックライフの充実を通じた生活の質の向上が重要な指標となる。

　これらの批評に対して、自由な利用を過度に制限してきた公共空間の規制を緩和して、民間による利活用を進めることで、うまくマネジメントをしてもらおうという方向へのシフトが進んでいる。公共空間のなか

でも、河川空間は規制緩和によって管理運営のしくみが大きく変わった。2011年に河川敷地占用許可準則が見直され「都市及び地域の再生等のために利用する施設」に係る特例措置が追加され、これまでの治水や利水のための河川という考え方に加えて、水辺空間を活かした魅力あるまちづくりに寄与する多様な利用の促進を図ることが可能となった。特に大阪は2001年に「水都大阪の再生」が都市再生プロジェクトに位置付けられて以降、水辺空間の利活用に関する先導的な社会実験を繰り返し、北浜テラスをはじめとする河川空間の民間主体による利活用の実践事例の成果を数多くつくり出してきた。また、2013年に新しい水辺活用の可能性を切り開くための官民一体の協働プロジェクトとしてはじめられた「ミズベリング」の展開は、水辺を「つくる」だけでなく水辺やその周辺地域を「つかいこなす」ことに重点をおいた取組みであり、水辺空間の生活像の更新に大きな影響を与えている。

　都市公園については、2016年に新たな時代の都市マネジメントに対応した都市公園等のあり方検討会の最終とりまとめが公表され、「ストック効果をより高める」「民との連携を加速する」「都市公園を一層柔軟に使いこなす」といった方針が示された。翌2017年には都市公園法が改正され、**公募設置管理制度**（P-PFI）の創設をはじめとする官民の連携を支える制度改正がなされた。民間主体が公園をマネジメントすることによって、財政負担が軽減されるばかりでなく、利用者の新しい公園での生活像が生まれることが期待される。

　道路については、2000年代頃からオープンカフェなどの社会実験が各地で行われたこと等をきっかけに2005年に「道を活用した地域活動の円滑化のためのガイドライン」が定められ、道路占用の見直しが進められてきた。2020年には道路法が改正され、**歩行者利便増進道路**という歩行者が安心・快適に滞留できる空間を整備するための制度が創設された。これによって、これまで専ら通行のための空間であった道路が賑わい創出のための滞留空間としても捉えられるようになり、ストリートでの新しい生活が生まれつつある。

　今後は、このように別々に規制緩和が進んできた各種の公共空間を生活のためのひとつながりの空間として捉え、官民連携でトータルにマネジメントしていくための仕組みや体制づくりが求められる。

10・4　パブリックライフの計画

パブリックライフから都市を計画するためには、公共空間のデザインと啓発活動（Edification）、そして評価（Evaluation）の3つのアプローチが考えられる。

1　パブリックライフを支えるデザイン

実際の公共空間での人々のふるまい方や周辺環境との関係を実測調査することで、「ふるまいの寸法」（図10・8）を集積していく取り組みが進められている。これまでは家具や設備といった物と生活との関係で捉えられてきた寸法を都市での生活と公共空間の関係にまで拡大して捉えることで、パブリックライフから公共空間をデザインするための基礎的な見識が共有されつつある。

また、ランドスケープの分野では公共空間を市民が能動的に使いこなすための設計プロセスからディテール、さらには運営体制までを含めたトータルなデザインの検証が行われている（図10・9）。これらの蓄積によって、公共空間のデザインにおいて、空間の変化に生活が追い付けないというギャップをなくし、その場に相応しいパブリックライフを想定したうえで、それに対応した公共空間のデザインが可能になっている。

2　パブリックライフを生み出す活動

新しいパブリックライフを生み出すためには、それを促進していくためのソフト面からのサポートを担う組織が不可欠である。都市再生特別措置法に基づいて市町村が指定する都市再生推進法人には、このような

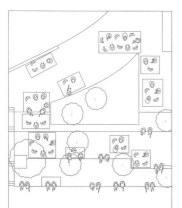

密度：1.0～2.0人/m²
花見などのレジャーシートの上で少し詰めて座ることができる。または、ゆったりとした劇場の客席。長期にわたって人間を収容する密度の限界である。

図 10・8　ふるまいの寸法（出典：日本建築学会『コンパクト建築設計資料集成 都市再生』丸善（2014））

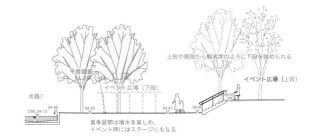

上段や階段から観客席のように下段を眺められる
イベント広場（上段）
平板舗装
イベント広場（下段）
水路①
夏季昼間は噴水を楽しめ、イベント時にはステージにもなる

図 10・9　パブリックスペースの断面（出典：忽那裕樹・平賀達也・熊谷玄・長濱伸貴・篠沢健太『図解パブリックスペースのつくり方』学芸出版社、2021）

役割が期待される。行政と地域の関係主体の間を取り持ち、まちなかの交流創出やまちづくりに関する情報発信の機能を発揮することが目指されている。

また、豊かなパブリックライフを成立させるためには、人々の公共空間への働きかけが不可欠である。それぞれの主体が自分のこととして都市を考えることができれば、そこでの生活は自ずと魅力的なものになっていく。さらに自分の生活が他者の生活を豊かにするような相互作用も期待できる。**シビックプライド**とは市民の都市に対する自負のことである[*29]が、このような都市に対する前向きな気持ちがなければ、豊かなパブリックライフは生まれてこない。シビックプライドを育むためには、都市と人とのコミュニケーションの質を高めるための空間や情報のデザイン戦略によって市民の気持ちに働きかけることが必要である。

市民が主体的なパブリックライフを育む素養を身につけるための啓蒙につながる活動も重要である。2002年に設立された東京ピクニッククラブは、公共空間のマネジメントの課題にもまして、それを使うユーザー側の創造性の乏しさがあることを指摘し、個人のスキルとして「**ピクニカビリティ**」の向上を訴えている（図10・10）。誰もがピクニックを通じて自分の都市に参加する方法を考えようという「Think Your Own Picnic！」をスローガンに活動をしている。その爽やかでユーモアに溢れる態度は、パブリックライフの生み出し方の姿勢を問うものでもある。

他にも、まちなか広場の整備と管理運営の望ましいあり方についての情報共有の場をつくっている全国まちなか広場研究会や公共空間の活用事例についてのレビューや表彰を行う一般社団法人国土政策研究会公共空間の「質」研究部会、公共空間に関する様々な情報発信・交流のメディアプラットフォームを担う一般社

01

ピクニックは社交である。
形式張らない出会いの場と心得るべし。

04

ピクニックに統一性を求めてはならない。
思い思いに場を共有する緩い集まりである
べきである

05

ピクニックにホストはない。
全ての人が平等な持ち寄り食事が原則である。

14

野営はピクニックには含まれない。
ケンカをしても恋に落ちても、
とりあえず帰路につくべし。

図 10・10　ピクニックの心得　(出典：東京ピクニッククラブ『Picnic Papers 0』新風舎、2003)

団法人ソトノバ、うまく使われていない公共空間を使いたい人や企業とマッチングする公共 R 不動産、マーケットでまちを変えようとする鈴木美央らなどが、パブリックライフから都市を変えていくための啓蒙活動を展開している。

3　パブリックライフの効果を捉える評価

どのような空間でどのようなパブリックライフが実現しているのかを正しく理解することは、魅力的なパブリックライフを生み出していくための不可欠な情報である。マーク・H・ムーアは経済性に代わる公共の利益として「**パブリックバリュー**」*30 という考え方を提唱している。これまでの都市計画の多くは、パブリックグッズ（公共財）の提供を目標として、その整備効率を重視してきたが、パブリックバリューの考え方を導入することで、サービス向上のための自由で新しいアイディアが評価されるようになる。

公共空間の効果は 3 つに区分することができる（図10・11）。1 つ目はその空間が存在するだけで、効果を発揮する「**存在効果**」である。防災や環境保全など、公共空間が持つ最も基盤的な効果であり、そこに空間が存在することそのものによって担保される効果である。2 つ目はその空間を人々が利用することではじめて効果を発揮する「**利用効果**」である。休息や遊びといった日常的な利用によってもたらされる効果に加えて、医療や学習といった特定の目的を持った利用によっても、さまざまな効果が発揮される。多様なパブリックライフが実現されていればいるほど、公共空間の

効果は高まると言える。さらに、公共空間の効果は、その空間の内（オンサイト）だけにとどまるものではなく、空間の外（オフサイト）でも発揮される。コミュニティの再生をはじめ、地域経済への波及効果なども含めた空間の外で幅広く発揮される効果のことを「**波及効果**」と言う。この媒介効果を高めるような空間を計画することができれば、パブリックライフは都市に大きな影響を及ぼす。これまでの都市計画でも、空間内で発揮される存在効果や利用効果については十分に意識されてきたが、これからはその空間を媒体とした波及効果についてもプランニングに取り入れていくことが求められる。

鈴木毅は個人が公共空間にどのように居ることができるのか、そのとき周囲の環境とどのような関係を取っているのかという「**居方**」から都市を見ることで、その課題や可能性を明らかにしようとしている。そのひとつは他人がそこに居ることの意味である。公共空間に他者が居ることで他者と環境との関係が自分にとっての環境の一部にもなる。その居合わせ方には、コミュニケーションを発生させやすいソシオペタル型から、直接的な関係に乏しいソシオフーガル型までが存在するとしている。さらに、このような人の居方から公共空間のセッティングタイプを特定したうえで、他者を他者として認識できる自律した個の共存する居方が不可欠であると主張している（図10・12）。

最後にパブリックライフと公共空間との関係性を捉えると、生活の主体性と空間のデザイン力によってつくられる「**個性**」、生活の主体性と空間の包容力によってつくられる「**場所**」、生活の多様性と空間のデザイン力によってつくられる「**共感**」、生活の多様性と空間の

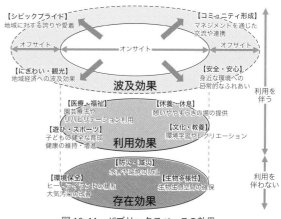

図 10・11　パブリックスペースの効果

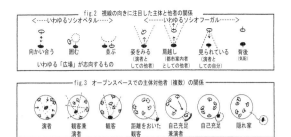

fig.2　視線の向きに注目した主体と他者の関係

fig.3　オープンスペースでの主体対他者（複数）の関係

fig.4　人の居方からみた公的空間のセッティングタイプ

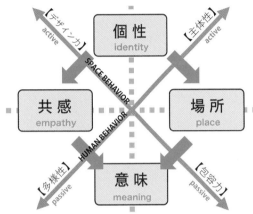

図10・12　主体と他者との関係を居方からみた公共空間セッティング
（出典：鈴木毅・高橋鷹志「都市の公的空間における〈居方〉の考察」『日本建築学会大会学術講演梗概集（北陸）』pp.719-720、1992）

図10・13　パブリックライフとパブリックスペースの関係

包容力によってつくられる「意味」の4つの視点が考えられる（図10・13）。これらをバランスよく持つことでより多様なパブリックライフとそれを支える公共空間のあり方を考えることができる。

　ヤン・ゲールは「パブリックライフの捉え方が都市計画の重要な尺度のひとつである」と述べた上で、それは「予測不可能で、複雑で、はかないもの」だとしているが、そのような「人間に焦点を当てることが、都市を訪問し、住み、働くのに本当によい都市にするための必須条件」[3]なのだと言える。パブリックライフから都市を計画することは、官主導のトップダウンでも民主導のボトムアップでもない、もう一歩先の、専門家と市民の持続可能な協働によってつくられる都市空間とそこでの人々の生活の質の向上を実現するための新しい都市計画のアプローチである。

例題

Q　まちに出かけて、豊かなパブリックライフを実践

してみよう。どこでどのように過ごすのか、そのためにどんな準備が必要か考えてみよう。そこで過ごしている人びとをよく観察し、恥ずかしがらずにコミュニケーションをとってみよう。

注・参考文献

＊1　パトリック・ゲデス著・西村一朗訳『進化する都市—都市計画運動と市政学への入門』鹿島出版会、2015
＊2　ルイス・マンフォード著・生田勉訳『都市の文化』丸善、1955
＊3　ヤン・ゲール、ビアギッテ・スヴァア著、鈴木俊治・高松誠治・武田重昭・中島直人訳『パブリックライフ学入門』鹿島出版会、2016
＊4　ケヴィン・リンチ著・丹下健三・富田玲子訳『都市のイメージ』岩波書店、1968
＊5　ジェイン・ジェイコブス著・山形浩生訳『アメリカ大都市の死と生』鹿島出版会、2010
＊6　William H. Whyte "The Social Life of Small Urban Spaces" Project for Public Spaces, 1980
＊7　バーナード・ルドフスキー著、平良敬一・岡野一宇訳『人間のための街路』鹿島出版会、1973
＊8　クリストファー・アレグザンダー著、稲葉武司・押野見邦英訳『形の合成に関するノート/都市はツリーではない』鹿島出版会、2013
＊9　クリストファー・アレグザンダー著、平田翰那訳『パタン・ランゲージ』鹿島出版会、1984
＊10　クレア・クーパー マーカス、キャロライン フランシス著、湯川利和・湯川聰子訳『人間のための屋外環境デザイン』鹿島出版会、1993
＊11　ヤン・ゲール著、北原理雄訳『建物のあいだのアクティビティ』鹿島出版会（2011）
＊12　ヘルマン・ヘルツベルハー著、森島清太訳『都市と建築のパブリックスペース』鹿島出版会、1995
＊13　コーリン・ブキャナン著、八十島義之介・井上孝訳『都市の自動車交通』鹿島出版会、1965
＊14　ロベルト・ブランビラ、ジャンニ・ロンゴ著、月尾嘉男訳『歩行者空間の計画と運営』鹿島出版会（1979）
＊15　ジョン・オームスビー・サイモンズ著、久保貞ほか訳『ランドスケープ・アーキテクチュア』鹿島出版会、1967
＊16　ガレット・エクボ著、久保貞ほか訳『アーバンランドスケープデザイン』鹿島出版会、1970
＊17　ベン・ホイッタカー、ケネス・ブラウン著、都市問題研究会訳『人間のための公園』鹿島出版会、1976
＊18　アレン・オブ・ハートウッド卿夫人著、大村虔一・大村璋子訳『都市の遊び場』鹿島出版会、1973
＊19　オスカー・ニューマン著、湯川利和・湯川聰子訳『まもりやすい住空間』鹿島出版会、1976
＊20　ジャイメ・レルネル著、中村ひとし・服部圭郎訳『都市の鍼治療』丸善、2005
＊21　ピーター・カルソープ著、倉田直道・倉田洋子訳『次世代のアメリカの都市づくり—ニューアーバニズムの手法』学芸出版社、2004
＊22　川村健一・小門裕幸『サステイナブル・コミュニティ』学芸出版社、1995
＊23　リチャード・ロジャース、フィリップ・グムチジャン著、野城智也・手塚貴晴・和田淳訳『都市 この小さな惑星の』鹿島出版会、2002
＊24　The Urban Task Force, *Towards an Urban Renaissance*, Routledge, 1999
＊25　Mike Lydon・Anthony Garcia, *Tactical Urbanism*, Island Press, 2015
＊26　Jeff Speck, *WALKABLE CITY*, North Point Press,（2012）
＊27　ランドルフ・T・ヘスター著・土肥真人訳『エコロジカル・デモクラシー』鹿島出版会（2018）
＊28　マシュー・カーモナ、クラウディオ・デ・マガリャエス、レオ・ハモンド著・北原理雄訳『パブリックスペース』鹿島出版会（2020）
＊29　シビックプライド研究会『シビックプライド』宣伝会議（2008）
＊30　Mark H. Moore, *Recognizing Public Value*, Harvard University Press, 1995

11

防災・復興まちづくり

東日本大震災の被災（著者撮影 2011.4.10）　　　　神戸市灘区の被災（提供：神戸市）

Q　災害に安全な社会となるために、都市計画や
　まちづくりはどのような役割を果たすのか？

すまいの起源をたどると、そこには人間の「生命の安全」を求める本能的感覚をみることができる。やがて集落ができ、まちができ、都市へと発展していく中で、わたしたちは快適性や経済性、効率性といった安全以外のさまざまな価値基準を持ちながら空間を計画してきたといえる。しかし、世界全体で都市化が進み、また災害の激甚化が指摘される中で、人間が災害とのバランスを保つには、より高度な計画手法を用いなければならない時代となってきている。日常および非日常の災害リスクを見据えて，都市計画やまちづくりはどのような役割を果たすのだろうか？

11・1 都市と災害の歴史

1 都市の発展と災害

都市の発展を語る上で、災害との関係を切り離すことはできない。古代文明の成立後、さまざまな記録を紐解けば、人々が集まり集住した場所において、火山噴火、津波、地震などの自然現象により多大な被害が発生している*¹。その後、都市が成立し、今や全世界に都市化が及んでいる。このような都市の発展とともにわたしたちは災害の危険を内在化させつつ、一方で対策を建築・都市空間に組み込むようになってきた。

近代の都市計画史において有名な事例は 1666 年ロンドン大火後の復興計画*² である。建築家クリストファー・レンが中心となり作成した復興計画はその大半を実行できなかったが、「**再建法**」の制定による**不燃都市**の実現や防災を主目的とした壮大な都市計画案が、後の世界の都市計画や災害復興計画に影響を及ぼした（図 11・1）。その他、リスボン地震（1755 年）、シカゴ大火（1871 年）、サンフランシスコ地震（1906 年）など、大規模な都市火災および復興事例は、その時代の都市の災害危険性を再認識させるとともに、新たな都市空間構築の実践の場となることで、災害対策と建築・都市計画の関係を強化するものになった。

同時期、日本国内でも都市大火がたびたび生じている。江戸時代に発生した**明暦の大火**（1657 年）は、当時の都市域の 3 分の 2 を焼失させ、多くの死者が発生した。この大火を契機として、屋敷や寺社の移転、火除地や広小路の計画的配置等の防災対策が行われるようになったが、その後も建築物の可燃性と密集性は解消されず、**明和の大火**（1772 年）、**文化の大火**（1806年）など繰り返し都市大火が発生した。また江戸以外の京都、大阪及び各地で大火の記録が残っており、当時の日本では都市大火対策が不十分であったことがわかる。

2 関東大震災復興と戦災復興

関東大震災（1923 年）は、東京都心部や横浜市を中心として、地震・火災・津波等により多くの都市・集落が壊滅的な被害を受けた災害である。この時期は、本格的な都市計画制度の確立を目指し都市計画法を施行した時であり、関東大震災復興は災害復興としてだけでなく近代的な都市計画を実践した大事業であった。

この「**帝都復興計画**」は、後藤新平を中心とする復興院により原案が示され、最終的に規模は大幅に縮小されたものの、東京および横浜にて大規模な土地区画整理事業の実施、街路整備、防火地区設定、不燃建築物群の建築、大公園および小公園の整備がなされた（図 11・2）。これらにより、一定程度の都市防災対策を実現し、その後の日本の都市防災計画の礎となった。

また**戦災復興**（1945 年〜）は、太平洋戦争の空襲により被災した全国の都市に大規模な復興都市計画事業を実施したものである。国に「戦災復興院」が設置され、復興指針に基づき、関東大震災復興同様に**土地区画整理事業**を基本手法として、広幅員街路の整備、公園・緑地帯の設置等が実施された。これにより東京・横浜の都市防災計画技術が、土地区画整理事業手法とともに全国に展開されたことから、日本全体の都市計

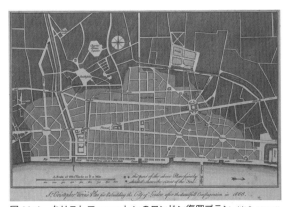

図 11・1　クリストファー・レンのロンドン復興プラン（出典：http://www.bl.uk/onlinegallery/onlineex/crace/s/largeimage88327.html）

図 11・2　帝都復興計画事業図（出典：災害教訓の継承に関する専門調査会、「1923　関東大震災　【第 3 編】（参照 2021-10-19）
http://www.bousai.go.jp/kyoiku/kyokun/kyoukunnokeishou/rep/1923_kanto_daishinsai_3/pdf/5_v1_chap1.pdf）

画事業の推進に大きな影響を及ぼしたといえる[*3]。

3 伊勢湾台風と災害対策基本法

戦後の高度成長期に入ると、国内の自然災害被害は減少したが、伊勢湾台風（1959年）により大規模な風水害被害が全国で発生し、当時戦後最多の死者を出す災害となった。これを契機に日本の総合的な防災対策を定めた**災害対策基本法**（1961年）が成立し、以後、災害対策の中心的な制度枠組を担っている。また、気象観測および警報などの伝達技術の高度化、治山治水事業の総合化など、気象災害や高潮および河川災害への対策が推進され[*4]、以後国内の風水被害は劇的に減少した。

4 阪神・淡路大震災と東日本大震災

一方で東京を中心とした密集市街地の都市火災課題はなかなか解消されず20世紀後半に至った。**阪神・淡路大震災**（1995年）は、震度7を記録した都市直下型地震であり、多数の住宅等構造物の破壊、都市大火の発生、インフラ・ライフライン被害により多くの人命が失われた。また被害対応や地域回復も困難を極め、さらに被害を拡大させた。いわば高度に発展した都市・地域が持つ地震災害への脆弱性を顕わにした災害であった。これを機に、都市計画面では建築基準法改正や密集市街地対策および建物耐震化推進対策の法制度化がなされた。また都市復興計画手続きの混乱、住民不在の都市計画、住宅再建の困難、生活再建支援の必要性などが課題となり、物理的な都市再建や防災対策の推進だけでなく、まちづくりをベースとした住民主体の活動や支援のしくみの構築といった復興対策を実践する災害となり、現在の防災・復興まちづくりの手法への転換点となったといえる。

東日本大震災（2011年）は、M9クラスの巨大地震を端緒とした複合型広域大規模災害であり、特に東北沿岸部の激甚な津波被害、福島第一原子力発電所事故による放射能汚染被害は、低頻度大規模災害のリスクと居住の関係性など、これまでの都市計画と防災対策に対して多くの課題を投じている。

11・2 災害危険度と防災まちづくり

1 災害対策の考え方

都市計画やまちづくりにおいて防災対策を実行するためには「災害に正しく備え、うまく付き合う」姿勢が重要である。防災対策には、多様な視点、多様な段階、多様な対策があることを理解し、日常のまちづくりに組み込んでいくことが求められる。このような災害対策を説明する考え方（フレーム）として代表的な2つを示す。

・**災害対策サイクル**

アメリカ危機管理庁の計画策定時に用いられている「災害対策サイクル」は、発災する前後の災害対策を、**「防ぐ」「準備する」「対応する」「回復する」**に分類し、これらを1サイクルとして地域社会の防災力を高めていく過程を説明している。図11・4は各分類に災害対策の一例を示したものである。日本の防災計画の基本項目にもこの構図が使用されている。

・**ハザードと脆弱性**

災害被害を説明する構図として、ハザード（加害力）と脆弱性（地域力）の関係が示された（図11・5）。災害被害を自然現象の外力だけでなく、地域社会の持つ物理的環境や社会的特性との関係により定義す

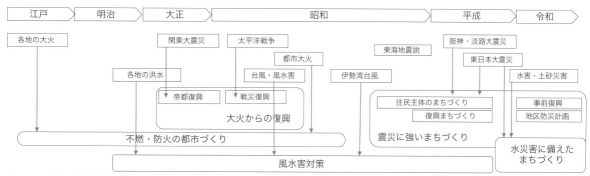

図11・3　日本の都市防災・防災まちづくりの変遷イメージ（出典：都市防災実務ハンドブック編集委員会『震災に強い都市づくり・地区まちづくりの手引』、p5、ぎょうせい、2005を元に筆者加筆）

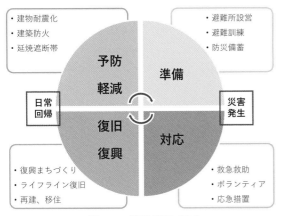

図 11・4　災害対策サイクル

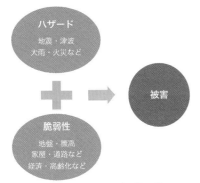

図 11・5　ハザードと脆弱性の構図

るものである。これは都市計画・まちづくりの手法
と親和性が高いため、多くの現場で用いられている。
近年はハザードに発生確率を、脆弱性に曝露量（危
険にさらされる量）を考慮したものが、マクロな災
害リスク評価手法として使用されている。

2　災害危険度評価

　都市の災害危険度（リスク）を評価する方法は、対
策主体や利用目的によってさまざまである。以下、代
表的な危険度評価手法を災害別に整理する。

・火災リスク

　日本で歴史的に都市計画対策が実行されてきた災害
は火災である。そのため都市大火を対象とした予測・
評価研究の蓄積があり政策利用もされてきた。
　現在も火災危険度評価が都市計画や防災まちづくり
で活用されており、例えば地区の建築物と空地の関
係を用いた**不燃領域率**がある（図11・6）。また、国土
交通省の「まちづくりにおける防災評価・対策技術の
開発」で提唱された延焼抵抗率や延焼シミュレーシ
ョン、避難・救出救護・消火活動の評価手法などは実
行可能な支援システムとして提供されている[5]。

・水災害リスク

　近年、都市計画やまちづくりにおいて水災害リスク
を扱う方法が提示されている。市町村には、水害ハ
ザードマップの公表が義務づけられ、住民の防災ま
ちづくり情報として利用されており、また企業等は
新規立地計画やBCP作成の際に災害リスクと対策
の費用対効果を評価するようになっている。水災害
リスク評価の特徴は、ハザードの年超過確率と被害

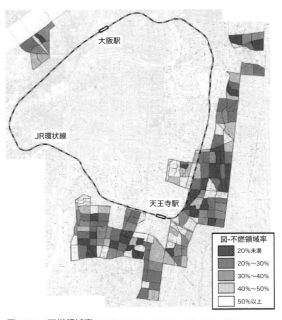

図 11・6　不燃領域率（出典：大阪市「大阪市の密集市街地の現状について
（不燃領域率）」2007（参照 2021-10-19）https://www.city.osaka.lg.jp/contents/wdu160/data/1-2-3_03. pdf）

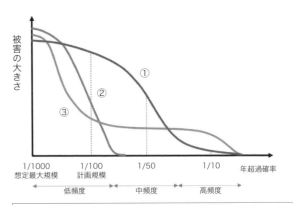

①中頻度〜低頻度で大きな被害を受けるおそれのある地域のリスクカーブ
　例：河川の氾濫により浸水被害を受けるが、内水被害は受けにくい地域
②低頻度で甚大な被害を受けるおそれのある地域のリスクカーブ
　例：河川整備等が進み、頻度の高い浸水の一定の治水安全度が確保されている地域
③高頻度と低頻度で被害を受けるおそれのある地域のリスクカーブ
　例：河川整備等が進み、外水氾濫による安全度は確保されているが、排水不良によ
　る内水被害を受けやすい地域
※①〜③のどの地域も堤防が決壊した場合は、甚大な被害の恐れがある。

図 11・7　地域の水災害リスクの構造のイメージ（出典：国土交通省都
市局、水管理・国土保全局、住宅局「水災害リスクを踏まえた防災まちづくりガイ
ドライン」、2021（参照 2021-10-19）https://www.mlit.go.jp/report/press/content/001406357. pdf）

規模によりリスクを捉える点にあり、対策費用や対策完成年数を踏まえ防災まちづくり計画に反映される（図11・7）。

・地震リスクと地震被害想定

地震発生を予測することは非常に難しいが、現時点で可能な範囲でリスク評価を計算した情報が公開されている（例：確率論的地震動予測地図[*6]）。また国や地域全体に甚大な影響を及ぼす地震災害については被害想定を実施しその結果を公表している[*7]。これは極めて低い頻度だが、社会に重大な影響を及ぼす地震や津波を対象として、被害発生の連鎖シナリオを立て、物理被害および社会被害の推計を行い、地域への影響度・深刻度を定量化する試みである。

3　防災計画制度と防災まちづくり

日本では災害対策基本法に基づき、国・省庁・地方自治体等で防災計画を作成することが定められている。**防災基本計画**とは、政府の防災対策に関する基本的な計画である。また**地域防災計画**は、国の防災基本計画を基として、地域の実情に即して都道府県および市町村により作成される計画である[*8]。

地域防災計画の内容は、行政組織の災害対応業務の記述が中心となっている。課題として長期的な総合計画や都市計画マスタープランと連携が図られていないことが指摘されており、都市計画やまちづくりの防災対策は、むしろ市街地整備計画との関係が強い。しかし東日本大震災後に策定された「防災都市づくり計画作成指針」では、地域防災計画と都市計画マスタープラン、総合計画との関係強化が提示されている[*9]。また2013年の災害対策基本法の改正により、地区居住者等が行う自発的な防災活動に関する計画（地区防災計画）が市町村地域防災計画に位置づけられるようになり、まちづくりレベルの防災計画や防災活動の必要性および重要性が増している。

4　防災まちづくりの視点

住民主体のまちづくりにおいて「防災」がテーマとなることが多い。その理由は、①災害リスクはまちの課題として住民間で共有しやすい（共有性）、②対策のため継続的かつ長期的にまちづくりを実施する（連続性）、③火災や水害において集団対策の必要性が認識されやすい（協働性）、④集団対策として共有空間利用や公共空間の計画に繋がりやすい（公共性）、が挙げられる。

(1)自助・共助・公助

災害への備えの実行主体を捉えて、自分自身や家族で身の安全を守ることを「**自助**」、国や地方自治体、公的機関による救助や援助、対策を実行することを「**公助**」、地域や身近にいる人、近隣の人たちで助け合うことを「**共助**」と整理されている[*10]。

防災まちづくりの視点では、安全の役割を担うのは「自助」と「公助」が主であり、「共助」が補完的になる。しかし災害リスクは地域によって異なることから、地域に適した防災まちづくりを行うためには、共助的な対策を高めていくことが重要である（図11・8）。

(2)ハードウエア、ソフトウエア、ヒューマンウェア

災害への備えの要素を捉えて、主に防御の役割を担う物理的要素である「ハードウェア」、準備・対応力を高めるしくみやルールづくりといった無形要素である「ソフトウェア」、双方を実現する知識や能力を持つ人間的要素である「ヒューマンウェア」で整理できる[*11]。防災まちづくりでは、これらを組み合わせたまちづくりが求められる。

(3)防災まちづくりの担い手

住民組織の中に自治会とは別に自主防災組織がある。「自分たちの地域は自分たちで守る」という自覚、連帯感に基づき、自主的に結成する組織であり、災害対策の予防や軽減の活動を地域で行う組織となっている。これは地域の「共助」の中核をなす組織であり、防災まちづくりにおいても主体的な役割を担うことが多い。さらに消防団や水防団、民生委員や福祉関係者、企業

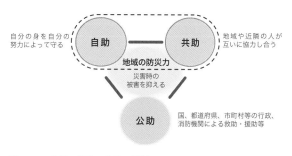

図11・8　自助・共助・公助の関係（出典：総務省消防庁「自主防災組織の手引き—コミュニティと安心・安全なまちづくり—」、2017 https://www. fdma. go. jp/mission/bousai/ikusei/items/bousai_2904. pdf（参照 2021-12-25））

団体なども欠かせない担い手となっている。

(4)防災まちづくりの手法

　防災まちづくりは、住民が日常利用する地域空間において、災害をイメージし、災害危険性を把握すること、災害時に利用可能な資源を把握することが重要であり、またこれらの課題を共有し、対策を考えることが必要である。その方法として「まちあるき」「図上訓練」「ワークショップ」等が用いられるが、さらにこれらをまちづくりの計画として立案する職能を持ったコンサルタントなどの専門家の参画も不可欠である。

11・3　都市から地区への都市防災計画

1　都市火災対策と防災計画

(1)都市レベルの地震・防火対策－骨格の整備

　都市レベルの防災対策は、都市の骨格となる空間を整備し、区画化することで都市不燃化を促進することに力点を置いている。

　面的な規制手法としては、都市計画法の**防火地域・準防火地域**指定がある。この指定により市街地大火を防止する上で重要地区の建築物の主要構造部に一定の性能（非損傷性・遮熱性・遮炎性）を持たせることができる。さらに、条例等により地方自治体が独自の防火規制を設定する場合もある。

　また市街地大火の拡大阻止を目的として、広幅員道路や緑地帯と沿道建築物の防火建築化により**延焼遮断帯**の整備を行うことで、都市をおおよそ1km四方で「区画化」する（図11・9）。さらにこの区画を踏まえて**避難地**（避難場所）の設定がされている。通常、公共施設である公園や学校、運動施設等が指定されるが、

①十分な防火性能を持ち安全確保のための「広域避難地」、②近隣住民の集合場所など一時的避難に使う「一次避難地」があり、それぞれ面積および設置要件が示されている（図11・10）。

(2)地区レベルの地震・防火対策－密集市街地整備

　地区レベルの地震対策は密集市街地整備が中心となる。災害上危険な**密集市街地**とは、狭隘な道路による通行困難、老朽化住宅の放置、敷地および隣棟間隔の狭小性等の課題を持ち、火災延焼危険性や住宅倒壊、避難困難性が特に高い地区である（2021年時点約2220ha[*12]）。この対策を大規模に行う都市計画事業は**市街地再開発事業**と**土地区画整理事業**であり、戦後の都市防災対策を推進してきた手法である。また住宅地区改良事業も既存の住環境整備手法とともに地区レベルの防災対策に寄与してきた。さらに阪神・淡路大震災を踏まえ、「**密集市街地における防災街区の整備の促進に関する法律（密集法）**」（1997年）が制定され、さらなる密集市街地の防災対策を推進することとなった。この法律では**防災街区整備事業**（図11・11）を規定しているが、これは個別の土地から土地への権利変換も認めている点が従来の都市計画事業と異なり、市街地のさらなる防災対策推進を目指した手法となっている。

　さらに小さい地区レベルの防災対策は、個別の補助施策や密集事業手法を用いながら、老朽建築物の共同建替促進、空家の除去、ポケットパーク活用、細街路

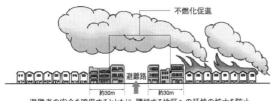

図11・9　都市防災不燃化促進事業（国土交通省）（出典：国土交通省ホームページ、都市防災総合推進事業の支援メニュー（R3年度）（参照 2021-10-19）https://www.mlit.go.jp/toshi/content/001414688.pdf）

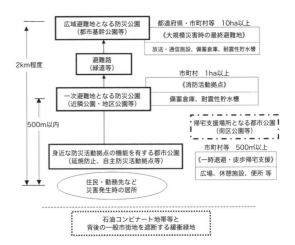

図11・10　避難行動からみた防災公園等の位置づけ（出典：国土交通省国土技術政策総合研究所『防災公園の計画・設計・管理運営ガイドライン（改訂第2版）』、2017（参照 2021-10-19）http://www.nilim.go.jp/lab/bcg/siryou/tnn/tnn0984pdf/ks098401.pdf）

の整備、重要公共施設の配置などにより、地区内の建物の密集度を下げ、また建物の建替を促進し不燃建築物を増加させる方策により推し進められる（図11・12）。

(3)都市の密集性が持つ空間防災課題

　密集市街地が抱える問題は、物理的な問題と社会的な問題が相互に関係している（図11・13）。この密集市街地対策を論じる上で、個人の建物・土地を規定する建築基準法の理解が重要である。例えば、道路の接道要件や敷地の建蔽率の規定が、道路拡幅や私有建物の再建・建替時に課題になる。地区レベルの安全性を高めるためには、細分化され権利関係も複雑になっている個人の建物・土地を、防災対策上効果的な空間へと組み替える必要があり、その役割を多くの場合公共施設（道路や公園も含む）が担う。つまり密集市街地の防災対策は、究極的には公的整備によって、私有空間から公有空間へ変換するものであり、また現代社会においてこの変換が困難であるから都市の密集対策が進まないともいえる。

(4)地域防災力向上のソフト対策

　住生活基本計画（2021年）において、密集市街地対策における地域防災力の向上に資するソフト対策を強化する成果指標が示された。ここでは、ソフト対策を

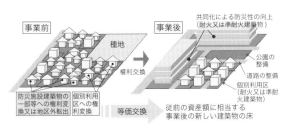

図 11・11　防災街区整備事業の概要（出典：住宅市街地整備ハンドブック [発行：公益社団法人 全国市街地再開発協会]）

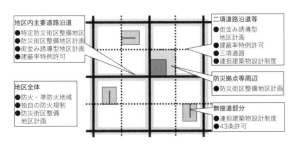

図 11・12　密集市街地の整備イメージ（方策）（出典：国土交通省国土技術政策総合研究所「密集市街地整備のための集団規定の運用ガイドブック」『国土技術政策総合研究所資料』No. 1076（参照 2022-02-19））

①家庭、②地域、③地域防災力向上の3区分で分類し、主に災害対応に視点を置いた総合的な取組を設定している（表11・1）。現在防災まちづくりで実施されている内容を概ね網羅している。

2　水災害と防災計画

(1)都市レベルの水害対策－スーパー堤防の現状

　都市計画と関係する水災害の対策手法として**スーパー堤防（高規格堤防）**がある（図11・14）。これは幅の広い堤防（堤防の高さの30倍程度）を構築するこ

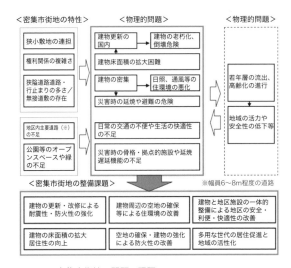

図 11・13　密集市街地の問題・課題（出典：国土交通省国土技術政策総合研究所「密集市街地整備のための集団規定の運用ガイドブック」『国土技術政策総合研究所資料』No. 1076（参照 2022-02-19））

表 11・1　地域防災力の向上に資するソフト対策（出典：国土交通省ホームページ、「地震時等に著しく危険な密集市街地について」
https://www. mlit. go. jp/jutakukentiku/house/jutakukentiku_house_tk5_000086. html（参照 2021-12-25））

ソフト対策の区分		ソフト対策の内容
①家庭単位で設備等を備える取組		感震ブレーカーの設置促進 家具転倒防止器具の設置促進 住宅用消火器の設置促進　等
②地域単位で防災機能の充実を図る取組	消防機能の充実	消防水利の整備 街角消火器、可搬式ポンプ、防火バケツ等の設置
	防災関連施設の充実	防災備蓄倉庫の整備 耐震性貯水槽の整備　等
	避難場所等の機能向上	民地を活用した避難経路の確保 避難場所、避難路のバリアフリー化　等
③地域防災力の実行性を高めるための取組	地域の防災情報の充実	防災マップ、ハザードマップの作成 災害時要援護者の名簿作成　等
	防災訓練の実施	消火訓練、避難訓練　等
	防災パトロールの実施	
	防災に関する人材育成	地域防災リーダーの育成 シンポジウム、戸別訪問等による防災意識の啓発　等
	防災機能の維持管理	地域住民による避難場所等の維持管理 防災備蓄倉庫の防災備品の管理　等

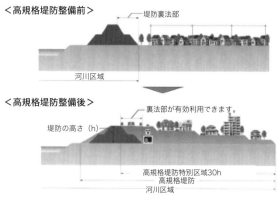

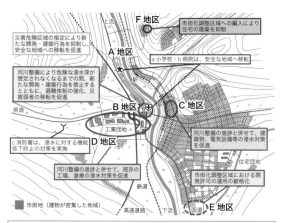

図11·14　スーパー堤防（高規格堤防）(出典：国土交通省「高規格堤防とは」https://www.mlit.go.jp/river/kasen/koukikaku/pdf/about.pdf（参照 2022-02-19））

【水災害リスクの軽減・回避対策及び防災まちづくりの目標】
（A地区）
・河川整備の進捗と併せて、災害危険区域の指定により開発・建築を規制するとともに、移転促進及び避難体制の強化を図り、5年後までに想定死者数を0人にする。
（B地区）
・河川整備計画の完了までは開発・建築規制による新規の人口集積を抑制し、避難体制の強化とともに避難が容易でない者の移住等を促進する。
（C地区）
・河川整備の進捗と併せて、建築物、電気設備等の耐水対策を推進し、20年後までに、事業所売却・在庫資産被害額の推計を現在より半減させる。
（D地区）
・河川整備の進捗と併せて、既存の工場・倉庫の浸水対策を促進し、20年後までに、事業所売却・在庫資産被害額の推計を現在より半減させる。
（E地区）
・河川整備の進捗と併せて、開発・建築規制による人口集積を抑制するとともに、避難体制の強化を図り、5年後の想定死者数を0人にする。
（F地区）
・市街化調整区域への編入により開発・建築を規制するとともに、移転の促進及び避難体制の強化を図り、5年後の想定死者数を0人にする。
（個別施設）
・a小学校及びb病院については中長期的には移転を検討し、c消防署は機能低下を防止する浸水対策を実施する。

図11·15　水災害対策を考慮した「安全まちづくり」(出典：国土交通省都市局、水管理・国土保全局、住宅局「水災害リスクを踏まえた防災まちづくりガイドライン」2021（参照 2021-10-19) http://www.mlit.go.jp/report/press/content/001406357.pdf)

とで、超過洪水時において越水・浸食・浸透による堤防決壊を防ぎ壊滅的な被害を回避することができるものである。この整備は河川沿いの市街地の改変を伴うことから、大規模な面的整備である市街地再開発事業や土地区画整理事業などのまちづくり事業等と共同で実施される。

政策として 1987 年に事業化され 5 水系 6 河川の約 873km が対象となったが、多大な時間と費用を要することからなかなか進展せず、2011 年見直しがなされ、整備区間を重点的な約 120km に絞り込んだ。しかし抜本的な課題は解決しておらず、完成するまでの道のりは不明確である。

(2)地区レベルの水害対策−流域管理とまちづくり

水災害対策は堤防やダムなど土木施設による水や土砂の防御・管理が中心となるが、近年浸水確率や災害発生リスクを踏まえた都市計画・まちづくり手法が国から提示されている（図11・15）。

さらに東日本大震災後に制定された**津波まちづくり法**による津波リスクの高い地区において発災前に市街地を高台の安全側に誘導するような計画的事業や、都市再生特別措置法の立地適正化計画における防災の主流化に向けた動き[*13] などが挙げられる。

また水災害対策は、避難対応が重要であり、避難場所の確保や避難経路の設定といった地域空間のハードウェア対策とともに、避難情報伝達方法の確立、災害時要援護者への対応といったソフトウェア対策が重要となる。

地方自治体には水害ハザードマップの作成・周知が義務づけられているが、さらに災害発生前から対応行動を計画しておく「**タイムライン**」の作成や、災害時**要支援者**の個別避難計画の策定などが求められている。これらも地域住民と協働して行うものであり、また防災部局だけでなく福祉や都市計画など部局横断的な取組が求められる。

11·4　復興都市計画と復興まちづくり

1　災害時の復興都市計画

(1)災害復興における建築制限

大規模災害が起きた後には、計画的な都市復興を推進するため、地方自治体が場所を指定して 2 ヶ月まで建築制限または禁止措置をすることが可能になっている（建築基準法 84 条）。また**災害危険区域**を指定し、住居用の建築の禁止・制限を条例で定めることができ

る（建築基準法39条）。これは無秩序なバラック建築等を禁止し、計画的に都市復興を実施することを目途としたものである。

また阪神・淡路大震災時に制定された「**被災市街地復興特別措置法**」（1995年）では、地域を指定すると2年間の建築行為等の制限が可能となり、また土地利用に関する制限をかけることができる。この期間内に市街地開発事業や地区計画、マスタープランなど都市計画を定めることが市町村に課せられ、段階的に総合的な復興都市計画の推進が可能となるしくみである。この内容は、「**大規模災害からの復興に関する法律**」（2013年）の制定により概ね一般法に組み込まれた。

このように災害復興時には、まず地方自治体が制度に基づき事業計画範囲を設定し、その後詳細の都市計画・まちづくり計画を住民と協働して作成・実施する手順が一般的である。

(2) 阪神・淡路大震災 (1995年) の復興まちづくり

阪神・淡路大震災復興の特徴は、復興都市計画事業を激甚地区に限定し（18地区・253ha）、重点的に復興することで周辺への波及効果を期待し、被災地全体の復興推進を計画した点である。また、①先に区域を指定し、その後まちづくり内容を決定する「**二段階都市計画**」を採用したこと、②まちづくり協議会を用いた「**住民主体の復興まちづくり**」が実施されたこと、が特徴として指摘される。特に住民レベルの復興まちづくりや専門家、NPO・ボランティアなどが参画した協働型社会の実践が評価された（図11・16）。一方、大規模な都市計画事業の完成までに多大な時間と費用がかかり地方自治体の財政を圧迫した点や、都市計画が被災者の生活・住宅再建に影響を及ぼした点などが批判されており、都市復興時の事業手法自体に課題が提示さ

■道路・公園・せせらぎ等計画図　Plan of roads, parks and the stream

図11・16　松本地区の土地区画整理事業（出典：松本地区まちづくり協議会、「せせらぎが流れるまち松本」神戸市、2007（参照 2021-10-19）（5章図5・4も参照）

れている[14]。

(3) 東日本大震災 (2011年) の復興まちづくり

東日本大震災の復興事業の主な特徴は、①土地区画整理事業に嵩上げ費用が組み込まれ、また新住宅地造成の開発型事業もあり計画事業の実施数・面積が拡大したこと（59地区、約1827ha）、②防災集団移転促進事業による集落移転が多数地区で実施されたこと（295地区、区域面積約2837ha）、③用地の全面買収が可能な新たな事業手法（津波復興拠点整備事業）が実施されたこと（24地区、約230ha）、④津波シミュレーション結果が防潮堤高さや居住地域設定に影響し、市街地整備に混乱が見られたことなどが挙げられる。

東北沿岸部の津波による物理的被害が甚大であり、膨大なインフラの復旧・整備、津波対策を目的とした防潮堤建設や嵩上げ工事の実施、新たな土地利用計画作成・調整等、復興事業の完了までに時間を費やした。そのため被災者の生活・住宅再建と連携することが困難であったこと、また地区により住民特性・産業特性が異なり、多様な復興まちづくりが必要となったが、主体となるまちの人々、支援する専門家、事業を実施する行政職員、いずれの資源も不足したことが復興まちづくりを進める上で課題となった。

また原子力発電所事故による放射能汚染が発生した福島県浜通り地区の被災市町村は、①長期にわたる帰還困難区域の設定、②残存放射能の被曝リスクとの共存、③約50年と設定されている廃炉作業および中間貯蔵施設の存在、などの課題が存在している。この課題は復興まちづくりについて根幹から考え直す論点を突きつけている。

2　住民主体の復興まちづくり

復興まちづくりは、被災空間において、災害後のさまざまな機能復旧を行い被災者の生活再建を進めながら、被災を踏まえた新たな安全なまちづくりを行うものである。住宅の被害が大きい場合には、避難所生活環境の維持・管理や仮設住宅団地及び復興公営住宅の供給が必要となり、まちづくりと住宅再建が連動することが求められる。

復興まちづくりでは、地方自治体にも十分な経験がないことから、行政と住民間で対立構造を生みやすい。また住民間の利害対立も顕在化しやすい。さらに通常

のまちづくりよりスピードが求められるため、計画策定時の合意形成過程が不十分になることが指摘されている。そのため、住民だけで主体的に計画作成・調整・推進することは難しく、専門的な知識を有したまちづくりアドバイザーの関与が重要である。

3　事前復興計画

防災対策の多様化や都市計画に関する事前議論の必要性、近年の復興法制度の新設・改正、都市計画・まちづくり手法の変化といった時代の潮流を受け、**事前復興準備**という考え方が提示されている。

「復興まちづくりのための事前準備ガイドライン」[15]では、事前に被災後の復興まちづくりを準備して取り組む内容・留意点をまとめている。ここでは、災害を想定して起こりうる問題を把握することを基点として、被害の最小化・被害防止を図ること（防災・減災対策）と被災後の的確な復興の実現（復興事前準備）との両輪で準備をするものと示されている。

事前復興準備の内容は、復興体制の検討、復興手順の検討、復興訓練の実施、基礎データの整理・分析、

復興における目標等の検討となっている。この中で「計画に復興事前準備の取組を位置づける」ステップがあり、地域防災計画や自治体マスタープランに災害後の復興まちづくりの目標、実施手法、まちづくりの進め方を書き込むことなどが記されている（図11・17）。

例題

Q　災害は、自然現象が空間と社会に被害を波及的に及ぼす現象である。そこで、地震、大雨、台風、などある自然現象を出発点として、そこから地域空間および地域社会でどのような被害が発生するか、時間軸で整理しよう。

Q　地域の防災対策は、ハザード（危険性）によって対策が異なってしまう。いろいろな災害危険性がある中で、地域で実施することでいろいろな災害軽減に波及する有効な対策を提案しよう。

注・参考文献

* 1 伊ས毅、フェディリコ・スカローニ、松田法子編『危機と都市』左右社、2017
* 2 大橋竜太『ロンドン大火　歴史都市の再建』原書房、2017
* 3 越澤明『復興計画』中公新書、2005
* 4 災害教訓の継承に関する専門調査会「1959　伊勢湾台風」（参照 2021-10-19）
　http://www.bousai.go.jp/kyoiku/kyokun/kyoukunnokeishou/rep/1959_isewan_typhoon/index.html
* 5 都市防災実務ハンドブック編集委員会『震災に強い都市づくり・地区まちづくりの手引』ぎょうせい、2005
* 6 防災科学技術研究所「J-SHIS　地震ハザードステーション」
　https://www.j-shis.bosai.go.jp/shm（参照 2021-12-20）
* 7 防災対策推進検討会議　南海トラフ巨大地震対策検討ワーキンググループ「南海トラフ巨大地震の被害想定について」、2012（参照 2021-10-19）
　http://www.bousai.go.jp/jishin/nankai/taisaku_wg/pdf/20120829_higai.pdf
* 8 内閣府（防災）「平成 30 年度防災白書　附属資料 29　防災基本計画の構成と体系」
　http://www.bousai.go.jp/kaigirep/hakusho/h30/honbun/3b_6s_29_00.html（参照 2021-12-25）
* 9 国土交通省ホームページ「防災都市づくり計画策定指針等について」https://www.mlit.go.jp/toshi/toshi_tobou_tk_000007.html（参照 2021-12-25）
* 10 内閣府防災『平成 14 年防災白書』2002
* 11 室崎益輝「防災まちづくり大賞 10 年を振り返って」『消防防災の科学』No.85、消防防災科学センター、pp.14-18、2006
* 12 国土交通省ホームページ「地震時等に著しく危険な密集市街地について」
　https://www.mlit.go.jp/jutakukentiku/house/jutakukentiku_house_tk5_000086.html（参照 2021-12-25）
* 13 内閣官房ナショナル・レジリエンス（防災・減災）懇談会・事前防災・複合災害ワーキンググループ（第 2 回）参考資料 3「災害ハザードエリアに係る土地利用の課題と対応方針」
　https://www.cas.go.jp/jp/seisaku/resilience/jizen_fukugou_wg/dai2/sankou3.pdf（参照 2022-02-19）
* 14 神戸市『新長田駅南地区震災復興第二種市街地再開発事業検証報告書』2021
　https://www.city.kobe.lg.jp/documents/36279/jigyogaiyo-1.pdf（参照 2022-02-19）
* 15 国土交通省都市局「復興まちづくりのための事前準備ガイドライン」、2018（参照 2021-10-19）
　https://www.mlit.go.jp/common/001246099.pdf

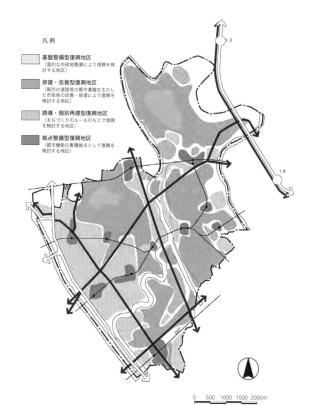

凡例

基盤整備型復興地区
（面的な市街地整備により復興を検討する地区）

修復・改善型復興地区
（既存の道路等の都市基盤を生かした市街地の改善・修復により復興を検討する地区）

誘導・個別再建型復興地区
（まちづくりのルールのもとで復興を検討する地区）

拠点整備型復興地区
（都市機能の集積拠点として復興を検討する地区）

0　500　1000　1500　2000m

図 11・17　震災復興まちづくりイメージ（葛飾区マスタープラン）
（出典：東京都葛飾区「葛飾区都市計画マスタープラン」2011（参照 2021-10-19）
https://www.city.katsushika.lg.jp/_res/projects/default_project/_page_/001/006/171/honpen.pdf）

12

国土と農山村の計画

宅地開発が予定されている農地（大阪府泉佐野市）

Q　田園や中山間地域をどのように持続させるか？

写真にあるような都市周辺部にある田園風景。人々の営みの現れとしての景観が広がっている。しかしこうした風景は時代とともに変化している。人口が増加傾向の時代では、市街地のスプロールによって農地が宅地になってきた。近年、人口減少局面に入り、農業の担い手の高齢化によって耕作放棄地が増加する一方で、未だ宅地開発が広がりつつある。こうした変化にさらされる田園風景とそれを支える地域社会をどのように持続させるかが、課題である。

12・1　農山村の風景の変化

　農山村の風景は人々に懐かしい思いを抱かせることが多い。特に里山の風景は人々が自然的要素に関わってきた営みを感じることができる。山林、田園、あぜ道、その間の集落と人々の営みの結果が景観となっている。

　たとえば、世界農業遺産に認定された「みなべ・田辺の梅システム」[*1]では、養分に乏しい斜面を利用して薪炭林を残しながら梅林を配置し、水源涵養や崩落防止の機能、ニホンミツバチを利用した梅の受粉など、地域の資源を有効に活用しながら、人々の生活を支えてきた。こうした人々の営みの蓄積が農山村の風景をかたちづくっている（図12・1、図12・2）。

　一方で、日本の総人口が2008年頃にピークを越えて、人口減少局面に入って久しい。日本の農山村では1970（昭和45）年に「過疎地域対策緊急措置法」が公布されているように、50年近く人口減少問題に向き合ってきている。農山村の風景を支える農業や林業従事者も担い手が減少し、大きく土地利用が変化する局面にある。

　たとえば、農山村では耕作放棄地や荒廃した山林が増加している。管理が行き届かなくなった山林がメガソーラー発電所に開発されるような事例も散見されるようになっている。都市郊外部では、まとまった面積の優良農地が戸建て住宅地に開発されたり、幹線道路沿いの農地が商業施設に変わったりする事例がしばしば見受けられる。

　本章ではこうした農山村の風景をいかに維持するのかという問いについて考えていきたい。

12・2　都市計画区域の周辺の土地利用

1　都市農地に関する土地利用

　3章（3・3）で土地利用計画に関する法の体系と土地利用基本計画における五地域について示したが、ここでは特に農地との関係について確認しておきたい[*2]。

　都市周辺の農地については、農業の健全な発展と国土資源の合理的な利用に寄与することを目的として、**農業振興地域制度**が定められている。この制度は「農業振興地域の整備に関する法律」に位置づけられ、都市計画法の改正に合わせて1969年に制定された。農政側の土地利用計画を扱うものである。農業振興地域制度では、都道府県知事により農業振興地域が指定される。都市計画法との関係では、農業振興地域は市街化区域（線引き都市計画区域）および用途地域指定区域（非線引き都市計画区域）では指定されない。都市

図12・1　みなべ町の梅林

図12・2　みなべ・田辺の梅システム（世界農業遺産認定）（出典：和歌山の世界農業遺産「みなべ・田辺の梅システム」https://www.giahs-minabetanabe.jp/）

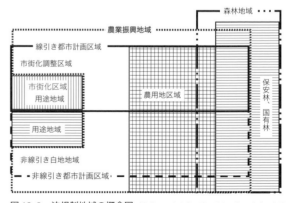

図12・3　法規制地域の概念図（出典：川上光彦・浦山益郎・飯田直彦・土地利用研究会編著『人口減少時代における土地利用計画　都市周辺部の持続可能性を探る』学芸出版社、2010）

的土地利用の区域と自然的土地利用の区域が棲み分けられている。さらに、農業振興地域のうち、農地が集団的にまとまっている区域や農地の基盤が整った区域を**農用地区域**として定める。農用地区域内の土地については、その保全と有効利用を図るために、農地の転用・開発行為の制限等の措置がとられる。これによって優良な農地を保全し、農業の健全な発展が企図されている。

　一方で、農業振興地域のうち農用地区域から除外された農地（一般に「農振白地」と言われる）には体系だった計画・規制が存在せず、開発行為を制限する十分な規制がない。

　都市計画法による土地利用規制は、3章で触れられているように都市計画区域で有効になる。近年では、モータリゼーションの進展、東日本大震災以降沿岸部の建築行為が忌避される傾向にあるといったことから、都市計画区域外での都市的土地利用がしばしば見られるようになってきている。都市計画区域外では開発許可による開発規制はできないため、「農業振興地域の整備に関する法律」による土地利用規制によらなければならないが、**農振白地**や農用地区域を指定から外す**農振除外**によって、農地転用が進んでしまっている。農地が住宅等に開発される事例に十分歯止めをかけることができていない。

　また、中出文平によると、福井都市計画区域外延では、市街化区域と市街化調整区域の線引きが行われて

いる都市計画区域と、非線引きの都市計画区域が隣接している（図12・4）。結果として比較的土地利用の規制が強い市街化調整区域と、比較的規制が緩い非線引き都市計画区域の用途地域外や都市計画区域外の区域とが隣接する。1994年から1998年の農地転用許可を示した図12・4では、市街化調整区域の外側の規制が比較的緩い地域に多くの開発が行われていることがわかる。当初、意図された計画とは異なる状況が起きてしまっており、農地が住宅等に開発されてしまっていることが確認できる。

2　都市計画側の対応

　こうした問題に対して、都市計画法の枠組みで考えられる対応として、以下のことが考えられる。

　①都市計画区域の拡大：上記のような状況に対して、都市計画区域を拡大する、あるいは準都市計画区域の新設によって、都市計画の対象範囲を広げることが考えられる。つぎに、②特定用途制限地域の指定：市街化調整区域に隣接して非線引きの都市計画区域が広がる場合でも、特定用途制限地域の指定によって、計画性を担保しながら一定の開発を許容するような運用が期待できる。③まちづくり条例の制定：土地利用の計画とあわせてそれを担保するまちづくり条例を制定して、各地の実情に応じた規制を進めることが可能である。（「事例」参照）

3　土地利用計画の課題

　以上のように、非線引きの都市計画区域や都市計画区域外の地域では、比較的規制が緩いため、多くの開発が行われてきた。それに対して、土地利用に関する条例等で独自の土地利用誘導が可能になってもいる。都市計画として一定の対策は可能になっているが、農地の住宅等への開発が収まっているわけではない。農政側でも、農業振興地域や農用地区域が定められ、農地の転用、開発行為の制限等の措置がとられているが、農地の保全には限界がある。住宅等の開発といういわば積極的な開発ニーズに対しては、これまで見てきた土地利用の計画や規制が一定の役割を果たしてきた。しかし、近年は農業の担い手が病気や故障、あるいは死亡によって営農が継続できなくなる事例が増えつつある。制度として規制があっても担い手がいなければ、農地が保全されるのは難しい。休耕や耕作放棄の増加

図12・4　福井都市計画区域外縁の農地転用許可（1994～1998年）
（出典：中出文平「都市周辺部にあるべき土地利用計画とその実現」川上光彦・浦山益郎・飯田直彦・土地利用研究会編著『人口減少時代における土地利用計画　都市周辺部の持続可能性を探る』学芸出版社、2010）

　ここで土地利用に関する独自の条例の事例として、兵庫県の「緑豊かな地域環境の形成に関する条例（以下、緑条例）」を紹介する。土地利用に関する条例は多様な事例があるが、市町村の枠を超えて総合的に農山村の土地利用の規制を扱っているところに特徴がある。

　緑条例は、非線引きの都市計画区域や都市計画区域外の地域において、適正な土地利用の推進、森林及び緑地の保全と緑化の推進、優れた景観の形成の観点から開発行為を適正に誘導することにより緑の豊かな地域環境の形成を図ることが目的とされ、1994（平成6)年に制定された。図のような「森を守る区域」、「森を生かす区域」、「さとの区域」、「まちの区域」といった、4または5つに区分された土地利用の計画を策定する。「森を守る地域」では500㎡以上の開発は知事の許可が必要になり、「森を生かす区域」、「さとの区域」では、1000㎡（または500㎡）以上の開発は、地域環境形成基準に基づき知事と協議、協定の締結が求められ、「まちの区域」では届出が必要になる。このような条例により、広域的な視点から個別の開発行為につながる土地利用誘導が可能になるといえる*3。

　緑条例と連携した市町村の条例により、地域の個性を生かした土地利用を進めている。たとえば、兵庫県丹波篠山市では、「丹波篠山市緑豊かな里づくり条例（里づくり条例）」において、地区の住民によって地区の調査、地区の資源の発掘、課題の整理など経て、地区の将来像を描きながら話し合いによって里づくり計画の策定が進められている。里づくり計画は市長の認定により、地区内の開発行為は届出と定められた基準により審査され、まちづくり協定が締結される。同時に、丹波篠山市まちづくり条例によって里づくり計画地区以外での開発行為の事前公開、周辺住民への説明、開発行為等の許可などの手続きが規定されている。複数の条例、計画を密接に結びつけて運用されている。

図 12・5　兵庫県：緑条例地域指定図（出典：https://web. pref. hyogo. lg. jp/ks20/documents/r3tiikisiteizu. pdf）

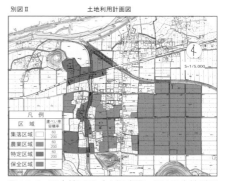

図 12・6　野中地区里づくり計画における土地利用計画図（出典：https://www.city.tambasasayama.lg.jp/material/files/group/24/sato_nonaka. pdf）

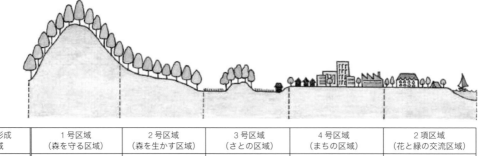

環境形成区域	1号区域（森を守る区域）	2号区域（森を生かす区域）	3号区域（さとの区域）	4号区域（まちの区域）	2項区域（花と緑の交流区域）
手続	許可	協定・協定	協議・協定	届出	協議・協定
基準	許可基準	地域環境形成基準			
手続が必要な開発面積	500 ㎡以上	1,000 ㎡以上（丹波地域は 500 ㎡以上）			

図 12・7　兵庫県資料「緑豊かな地域環境の形成に関する条例（緑条例）の概要」（提供：兵庫県都市政策課）

図 12・8　宅地と隣接する果樹園（和歌山県紀の川市）

によって、しかたなく農地が転用される消極的な開発ニーズが増加していると考えられる。

　都市計画での土地利用規制とあわせて、新規就農の受け入れや農産物のブランド化といった農業の施策や、移住者の受け入れや地域外の人々との都市農村交流といった地域づくりの施策によって、農業の積極的な利用を促すことが求められる。担い手の暮らす農山村集落の持続性に働きかけることによって、農山村の風景を持続させることが期待できる。

　たとえば、和歌山県紀の川市、桃の産地として有名な地区では大きな開発が行われていない。人口推計では 2020 年で約 6800 人だった人口は 2045 年で約 5600 人と減少するが、高齢化率の推計では、2020 年で約 36%、2045 年では約 38% で微増にとどまっている。隣接する和歌山市のベッドタウンとなっている地区では 2020 年に約 30% だった高齢化率が 2045 年には約 55% の推計となっているのと対照的である。桃のブランド化に成功しているため、農地で一定の収益を上げることができる。大規模な開発をする必要もなく、既存の集落の周りに子世帯の居住の受け皿となる小規模な開発が行われている。農業の担い手の高齢化は懸念されている一方で、比較的持続可能性の高い地域が実現しつつあることがうかがえる。

　次節では、人口や担い手の減少という課題に対して、農山村の地域づくりの議論を紹介し、農山村をいかに持続させることができるかを考えたい。

12・3　求められる地域づくりの施策

　前述のように、人口や担い手の減少に対して、農山村では 50 年近くその状況に向き合ってきた。こうした状況に対して地理学者である宮口は「過去の人口が多かった時代を再現しようなどとは考えず、少数の人間がその地域で、どのようなきちんとした生産と生活のシステムをつくることができるかを、原点から洗い直すことである」と指摘し、地域づくりとは「時代にふさわしい地域の価値を内発的につくりだし、地域に上乗せする作業」と定義[4]している。

　さらに、農業経済学者の小田切は以下の「地域づくりのフレームワーク」を提示[5]している。「地域づくりは以下の 3 つの柱の組み合わせによって成り立っていると考えられる」。「第一は〈暮らしのものさしづくり〉であり、地域づくりの《主体形成》を意味する」。「第二は〈暮らしの仕組みづくり〉で、地域づくりの《場の形成》である」。「第三は〈カネとその循環づくり〉であり、地域づくりの《持続条件形成》に相当する」。「〈主体〉〈場〉〈条件〉の 3 要素の意識的な組み立てにより、地域の新しい仕組みが〈つくられる〉のである。そしてその目的が「新しい価値の上乗せ」である」とされている。

　地域づくりを演劇に例えると、地域の人々（主体）が演者になり、その価値観に働きかけ（暮らしのものさしづくり）、地域という舞台を整え（暮らしの仕組みづくり）た上で、人々の営みを支えるシナリオをつくる（カネとその循環づくり）ことで、新しい演劇をつくりあげる（新しい価値の上乗せ）ことと理解できる。

　狭義の都市計画は空間を担当する部門であるが、まちづくり、地域づくりにつながる広義の都市計画は、「場」を出自としつつも「主体」や「条件」も含めた総合的な領域であることを改めて理解できる。

12・4　地域内外との関わり

1　交流人口と関係人口

　また、「地域づくりのフレームワーク」には、地域内外の関わりのあり方も図示されている（図 12・9）。

　人口や担い手の減少に向き合う農山村の地域が、地域外の主体や資源と関わらずに単独であり続けることは難しい。また、「時代にふさわしい地域の価値を内発的につくりだし、地域に上乗せする作業」を行うた

めには、地域外の主体や資源と関わりを構築し、多様な場を生み出す必要がある。「フレームワーク」の右上に「交流」、「交流の鏡効果」という表記がある。農山村の人々が都市住民との「交流」によって、「都市住民が〈鏡〉となり、地元の人々が地域の価値を都市住民の目を通じて見つめ直す効果を持つ」役割が期待されている。これを通じて、農山村の人々の価値観、「暮らしのものさしづくり」に働きかける交流の意義が示されている。

これまでは「交流」に関わる人を示す「交流人口」という用語が使用され、「交流産業」としての「カネとその循環づくり」に働きかける部分と「暮らしのものさしづくり」に働きかける「交流の〈鏡〉効果」の二側面を含むものとして用いられてきた。その後、「交流人口」のうち、経済的な役割をのぞいた、都市住民が農山村の地域に多様に関わる部分が、指出[*6]や田中[*7]によって「関係人口」という用語で表現されるようになってきている。「関係人口」は、総務省によれば「長期的な〈定住人口〉でも短期的な〈交流人口〉でもない、地域や地域の人々と多様に関わる者」として定義されており、田中によれば、「特定の地域に継続的に関心を持ち、関わるよそもの」として定義されている。

いずれにしても農山村において「時代にふさわしい地域の価値を内発的につくり」だすために、地域外の主体と関わりを持ちながら、価値を生み出す作業が期待されているといえる。

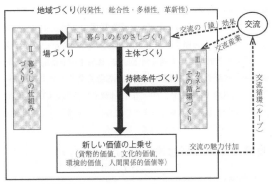

図 12・9　地域づくりのフレームワーク （出典：小田切徳美編著『新しい地域をつくる持続的農村発展論』岩波書店、2022、p.223）

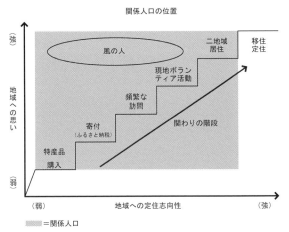

図 12・10　関係人口の位置 （出典：田中輝美『関係人口をつくる　定住でも交流でもないローカルイノベーション』木楽舎、2017／初出：2017年6月4日付日本農業新聞）

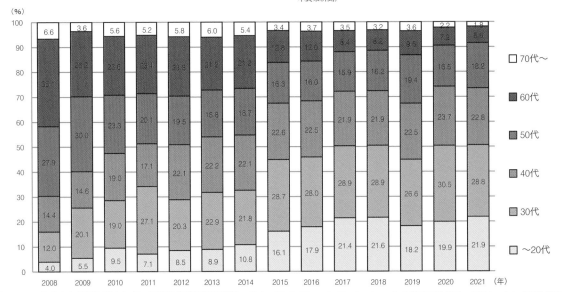

図 12・11　ふるさと回帰支援センターの移住相談の年代変化 （出典：嵩和雄「新しい人の流れをつくる」小田切徳美編著『新しい地域をつくる　持続的農村発展論』岩波書店、2022、特定非営利活動法人100万人のふるさと回帰・循環運動推進・支援センター『2021年度「100万人のふるさと回帰運動」 都市と農山漁村の交流・移住実務者研修セミナー 資料集』p.2、2022、をもとに作成）

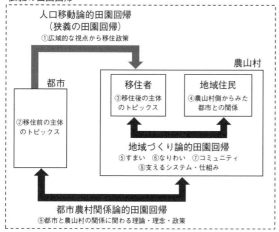

図 12・12　田園回帰における論点 (出典:筒井一伸編著『田園回帰がひらく新しい都市農山村関係　理論から現場まで』ナカニシヤ出版、2021、p.23)

2　田園回帰の動き

　こうした農山村と地域外の関わりの議論の背景に、「田園回帰」と呼ばれる動きがある。

　「田園回帰」は、『2014 年度食料・農業・農村白書』(2015 年 5 月) において「都市に住む若者を中心に、農村への関心を高め新たな生活スタイルを求めて都市と農村を人々が行き交う〈田園回帰〉の動きや、定年退職を契機とした農村への定住志向がみられる」として紹介されたほか、「国土形成計画 (全国計画)」(2015 年 8 月) においても触れられている。

　NPO 法人ふるさと回帰支援センターの来訪者アンケートにみる移住相談の年代変化からも、年々、20 〜 40 歳代のいわゆる「現役世代」の地方移住への関心の高まりが確認できる*8 (図 12・11)。

　この田園回帰の概念を整理したのが、図 12・12 である*9。都市から農山村への地方移住を表した「人口移動論的田園回帰 (狭義の田園回帰)」であるが、①広域的な視点から移住政策を検討する論点、②移住前の移住希望者のニーズや志向性を表す論点、③農山村への移住後の移住者の価値観や満足度を表した論点、受け入れる側の④農山村側からみた移住者の受け入れ意識に関する論点がある。また、移住者と地域住民の関係に着目した「地域づくり論的田園回帰」では、移住者が農山村での暮らしを成立させるための、⑤すまい、⑥なりわい、⑦コミュニティという田園回帰の 3 つのハードルがあり、暮らしを⑧支える仕組みづくりの検討が広がり始めている。そして、「都市農村関係論的

田園回帰 (広義の田園回帰)」では、⑨都市と農山村の関係の枠組みを検討し、その再評価や下支えする理論の検討が行われている。このように狭義の地方移住から、広義の都市農山村関係まで広がりを持って、「田園回帰」という概念が整理されている。

3　他出した世帯との関わり (T 型集落点検)

　このように関係人口、田園回帰という用語に代表されるような都市・農山村関係への関心の高まりがあるが、農山村の居住、地域資源や財産の継承を考えた際には、農山村地域の家族に着目する必要がある。地域外家族との関係に着目したのが徳野による「T 型集落点検」*10 である (図 12・13)。

　農山村集落の今後を考える際に、現に農山村に住んでいる世帯だけで考えると、すでに高齢化が進み、将来を展望することが難しい局面にある。しかし、徳野によれば「〈世帯〉は縮小しても〈家族〉の機能は空間を越えて残って」おり、「集落の維持、再生を考える場合、この他出者を含めた家族とその日常的なサポート関係を把握することが重要」である。

　実際に、筆者らが、愛知県の新城市の N 地区を事例にした調査*11 では、N 地区に居住する 20 家族において、地区外に住む 58 世帯のうち 46 世帯 (約 79%) が 2 時間圏内に居住し、33 世帯 (約 57%) が 1 時間圏内に居住していること、盆・正月の家族の集まり、法事・墓参りなどの訪問機会のほか、農作業の手伝い、様子見、買い物など日常的な生活支援が行われていることを確認した (図 12・14、図 12・15)。

　このように他出した世帯を含めた上で、農山村集落

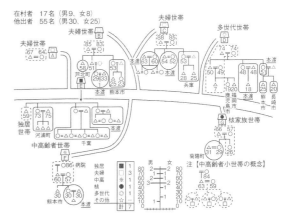

図 12・13　「T 型集落点検」図の例 (出典:徳野貞雄「コンピュータに頼らない『T 型集落点検』のすすめ」『現代農業』2008 年 11 月号増刊 (「限界集落」なんて呼ばせない 集落支援ハンドブック)、pp.110-120,2008)

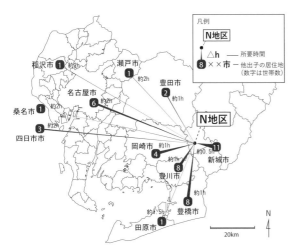

図 12・14　地区までの所要時間 2 時間圏内に居住する家族（出典：大野沙知子ほか「農山村集落における地区外家族の通いの実態と防災情報共有 MAP の開発」『日本建築学会技術報告集』27-65, 412-417, 2021.2）

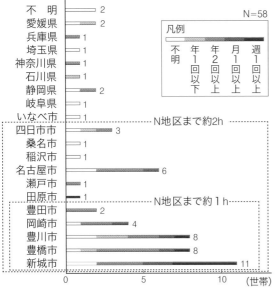

図 12・15　地区外に住む家族の居住地と訪問頻度の関係（出典：大野沙知子ほか：農山村集落における地区外家族の通いの実態と防災情報共有 MAP の開発、日本建築学会技術報告集 27-65, 412-417, 2021.2）

の将来像の検討、UI ターンにつながる都市・農山村関係の再検討が必要である。

4　ネオ内発的発展論

　こうした地域の内部と外部の関わりについては、「ネオ内発的発展論」（新しい内発的発展論）として整理され、模索され続けてきている。かつては過疎問題に対して「国土の均衡ある発展」として、企業誘致などの外部資本を導入して解決が模索されてきた。いわば「外発的」「外来的」なモデルである。しかし、外部の視点で地域が開発されることで、地域の産業や景観が大きく改変されることが散見されるようになり、その反省から、鶴見らにより地域の固有性を生かした発展の理論として「内発的発展論」[*12] が示された。持続的発展のための地域固有の資源を活用したモデルが示されたことは画期的であったが、理想的に過ぎるのではないかとの批判もあった。

　一方、イングランド農山村の研究から、「ネオ内発的発展論」が提案された。「どの地方でも外来的な力と内発的な力は存在しており、地方レベルでは地方と外部が相互に関係し合わなくてはならないのである。重要なポイントはこうした広範囲に及ぶプロセス、資源、行動を自分たちのためにハンドリングできるような地方自らの能力をいかに高めていくかである」[*13] とされており、農山村においても、地域外部との主体や資源との関係を持ちながら、地域自らが意思決定、ハンドリングすることの重要性が指摘されている。先に示したような「都市農村関係論的田園回帰」で示された「〈都市と

表 12・1　農村発展のモデル（出典：筒井一伸編著『田園回帰がひらく新しい都市農山村関係　現場から理論まで』ナカニシヤ出版、2021 ／ Lowe, P., Phillipson, J., Proctor, A. and Gkartzios, M. 2019. "Expertise in rural development:A conceptual and empirical analysis." *World Development* 116: 28-37. を参考に筒井らが作成）

	外来型開発 （トップダウン型開発）	内発的発展 （ボトムアップ型発展）	ネオ内発的発展 （ネットワーク型発展）
基本原理	規模の経済と集中の経済	持続的発展のためのローカルな（自然的、人間的、文化的）資源の活用	場所に基づくローカリティの潜在力の識別と活用、社会・空間的正義
原動力	都市の成長の極	ローカルなイニシアティブと活動	ローカルとグローバルのネットワークと都市農村のフロー、多様なスケール／部門からなるガヴァナンスを通した外部との相互関係
農村の機能	食料生産をはじめとする，拡大する都市経済への一次産品の生産	多様なサービス経済	消費主義のモザイク化と生産主義機能の（再）出現
主たる農村発展の課題	低い生産性と周辺性	経済活動に参加する地域やグループの限られた能力	ローカリティと外部の力の間の不平等な関係と制度、気候変化と経済危機
農村発展の焦点	農業の近代化、労働と資本の移動性の促進	能力開発（スキル、制度、社会基盤）、排除の克服	内部の地域資源を動員し、外部からの圧力と機会への反応のためにローカルな能力の構築
農村発展研究の焦点	農業経済学、ケインズ主義的経済モデルと実証主義	農村社会学と農村地理学、解釈的アプローチと事例研究	コミュニティとともに進める活動やアクションリサーチ・学際的／「超」学際的研究
知識の源泉	学術研究と外部専門家	ローカルなコミュニティ	場所に基づく「ヴァキュラーな専門知」

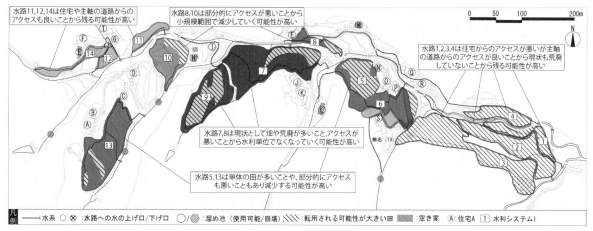

水路11,12,14は住宅や主軸の道路からのアクセスも良いことから残る可能性が高い

水路8,10は部分的にアクセスが悪いことから小規模範囲で減少していく可能性が高い

水路1,2,3,4は住宅からのアクセスが悪いが主軸の道路からのアクセスが良いことから現状も荒廃していないことから残る可能性が高い

水路7,8は現状として畑や荒廃が多いこと,アクセスが悪いことから水利単位でなくなっていく可能性が高い

水路5,13は単体の田が多いことや,部分的にアクセスも悪いこともあり減少する可能性が高い

凡例 ——水系 ○ ⊗:水路への水の上げ口/下げ口 ◯ :溜め池（使用可能/崩壊） :転用される可能性が大きい田 :空き家 Ⓐ:住宅A 1:水利システム1

図12・16　水利システム単位でみた流谷集落 (出典：宮地聡・金田聖輝・川江祐司朗・向井雅人・大村りか・芳永有梨・佐久間康富・嘉名光市・阿久井康平「中山間集落の水利システムと土地利用の変遷および関係について―文化的景観としての河内長野市流谷集落におけるケーススタディー」『日本建築学会技術報告集』23-55, p.991-996, 2017)

農山村の関係に関わる理論・理念・政策〉の一つがネオ内発的発展論である」[*14] といえる（表12・1）。

12・5　農山村の風景の持続に向けて

　筆者らが関わった大阪府河内長野市での集落の研究[*15] では、水利の仕組みと土地利用の変遷との関係を明らかにし、地域外の担い手の支援を受け入れながら、民家や道路からのアクセスや他の田畑との連担の観点から条件の悪い田畑は荒廃や転用の可能性が高く、条件のよい田畑を中心に継承されていく可能性を明らかにした。外部の担い手と関わりながら、必要に応じて集落空間を縮小しながら、農山村集落を維持していく可能性が示されている（図12・16）。

　そして、こうした農山村を維持していく営みは、遠い将来を展望するのが難しい昨今、意思決定可能な長さの時間軸にプロジェクトを整理しながら、実現可能なプロジェクトを繰り返していくことで結果として、持続可能性が展望できる[*16]（図12・17）。

　冒頭で掲げた「農山村の風景をいかに維持できるのか」という問いについては、都市計画の規制が比較的緩いため、土地利用に関する条例等で独自の土地利用誘導を図りながらも、土地利用の必要性を支える農山村集落や担い手の持続性を図り、都市住民等地域外の担い手との連携を図ること、そして実現可能な小さな営みを繰り返していくことが、現時点の解答である。

　「主体」「場」「条件」の3要素の意識的な組み立てにより、時代にふさわしい地域の価値を新たに上乗せ

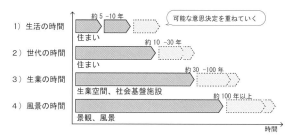

1) 生活の時間　約5 -10年　住まい　可能な意思決定を重ねていく

2) 世代の時間　約10 -30年　住まい

3) 生業の時間　約30 -100年　生業空間、社会基盤施設

4) 風景の時間　約100年以上　景観、風景　時間

図12・17　「住み継がれる」とはなにか (出典：山崎義人・佐久間康富編著『住み継がれる集落をつくる―交流・移住・通いで生き抜く地域―』学芸出版社、2017)

することで、少人数でも地域社会が持続できるような展望が描かれることが期待される。その営みの結果として、農山村の風景が持続できるのである。

例題

Q　インターネットの地図、航空写真等で農山村の土地利用の様子を見てみよう。また、1つ集落を選択し、市町村や都道府県のホームページでどのような土地利用のルールがあるか確認してみよう。土地利用の様子から、どのような成り立ちでできているのか考えてみよう。

Q　休日、長期休暇を利用して農山村に出かけてみよう。集落の様子はどうなっているか、農地ではなにが栽培されているか、道の駅にはなにが売っているのか、山林はどのような樹種が植えられているかを確認し、農山村の人々はどのような暮らしをしているのか考えてみよう。

注・参考文献

＊ 1 　みなべ・田辺の梅システム、https://www.giahs-minabetanabe.jp/ume-system/、2022/03/23 最終閲覧日

＊ 2 　本節の記述は以下の文献によるところが大きい。川上光彦・浦山益郎・飯田直彦・土地利用研究会編著『人口減少時代における土地利用計画　都市周辺部の持続可能性を探る』学芸出版社、2010

＊ 3 　緑条例は、法的根拠を持たない条例に基づく運用であるため、開発間にかなりの差が見られる結果になっているといわれている。なお、緑条例に関する記述は以下の文献による。
柴田祐・鳴海邦碩「田園地域土地利用誘導における県レベル施策の運用形態の特徴と効果に関する研究」『第 32 回日本都市計画学会学術研究論文集』日本都市計画学会、pp. 409-414、1997
柴田祐・澤木昌典・鳴海邦碩「田園地域における土地利用目標像の設定とその実現のための課題に関する研究- 兵庫県下を事例として」『第 35 回日本都市計画学会学術研究論文集』日本都市計画学会、pp.907-912、2000

＊ 4 　宮口侗廸『過疎に打ち克つ　先進的な少数社会をめざして』原書房、2020

＊ 5 　小田切徳美編著『新しい地域をつくる　持続的農村発展論』岩波書店、2022

＊ 6 　指出一正『ぼくらは地方で幸せをみつける－ソトコト流ローカル再生論』ポプラ新書、2016

＊ 7 　田中輝美『関係人口の社会学－人口減少時代の地域再生』大阪大学出版会、2021

＊ 8 　嵩和雄「新しい人の流れをつくる」小田切徳美編『新しい地域をつくる　持続的農村発展論』岩波書店、2022

＊ 9 　小田切徳美・筒井一伸編著『田園回帰の過去・現在・未来　移住者と創る新しい農山村』農文協、2016

＊10　徳野貞雄「コンピュータに頼らない『T 型集落点検』のすすめ」『現代農業』2008 年 11 月号増刊（「限界集落」なんて呼ばせない 集落支援ハンドブック）、pp.110-120，2008

＊11　大野沙知子・穂苅耕介・佐久間康富「農山村集落における地区外家族の通いの実態と防災情報共有 MAP の開発」『日本建築学会技術報告集』27-65、412-417、2021.2

＊12　鶴見和子・川田侃編『内発的発展論』東京大学出版会、1989

＊13　安藤光義・フィリップ・ロウ編著、『英国農村における新たな知の地平　－ Center for Rural Economy の軌跡』農林統計出版、2012 年 7 月

＊14　筒井一伸編著『田園回帰がひらく新しい都市農山村関係　現場から理論まで』ナカニシヤ出版、2021

＊15　宮地聡・金田聖輝・川江祐司朗・向井雅人・大村りか・芳永有梨・佐久間康富・嘉名光市・阿久井康平「中山間集落の水利システムと土地利用の変遷および関係について―文化的景観としての河内長野市流谷集落におけるケーススタディ―」『日本建築学会技術報告集』23-55、p. 991-996、2017

＊16　山崎義人・佐久間康富編著『住み継がれる集落をつくる―交流・移住・通いで生き抜く地域―』学芸出版社、2017

13

低炭素・
脱炭素都市づくり

低密度に広がったロサンゼルスのまち　　　ストラスブールの中心市街地にある
　　　　　　　　　　　　　　　　　　　　トランジットモール

Q　低炭素・脱炭素都市 (Low-carbon city ／ Decarbonized city) とは？

低炭素都市とは、地球温暖化の原因となる二酸化炭素（CO_2）などの温室効果ガスの排出量が少ない都市であり、実質的な排出量がゼロの都市は脱炭素都市と呼ばれている。都市活動を効率化しエネルギー効率を高めることによって、都市活動に起因する CO_2 などの温室効果ガスの排出量を削減することが可能であり、都市の構造は CO_2 の排出量に大きく関係している（詳細は 13・3 参照）。

自動車から排出される一人当たりの CO_2 が少ない都市では、都市内の移動手段として環境負荷の小さい公共交通が整備され、徒歩圏に日常生活に必要な都市施設が立地したコンパクトな都市が形成されている。低炭素・脱炭素都市を達成するためには、このようなまちづくりを進めていくことが重要なのである。

13・1 なぜ低炭素・脱炭素都市づくりが求められているのか?

1 地球温暖化問題

人為的要因によって引き起された気候変化やその潜在的な影響及びその緩和方策について、科学的、技術的、社会経済的観点から、包括的、客観的に評価することを目的として、国連環境計画（United Nations Environment Programme、UNEP）と世界気象機関（World Meteorological Organization 、WMO）により1988年に設立された政府間組織がIPCC（国連気候変動に関する政府間パネル、Intergovernmental Panel on Climate Change）である[1]。2014年に公表されたその第5次評価報告書（*IPCC's Fifth Assessment Report*：AR5）において、1880～2012年の間に地球の陸上および海面の平均気温は約0.85℃、1901～2010年の間に世界の平均海面水位は0.19mそれぞれ上昇し、気候変動による洪水や海岸侵食、海面上昇、陸上および海洋生態系、農作物への影響が世界中で観測されていることが報告された（図13・1）。そして、今世紀末には、1986～2005年と比較して、世界の平均気温は、0.3～4.8℃、平均海面水位は、0.26～0.82m上昇すると予測された[2]。さらに、2021年8月に公表された第6次評価報告書第I作業部会報告書（自然科学的根拠）の政策決定者向け要約[3]においては、2011～2020年の地球の地表温度は、1850～1900年に比べて1.09℃上昇したこと、また、2040年までに1.5℃上昇すると予測されることなどが報告されている[4]。

こうした地球温暖化(global warming)によって引き起される気候変動による影響は、人類の将来にとって非常に大きな脅威となっており、世界各国が協力し解決する必要がある地球的規模の環境問題となっている。

2 温室効果ガス

地球温暖化の要因について、先述のIPCCの第5次評価報告書では、人間活動による温室効果ガス(Green House Gas：GHG)濃度の増加による可能性が極めて高いとされており[5]、6次評価報告書第I作業部会報告書（自然科学的根拠）の政策決定者向け要約では、「人間の影響が大気、海洋及び陸域を温暖化させてきたことには疑う余地がない（It is unequivocal that human influence has warmed the atmosphere, ocean and land.）[3,4]。」と、より断定的に地球温暖化の要因が人間活動によるものであることが報告されている。

温室効果ガスには、二酸化炭素（CO_2）、メタン、一酸化炭素などがあるが、そのうちCO_2が年間総排出量の76%を占めている（2010年）[2]。CO_2の国別排出割合をみてみると（図13・2）、世界の中で最もCO_2を排出しているのは中国であり、世界の約32.0%を排出している。次いでアメリカの約13.7%となっており、両国で合わせて世界の4割以上のCO_2を排出していることになる（2021年）。日本は世界全体の約3.0%を排出していて[6]、インド、ロシアに次いで世界で5番目の排出量となっており、地球温暖化を防止する上で、世界全体に対して重い責任を負っている。

次に、わが国のCO_2の部門別排出量をみてみると、産業部門が約34.0%と最も大きな割合を占めている（2022年）。次いで、運輸部門、業務その他部門、家庭部門といった都市活動との関連が大きな部門からの排出量も、それぞれ、約18.5%、17.3%、15.3%と大きな割合を占めており[7]、都市計画においてもCO_2排出量の削減が、大きな課題の一つとなっている。

3 気候変動に関する国際連合枠組条約

地球温暖化の主たる要因とされている温室効果ガスの排出量削減のため、1992年に国際連合の総会で、大

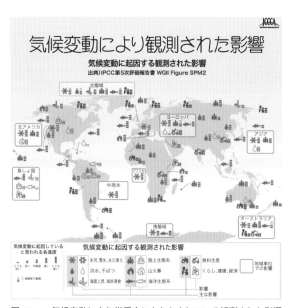

図13・1 気候変動により世界中にもたらされている観測された影響
（出典：『IPCC第5次評価報告書』全国地球温暖化防止活動推進センターウェブサイト（https://www.jccca.org/）より）

気中の温室効果ガスの濃度を安定化させることを究極の目標とする「**気候変動に関する国際連合枠組条約**（United Nations Framework Convention on Climate Change、UNFCCC）」が採択され、地球温暖化問題の解決に向け世界全体で取り組んでいくことが合意された。わが国も、同年にリオデジャネイロで開催された「**環境と開発に関する国際連合会議**（United Nations Conference on Environment and Development、UNCED）」において同条約に署名[8]するとともに、1993年5月に国会の承認を得て批准し、翌年の1994年3月21日に正式に発効した。

同条約に基づき、**気候変動枠組条約締約国会議**（Conference of the Parties to the UNFCCC、COP）が毎年開催され[9]、地球温暖化に対する国際的な取り組みについて話し合われている。1997年に京都で開催された第3回締約国会議（COP3）において、先進国の温室効果ガス排出量の削減目標を定めた**京都議定書**（気候変動に関する国際連合枠組条約の京都議定書、Kyoto Protocol to the United Nations Framework Convention on Climate Change)が採択された。京都議定書では、附属書Ⅰ国（先進国および東欧・ロシアの市場経済移行国）全体で、2008～2012年の**第一約束期間**における温室効果ガスの排出量を1990年比で5.2%削減することが約束され、国ごとに法的拘束力のある削減目標(日本6%、アメリカ7%、EU8%など)が定められた。

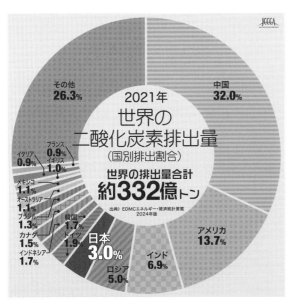

図13・2　国別 CO_2 排出割合（2021年）（出典：『EDMC／エネルギー・経済統計要覧2024年版』全国地球温暖化防止活動推進センターウェブサイト（https://www.jccca.org/）より）

当時、世界最大の排出国であったアメリカやオーストラリアが経済への悪影響と途上国の不参加などを理由に離脱したが、2004年にロシアが批准し、京都議定書は2005年2月16日に発効した。日本は1998年4月に署名、2002年6月に批准し、2008～2012年の間に1990年比で6%温室効果ガスの排出量を削減することが国際的な公約となり、その達成に向けて、さまざまな取り組みが進められた。結果として、京都議定書の第一約束期間である2008～2012年のわが国の CO_2 排出量は、1990年比で1.4%増加したものの、京都議定書で認められている森林等による吸収や海外での排出削減事業を加味すると、わが国の2008～2012年の CO_2 排出量は、1990年比−8.4%となり−6%の削減目標が達成されたことが正式に公表された[10, 11]。

地球温暖化問題に対する国際的な最初の枠組みであった京都議定書であるが、当時の世界最大の CO_2 排出国であったアメリカが参加していないこと、さらに、当時アメリカに次ぐ世界第二の排出国であった中国など発展途上国が排出量削減義務を負っていないといった問題点が指摘され、途上国を含む全ての国が参加する新たな枠組みが求められた。しかしながら、発展途上国は、これまでに大量の温室効果ガスを排出し今日の地球温暖化を招いた先進国と同様の削減義務を負うことに難色を示す一方、先進国は、削減義務を負っている国の CO_2 排出量は世界全体の排出量の27%しかカバーしておらず（2008年）[12]、途上国も削減義務を負わなければ実効ある温暖化対策とならない点を問題視した。両者の意見の隔たりは大きく、京都議定書に代わる新たな国際的枠組みの合意は難航した。

引き続き2020年以降の新たな国際的枠組みについての議論が重ねられ、2015年フランスのパリで開催されたCOP21において、ようやく京都議定書に代わる新たな枠組みである**パリ協定**（Paris Agreement）が採択された。パリ協定では、世界共通の長期削減目標として、産業革命前からの気温上昇を2℃未満に抑制することを目標として設定するとともに、1.5℃に抑制するための努力を継続することとし、主要排出国、途上国を含む全ての国が、削減目標などの「**自国が決定する貢献**（NDC：Nationally Determined Contribution）」を策定し5年ごとに提出・更新すること、全ての国が自国の取り組み状況を定期的に報告し、レビューを受けること、世界全体の実施状況の検討を5年ごとに実

施することなどが定められた[*13]。

　2016年11月4日パリ協定は正式に発効し、わが国も2016年11月8日に国会の承認を受け批准した。各国が国連気候変動枠組条約に提出した2015年時点の温室効果ガス削減目標を表13・1に示す。わが国の削減目標は2030年度に2013年度比で26%削減となっており、1990年度比では約18%の削減となる。なお、近年排出量が大きく増加した国もあるため、基準年の違いに特に留意する必要がある。また、排出量そのものを削減目標としている国とGDP当たりの排出量を削減目標としている国があることにも注意が必要である。

　パリ協定による温室効果ガス削減の枠組みと京都議定書による枠組みとの最大の違いは、京都議定書では、先進国等一部の国しか法的拘束力を持つ排出量削減義務を負っていなかったのに対し、パリ協定は、全ての国を対象とした枠組みとなっている点である。一方、パリ協定では、全ての国に対して義務付けられているのは各国が削減目標を提出し、その達成状況を報告することであり、排出量削減が義務付けられているわけではない。また、当初提出されていた各国の削減目標を仮に達成したとしても、パリ協定において達成に向けて継続的に努力するとされている産業革命前からの気温上昇を1.5℃に抑制することは困難であるとの特別報告書がIPCCから出され[*14]、より一層の排出量削減目標の強化が求められた。

　こうしたことから、当初の削減目標はさらに引き上げられ、2021年4月に開催された気候変動に関する首脳会議では、2030年のCO_2排出量を2005年比で50～52%削減（アメリカ）、2030年までに1990年比で55%以上削減（EU）といった削減目標が表明された。わが国も従来の目標を引き上げ、2030年に2013年比で46%削減と従来の26%削減から大幅に目標を引き

上げることを表明した。さらに、2020年10月、国会の所信表明演説において、菅義偉内閣総理大臣（当時）は「2050年までに、温室効果ガスの排出を全体としてゼロにする、すなわち2050年カーボンニュートラル、脱炭素社会の実現を目指す」ことを宣言した[*15]。

　このように1992年の気候変動枠組条約締結以降、気候変動によるさまざまな脅威に対して、温室効果ガスの排出量削減に対する国際的な枠組みについて議論が重ねられ、現在の国際社会においては、全ての国が協力し課題解決を目指して取り組むことが国際的責務となっている。都市との関連が大きい部門からも多くの温室効果ガスが排出されており、都市計画の分野においても、現在、温室効果ガス排出量削減は重要な課題となっている。

13・2　持続可能性と都市

1　持続可能とは？

　近年、都市計画の分野のみならず社会全体の重要なキーワードとして、さまざま場面で「**サステナビリティ（sustainability）**」あるいは、「**サステナブル（sustainable）**」という言葉が用いられている。日本語では「持続可能性」、「持続可能な」と訳されているが、この「**持続可能**」とはいったいどういう意味なのだろうか？

　「サステナブル（sustainable）」という言葉は、わが国の提案により設置された国連の「環境と開発に関する世界委員会（World Commission on Environment and Development、通称：ブルントラント委員会）」の最終報告書 *Our Common Future*（1987年）[*16]において提唱された「Sustainable Development（**持続可能な開発**）」という理念において用いられたものである。この理念は、1992年にブラジルのリオデジャネイロで開催された「環境と開発に関する国際連合会議」において環境と開発について考える際の基本理念として用いられ、その後、地球温暖化などの環境問題における共通理念として国際的に広く認識されるようになった。

　それでは、同最終報告書のなかで、「Sustainable Development」は、どのような意味で用いられているのだろうか？　同報告書では、「Sustainable Development」

表13・1　各国の温室効果ガス排出量削減目標（2015年）
(出典：国連気候変動枠組条約に提出された約束草案（全国地球温暖化防止活動推進センター（https://www.jccca.org/chart/chart03_06.html））より)

国名	削減目標	
中国	2030年までにGDP当たりCO_2排出量を60～65%削減	2005年比
アメリカ	2025年までに26～28%削減	2005年比
EU	2030年までに40%削減	1990年比
インド	2030年までにGDP当たりCO_2排出量を33～35%減	2005年比
日本	2030年度に26%削減（2005年度比25.4%）	2013年度比
ロシア	2030年までに70～75%に抑制	1990年比

は、「将来の世代が自らの欲求を充足する可能性を損なうことなく、現代の世代の欲求を充足するような開発（Sustainable development is development that meets the needs of the present without compromising the ability of future generations to meet their own needs.）」と定義されている[16]。つまり、「持続可能な」という言葉は、現代の我々の欲求を満たすための活動によって、将来世代の人々が望むであろう活動が妨げられない状態を意味している。将来世代が自らの欲求を満たすための活動に対して、さまざまな可能性を残しておくということである。そして、持続可能な開発という概念は、環境政策と開発戦略とを統合する枠組である[16]。

同報告書のなかで、「development（開発）」という言葉は、「the term 'development' being used here in its broadest sense」とされており、発展途上国の経済的開発ならびに社会的発展のみならず、先進国における開発・発展をも含む広い概念として用いられており、持続可能な開発の追求には、先進国、途上国を問わず、全ての国の国内および国際的な政策変更が必要であるとされている。

そして、先述の 1992 年に開催された「環境と開発に関する国際連合会議」、2002 年に開催された「持続可能な開発に関する世界首脳会議（ヨハネスブルク・サミット）」等を経て、経済開発、社会発展および環境保護は、相互に依存しかつ相互に補完的な「持続可能な発展」を支える柱であり、これら 3 つの要素を調和させた総合的な政策枠組みによりはじめて「持続可能な発展」は達成可能となることが世界共通の認識となっている。

2 持続可能な開発目標と都市

2000 年 9 月に開催された国連ミレニアム・サミットにおいて、平和と安全、開発と貧困、環境、人権などを課題として掲げ、21 世紀の国連の役割に関する明確な方向性を示した国連ミレニアム宣言（United Nations Millennium Declaration）が採択された。この国連ミレニアム宣言ならびに 1990 年代に開催された主要な国際会議やサミットで採択された国際開発目標を基に、国際社会における共通の目標としてまとめられたものが、ミレニアム開発目標（Millennium Development Goals: MDGs）である[18]。

ミレニアム開発目標（MDGs）では、極度の貧困と飢餓の撲滅や普遍的な初等教育の達成、ジェンダーの平等の推進と女性の地位向上、環境の持続可能性の確保など、2015 年までに達成すべき 8 つの目標、21 のターゲット、60 の指標が設定された[19, 20]。ミレニアム開発目標は、極度の貧困や飢餓など、途上国の人々が直面していた多くの問題を解決する原動力となったものの、達成状況を国・地域・性別・年齢・経済状況などからみると、様々な格差が浮き彫りとなり、"取り残された人々"の存在が明らかとなった[16]。

その後、2015 年 9 月にアメリカのニューヨークで開

事例 　**近年たびたび浸水の被害を受けている都市ヴェネツィア**

世界遺産であり世界的な観光地としても知られる「水の都」ヴェネツィアでは、近年、高潮による浸水被害をたびたび受けており、地球温暖化による気候変動がその要因の一つであると考えられている。実際、1923 年から 2019 年の約 100 年間に 110cm を超える高潮が計 307 回観測されているが、そのうち約半数の 147 回は 2000 年以降の約 20 年間に集中している[17]。

図 13・3　ヴェネツィアの中心部（左：サンマルコ広場周辺、右：サンマルコ広場）

図 13・4　サンマルコ広場の鐘楼から眺めたヴェネツィアのまちなみ

催された「国連持続可能な開発サミット」で採択された「我々の世界を変革する：持続可能な開発のための2030アジェンダ（*Transforming our world: the 2030 Agenda for Sustainable Development*）」において記載された、2016年から2030年の15年間に持続可能でよりよい世界を目指し掲げられた国際目標が**持続可能な開発目標**（Sustainable Development Goals：SDGs）である[21、22、23]。持続可能な開発目標（SDGs）は、主に途上国を対象としたミレニアム開発目標とは異なり、途上国だけでなく先進国も含む国際連合全加盟国共通の目標となっている。

持続可能な開発目標は、17の目標（Goals）、169のターゲット（Targets）と230の指標（Indicators）から構成され[24]、地球上の「誰一人取り残さない（leave no one behind）」ことが普遍的価値観の一つとして掲げられている[25]。17の目標には、貧困や飢餓、健康、教育、エネルギー、経済成長・雇用、産業、気候変動、生態系、平和に関するもののほか、持続可能な都市の実現についても設定されており、都市計画と密接に関連し重視する必要があるものとなっている[21、26]。

また、17の目標が対象とする分野は広範囲にわたるが、これらは独立したものではなく相互に関連しており、ある分野での行動が他の分野の成果に影響を及ぼし、開発は社会的、経済的、環境的持続可能性のバランスを取る必要があるとされている[27、28]。これらの17の目標は、人間（People）、豊かさ（Prosperity）、地球（Planet）、平和（Peace）、パートナーシップ（Partnership）の5つの分野（5つのP）に整理することができ、表13・2に示すように、17の目標もそれぞれ5つの分野に対応している[29]。

このように、17の目標は、ミレニアム開発目標で対象とされていた貧困や飢餓、健康、教育などの分野を全て含むとともに（目標1～6、17）、ミレニアム開発目標で対象とされていなかったエネルギー、経済成長・雇用、産業、都市、気候変動、生態系、平和といった分野についても新たに10の目標が加えられ、包括的な開発目標となっている（目標7～16）[30、31]。

17の目標のなかには、都市計画分野の目標である目標11「**住み続けられるまちづくりを：包摂的で安全かつ強靭（レジリエント）で持続可能な都市及び人間居住を実現する**（Make cities and human settlements inclusive, safe, resilient and sustainable）」が設定されている。

そして、10のターゲット（Targets）が定められており（表13・3）、11.2公共交通へのアクセスといった交通政策に関連するものや、11.4文化遺産及び自然遺産の保護・保全、11.5災害被災者ならびにその経済的損失、11.7緑地・公共スペースへのアクセスなどのほか、11.b災害に対する強靭さといった防災関係のものなど、多様な観点から、都市計画上、非常に重要な項目が設定されている。また、持続可能な開発目標では、目標11以外にも、都市計画に関連する目標、ターゲットが複数設定されている。例えば、目標3「全ての人に健康と福祉を：あらゆる年齢のすべての人々の健康的な生活を確保し、福祉を促進する」においては、「3.6世界の道路交通事故による死傷者を半減させる」というターゲットが設定されており、都市計画の大きな目標の一つである安全・安心なまちづくりとの関連性が高いものとなっている。

さらに、目標13「気候変動に具体的な対策を：気候変動及びその影響を軽減するための緊急対策を講じる」といった地球温暖化問題に関する目標も設定されている。後述するように、公共交通を軸とした、市街地が高密に集約された**コンパクトな都市**ほど一人あたりの温室効果ガス排出量は少なく[32、33、34]、地方自治体の歳出も少なくなる[35]ことが指摘されており、いかにコンパクトな都市を実現していくのかが都市計画における重要な課題の一つとなっている。また、目標15「陸の豊かさも守ろう：陸域生態系の保護、回復、

表13・2　5つのPと持続可能な開発目標

5つのP	概要[29]	持続可能な開発目標[27]
人間（People）	すべての人の人権が尊重され、尊厳をもち、平等に、潜在能力を発揮できるようにする。貧困と飢餓を終わらせ、ジェンダー平等を達成し、すべての人に教育、水と衛生、健康的な生活を保障する	目標1～6
豊かさ（Prosperity）	責任ある消費と生産、天然資源の持続可能な管理、気候変動への緊急な対応などを通して、地球を破壊から守る	目標7～11
地球（Planet）	すべての人が豊かで充実した生活を送れるようにし、自然と調和する経済、社会、技術の進展を確保する	目標12～15
平和（Peace）	平和、公正で、恐怖と暴力のない、インクルーシブな（すべての人が受け入れられ参加できる）世界をめざす	目標16
パートナーシップ（Partnership）	政府、民間セクター、市民社会、国連機関を含む多様な関係者が参加する、グローバルなパートナーシップにより実現をめざす	目標17

持続可能な利用の推進、持続可能な森林の経営、砂漠化への対処、ならびに土地の劣化の阻止・回復及び生物多様性の損失を阻止する」といった**生物多様性**に関する目標も設定されている。都市においても、公園や都市農地における緑、河川や湖沼といった水辺空間、寺社林などに残された自然環境などは、多様な生物が生育・生息する貴重な空間であり、また、都市の緑は、温室効果ガスの吸収源としても重要であり、こうした場の保全に対する積極的な取り組みが求められている。

3 わが国におけるSDGsへの取り組み

先述のように持続可能な開発目標（SDGs）は先進国も含む全世界共通の目標であり、わが国においても目標達成のための取り組みが進められている。

2016年に持続可能な開発目標推進本部が設置され、「持続可能で強靭、そして誰一人取り残さない、経済、社会、環境の統合的向上が実現された未来への先駆者を目指す」というビジョンが掲げられ、①普遍性、②包摂性、③参画型、④統合性、⑤透明性と説明責任を実施原則とした「持続可能な開発目標（SDGs）実施指針」が策定された。その指針のなかで、先述の5つのPに対応したわが国が特に注力すべき8つの優先課題が掲げられており[36]、優先課題のなかには、「健康・長寿の達成」、「地域活性化」や「インフラ整備」、「生物多様性、環境の保全」など都市計画と密接に関連するものも多く含まれている。こうした活動の一つとして、持続可能なまちづくりに資する優れた地方公共団体の取り組みが「SDGs未来都市」として選出されており、コンパクトなまちづくりに取り組んでいる富山市、宇都宮市、松山市などが選出されている[37, 38]。

13・3 持続可能な都市づくりのための新たな方策

1 サステナブルシティ（Sustainable city）

近年、都市計画分野におけるキーワードの一つとして「サステナブルシティ」ということばを目にする機会が多いと思われるが、**持続可能な都市（サステナブルシティ、sustainable city）**とは一体どういう都市なのであろうか？

13・2で述べた環境と開発に関する世界委員会の最終報告書において提唱された「Sustainable Development」という理念を踏まえると、将来世代の人々の欲求を満たすための活動の可能性を損なわないために、現在世代の活動が制限された都市という意味ではなく、将来世代の人々が欲求を満たすために活動する可能性を損なわず、現在世代が欲求を満たすための活動を続

表13・3 目標11「住み続けられる都市を」におけるターゲット[39]

11	包摂的で安全かつ強靭（レジリエント）で持続可能な都市及び人間居住を実現する Make cities and human settlements inclusive, safe, resilient and sustainable		
ターゲット（Target）			
11.1	2030年までに、全ての人々の、適切、安全かつ安価な住宅及び基本的サービスへのアクセスを確保し、スラムを改善する。	11.6	2030年までに、大気の質及び一般並びにその他の廃棄物の管理に特別な注意を払うことによるものを含め、都市の一人当たりの環境上の悪影響を軽減する。
11.2	2030年までに、脆弱な立場にある人々、女性、子供、障害者及び高齢者のニーズに特に配慮し、公共交通機関の拡大などを通じた交通の安全性改善により、全ての人々に、安全かつ安価で容易に利用できる、持続可能な輸送システムへのアクセスを提供する。	11.7	2030年までに、女性、子供、高齢者及び障害者を含め、人々に安全で包摂的かつ利用が容易な緑地や公共スペースへの普遍的アクセスを提供する。
11.3	2030年までに、包摂的かつ持続可能な都市化を促進し、全ての国々の参加型、包摂的かつ持続可能な人間居住計画・管理の能力を強化する。	11.a	各国・地域規模の開発計画の強化を通じて、経済、社会、環境面における都市部、都市周辺部及び農村部間の良好なつながりを支援する。
11.4	世界の文化遺産及び自然遺産の保護・保全の努力を強化する。	11.b	2020年までに、包含、資源効率、気候変動の緩和と適応、災害に対する強靭さ（レジリエンス）を目指す総合的政策及び計画を導入・実施した都市及び人間居住地の件数を大幅に増加させ、仙台防災枠組2015-2030に沿って、あらゆるレベルでの総合的な災害リスク管理の策定と実施を行う。
11.5	2030年までに、貧困層及び脆弱な立場にある人々の保護に焦点をあてながら、水関連災害などの災害による死者や被災者数を大幅に削減し、世界の国内総生産比で直接的経済損失を大幅に減らす。	11.c	財政的及び技術的な支援などを通じて、後発開発途上国における現地の資材を用いた、持続可能かつ強靭（レジリエント）な建造物の整備を支援する。

けられる都市という意味になると考えられる。つまり、持続可能な開発が行われ、発展し続けている都市という意味である。なお、ここでいう開発には、市街地の再開発や宅地の新規開発などの都市開発事業のみではなく、都市を発展させ、より魅力的で快適な空間としていくためのあらゆる取り組みが含まれている。

それでは、このような持続可能な都市（サステナブルシティ）を実現するためには、どのような方策が必要なのだろうか？

2　コンパクトシティ（Compact city）

13・1で述べたように、わが国のCO_2の部門別排出量をみてみると、都市との関連が大きな部門からの排出量が多く、なかでも運輸部門は18.5%と高い割合を占めている。さらに、運輸部門における排出量の内訳をみてみると、自動車全体で82.9%（日本全体の15.3%）を占めており、そのなかの自家用乗用車からの排出量が運輸部門全体の44.9%と約半分を占め、わが国全体のCO_2の1割弱（8.3%）が自家用乗用車から排出されていることになる（図13・5）。わが国の温室効果ガスの排出量の約9割以上がCO_2であることから[40]、自家用乗用車はわが国における温室効果ガスの主要な排出源の一つとなっていることがわかる。

実は、この自家用乗用車によるCO_2排出量に都市の構造が大きく関係していることが知られている。図13・6は都市の人口密度と一人当たりの年間自動車ガソリン消費量の関係を示したものである[32]。図13・6に示すように、都市の人口密度が高いほど一人当たりのガソリン消費量が少なくなっている。自動車からのCO_2排出量はガソリンの消費量に比例することから、都市の人口密度が高いほど自動車からの一人当たりのCO_2排出量は少なくなっているといえる。

こうした都市構造と自動車からのCO_2排出量の関係は世界中から注目を集め、近年、世界の多くの都市において、自動車に依存した低密度に拡散した都市ではなく、自動車に過度に依存しない高密度に集約されたコンパクトな都市（コンパクトシティ）を目指した都市計画が進められている[41]。

自動車に過度に依存しないコンパクトな都市を形成するためには、都市内の移動手段として利便性の高い公共交通を整備するとともに、賑わいをもたらす魅力的な歩行者空間を整備し、徒歩圏内に日常生活に必要な都市施設を多く立地させることにより、移動そのものを短い距離ですますことができるようにすることがより効果的である[42, 43]。仮に、近い将来自動車が電動化されたとしても、多くの人々を同時に輸送するエネルギー効率が高い公共交通は主要な都市内の移動手段であり、移動そのものの距離が短くてすむコンパクトな都市の方が、自動車に過度に依存した低密度に拡散した都市と比較して、より持続可能性の高い将来目指すべき都市像であるといえるだろう。

わが国においても、2012年に都市の低炭素化の促進に関する法律（通称：エコまち法）が制定され、市町村は都市機能の集約化、公共交通機関の利用促進、自動車に関するCO_2の排出抑制、建築物の低炭素化、緑・エネルギーの面的管理・利用の促進などの取組みを定

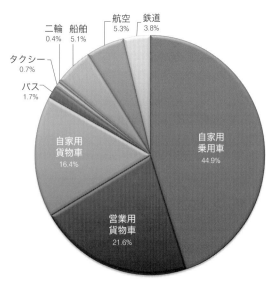

図 13・5　わが国における運輸部門の CO_2 排出量内訳（2022 年）
（出典：国土交通省「運輸部門における二酸化炭素排出量」(https://www.mlit.go.jp/sogoseisaku/environment/sosei_environment_tk_000007.html) より）

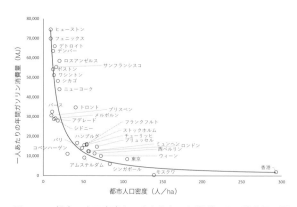

図 13・6　都市の人口密度と一人あたりの年間ガソリン消費量の関係（1980 年）（出典：Newman, P G, Kenworthy, J R, *Cities and Automobile Dependence: A Sourcebook*, Ashgate Publishing, 1989 より筆者作成））

めた低炭素まちづくり計画を策定できることとなった。

そして、2014年には都市再生特別措置法等の一部が改正され、都市の中心拠点や生活拠点に居住機能や医療、福祉、商業といった都市機能を誘導・集約する**立地適正化計画制度**が創設され、まちづくりと連携し、面的に公共交通ネットワークを再構築する「**コンパクト・プラス・ネットワーク**」が推進されている。

2020年に低炭素まちづくり計画を策定した宇都宮市では、宇都宮駅東口地区を対象に、都市機能の集約とともに、LRT導入やレンタサイクルの利用促進、コージェネレーションシステムの導入、太陽光発電の導入・促進、歩道への植栽、花壇の設置、建物屋上の緑化などに取り組み、2025年度において一般的な街区と比較して26%のCO_2排出量の低減を目指している[44]。

3 スマートシティ（Smart city）

持続可能な都市を実現するための方策の一つとして、近年、世界的に注目され期待されているのが「**スマートシティ**」である。スマートシティとは、ICT（Information and Communication Technology）等の新たな技術を活用し、さまざまな都市インフラを効率的に管理・運営し、都市の機能やサービスを効率化・高度化することにより、都市や地域が抱えるさまざまな課題を解決し、人々が便利にそして快適に暮らし続けることができる都市のことである。2010年頃までは、HEMS[45]等の導入による都市におけるエネルギー消費の効率化など分野ごとの効率化を目的とした取り組みが中心であったが、近年では、AI（Artificial Intelligence、人工知能）、IoT（Internet of Things）などの技術やビッグデータなどを活用し、「環境」「エネルギー」「防災」「交通」「通信」「教育」「医療・健康」といった複数の分野にわたり幅広く、都市が抱える課題全般を解決しQoL（Quality of Life）を高めるための包括的な取り組みが進められつつある[46]。

例えば、都市内交通の分野においては、9章で紹介した、ICT技術を駆使することによって交通手段をシームレスに連携させ、自動運転技術と融合し、人々の移動を効率化・高度化するとともに、利便性・快適性を高めることを目指したMaaS（Mobility as a Service）もその一例である（詳細は9章参照）。こうした新しい技術の導入が進められ、近い将来、自動運転車が普及すると、都市においても、商業施設や駐車場といった

都市施設の立地や居住地分布、人々のライフスタイルなどに大きな影響を及ぼすことが予想されている[47]。

また、エネルギーの分野においても、各家庭等のエネルギーを管理するだけではなく、地域全体のエネルギーを管理し、再生可能エネルギーによる電力供給に対応し地域のエネルギーの需給バランスを保ち最適化するCEMS（Community Energy Management System）の導入による電力使用量の削減などが進められている。

4 Society5.0

近い将来の社会像として、第5期科学技術基本計画において初めて提唱されたのがSociety5.0である。Society5.0とは、サイバー空間（仮想空間）とフィジカル空間（現実空間）を高度に融合させたシステムにより、経済発展と社会的課題の解決を両立する人間中心の社会（Society）[48]と定義されており、Society5.0には、狩猟社会（Society1.0）、農耕社会（Society2.0）、工業社会（Society3.0）、情報社会（Society4.0）に続く新たな社会を生み出す変革を科学技術イノベーションが先導していくという意味が込められている[49]。

第5期科学技術基本計画においては、ICTを最大限に活用し、サイバー空間とフィジカル空間とを融合させた取り組みにより、人々に豊かさをもたらす「超スマート社会」を未来社会の姿として共有し、その実現に向けた一連の取り組みを更に深化させつつ「Society5.0」として強力に推進し、世界に先駆けて超スマート社会を実現するとされている[49]。超スマート社会とは、"必要なもの・サービスを、必要な人に、必要な時に、必要なだけ提供し、社会のさまざまなニーズにきめ細かに対応でき、あらゆる人が質の高いサービスを受けられ、年齢、性別、地域、言語といったさまざまな違いを乗り越え、活き活きと快適に暮らすことのできる社会"である[49]。先述のスマートシティは、先進的技術を実装し活用することにより、都市や地域の機能やサービスを効率化・高度化し、各種の課題の解決を図るとともに、快適性や利便性を含めた新たな価値を創出する取り組みであり、近い将来の社会像であるSociety 5.0の先行的な実現の場であるとされており[50]、近い将来の実現が期待されている。

例題

Q 都市計画と関連したSDGsの目標達成のため具体

的な取り組み事例を調べ、どのような都市問題の解決が期待されているか整理しよう。

Q　コンパクトシティに期待されている効果は環境負荷の低減だけではない。環境負荷の低減以外に期待されている効果を整理しよう。

注・参考文献

＊1 IPCC, *The role of the IPCC and key elements of the IPCC assessment process*, 2020

＊2 IPCC, *AR5 Synthesis Report: Climate Change 2014*, 2014.

＊3 IPCC, *Climate Change 2021 The Physical Science Basis Summary for Policymakers*, 2021

＊4 環境省「気候変動に関する政府間パネル（IPCC）第6次評価報告書第Ⅰ作業部会報告書（自然科学的根拠）の公表について」2021（https://www.env.go.jp/press/109850.html）

＊5 IPCC, *Climate Change 2013: The Physical Science Basis*, 2013

＊6 日本は人口では世界の約1.6％（2020年、出典：United Nations Population Fund（UNFPA）, *State of World Population 2020*）、GDPでは約5.9％（2019年、出典：内閣府、国民経済計算年次推計）を占めている。

＊7 全国地球温暖化防止活動推進センター「日本の部門別二酸化炭素排出量－各部門の電気・熱配分後排出量」（2022年度）。（https://www.jccca.org/）

＊8 この時「環境と開発に関する国際連合会議」において、「生物の多様性に関する条約（Convention on Biological Diversity、CBD）」についても同じく各国による署名が開始された。

＊9 2020年11月にイギリスのグラスゴーで開催される予定であった気候変動枠組条約締約国会議（COP26）はCOVIC-19の世界的感染拡大のため2021年10月に延期された。

＊10 United Nations Framework Convention on Climate Change(UNFCCC), Reporting and review process for the true-up period of the first commitment period of Kyoto Protocol, 2016

＊11 地球温暖化対策推進本部「京都議定書目標達成計画の進捗状況」2014（http://www.env.go.jp/press/upload/24788.pdf）

＊12 環境省『平成23年版 環境・循環型社会・生物多様性白書』2011

＊13 外務省「条約 パリ協定」2016（https://www.mofa.go.jp/mofaj/ila/et/page24_000810.html）

＊14 IPCC, *SPECIAL REPORT Global Warming of 1.5 ℃*, 2018

＊15 環境省「脱炭素ポータル」2021（https://ondankataisaku.env.go.jp/carbon_neutral/about/）

＊16 World Commission On Environment and Development, *Our Common Future*, 1987

＊17 Città di Venezia, Grafici e statistiche（https://www.comune.venezia.it/it/content/grafici-e-statistiche）

＊18 外務省「ミレニアム開発目標（MDGs）」（https://www.mofa.go.jp/mofaj/gaiko/oda/doukou/mdgs.html）

＊19 日本ユニセフ協会「ミレニアム開発目標（MDGs）」（https://www.unicef.or.jp/mdgs/）

＊20 国際連合広報センター「ミレニアム開発目標（MDGs）の目標とターゲット」（https://www.unic.or.jp/activities/economic_social_development/sustainable_development/2030agenda/global_action/mdgs/）

＊21 国際連合広報センター「2030アジェンダ」（https://www.unic.or.jp/activities/economic_social_development/sustainable_development/2030agenda/）

＊22 外務省「JAPAN SDGs Action Platform」（https://www.mofa.go.jp/mofaj/gaiko/oda/sdgs/about/index.html）

＊23 United Nations, *Transforming our world: the 2030 Agenda for Sustainable Development*, 2015.

＊24 国際連合広報センター「持続可能な開発目標」（https://www.unic.or.jp/activities/economic_social_development/sustainable_development/sustainable_development_goals/）

＊25 United Nations Sustainable Development Group：What does the 2030 Agenda say about universal values?（https://unsdg.un.org/2030-agenda/universal-values）

＊26 United Nations, *THE 17 GOALS*（https://sdgs.un.org/goals）

＊27 United Nations Development Programme（UNDP）：Sustainable Development Goals（https://www.undp.org/content/undp/en/home/sustainable-development-goals.html）

＊28 国連開発計画（UNDP）駐日代表事務所「持続可能な開発目標」（https://www.jp.undp.org/content/tokyo/ja/home/sustainable-development-goals.html）

＊29 国際連合広報センター「SDGsを広めたい・教えたい方のための『虎の巻』」（https://www.unic.or.jp/activities/economic_social_development/sustainable_development/2030agenda/）

＊30 独立行政法人国際協力機構（JICA）「SDGsの目標：MDGsとの比較」（https://www.jica.go.jp/aboutoda/sdgs/SDGs_MDGs.html）

＊31 日本ユニセフ協会「SDGsの考え方」（https://www.unicef.or.jp/sdgs/concept.html）

＊32 Newman, Peter W G; Kenworthy, Jeffrey R.："Gasoline Consumption and Cities", American Planning Association, *Journal of the American Planning Association,* Chicago Vol.55 No.1, 1989

＊33 谷口守、松中亮治、平野全宏「都市構造からみた自動車CO_2排出量の時系列分析」『都市計画論文集 No.43-3』、pp.121-126、2008

＊34 Hyunsu Choi, Dai Nakagawa, Ryoji Matsunaka, Tetsuharu Oba and Jongjin Yoon：Research on the causal relationship between urban density and travel behaviors, and transportation energy consumption by economic level, *International Journal of Urban Science*, Vol.17, No.3, 2013.11.

＊35 国土交通省都市局都市計画課『都市構造の評価に関するハンドブック』2014

＊36 持続可能な開発目標（SDGs）推進本部「持続可能な開発目標（SDGs）実施指針」2016、実施指針改訂版、2019

＊37 持続可能な開発目標（SDGs）推進本部「SDGsアクションプラン2020」2021

＊38 内閣府「地方創生SDGs」（https://future-city.go.jp/sdgs/）

＊39 外務省「SDGグローバル指標(SDG Indicators) 11: 住み続けられるまちづくりを」（https://www.mofa.go.jp/mofaj/gaiko/oda/sdgs/statistics/goal11.html）

＊40 全国地球温暖化防止活動推進センター「データ集［2］（日本の温室効果ガス排出量）」（https://www.jccca.org/global_warming/knowledge/kno04.html）

＊41 谷口守編著『世界のコンパクトシティ 都市を賢く縮退するしくみと効果』学芸出版社、2019

＊42 松中亮治、大庭哲治、中川大、長尾基哉「鉄軌道利便性および歩行者空間分布を考慮した地方都市における都市構造の国際間比較」『土木学会論文集D3』Vol.68、pp.242-254、2012

＊43 Ryoji Matsunaka, Tetsuharu Oba, Dai Nakagawa, Motoya Nagao, Justin Nawrocki：International comparison of the relationship between urban structure and the service level of urban public transportation - A comprehensive analysis in local cities in Japan, France and Germany, *Transport Policy*, Volume 30, pp. 26-39, 2013.11

＊44 国土交通省「低炭素まちづくり計画作成事例」（https://www.mlit.go.jp/toshi/city_plan/content/001363101.pdf）

＊45 Home Energy Management Systemの略で、家庭内のエネルギー消費量を把握・可視化し、家電や電気設備を制御することにより、電力消費を効率化するための管理システム。

＊46 国土交通省都市局「スマートシティの実現に向けて 【中間とりまとめ】」2018

＊47 松中亮治、大庭哲治、住川俊多「都市内交通シミュレーションを用いた共有型完全自動運転車両の普及による社会的便益に関する研究」『都市計画論文集』Vol.55、No.2、pp.115-125、2020

＊48 内閣府「Society 5.0」（https://www8.cao.go.jp/cstp/society5_0/）

＊49 内閣府「第5期科学技術基本計画」（https://www8.cao.go.jp/cstp/kihonkeikaku/5honbun.pdf）

＊50 国土交通省「スマートシティ官民連携プラットフォーム」（https://www.mlit.go.jp/scpf/）

14

都市調査・都市解析

都市計画における 3D 都市モデルの活用（Project PLATEAU）

Q　都市計画はどんな技術に支えられているのか？

都市・地域の計画立案やマネジメントの現場では，関連する既存の情報や調査で得られた情報とともに，必要に応じて，解析された科学的情報も交えながら，対象とする諸現象を客観的に把握し，解決の方向性や実現の可能性を検討している．本章では，このような計画立案やマネジメントのプロセスを支える，都市調査や都市解析を中心に，計画検討のための基礎的技術から近年の応用的技術に至るまで，主要な都市計画策定技術について概説する．

14・1 都市調査・都市解析とその意義

1 都市情報の収集と利活用

都市計画の実現においては、既存の情報や新たに収集した情報のみならず、必要に応じて科学的に解析した情報など、種類や情報源の異なる様々な都市情報を利活用する必要がある。また、「Plan（計画）、Do（実行）、Check（点検）、Action（改善）」で構成されるPDCAサイクルを通じて、都市計画の実現に向けての長いプロセスを管理し、場合によっては新しい都市情報に基づいて計画自体を見直すなど、都市を継続的にマネジメントしていくことも求められる。

本章では、都市情報を適切に収集・利活用するための技術である「都市調査」と「都市解析」、さらには、都市情報の利活用を通じて、都市計画の策定プロセスを前に進めていくための合意形成や住民参加に関する技術も含めて、基礎的技術から近年の応用的技術に至るまで、主要な都市計画策定技術を概説する。

2 基幹統計調査

社会全体で利用されているわが国の代表的な情報基盤として、統計法のもと体系的な整備が図られている基幹統計調査が挙げられる。例えば、わが国に居住する全ての人と世帯を対象とした国勢調査、住宅とそこに居住する世帯の居住状況や保有する土地などの実態を把握するための住宅・土地統計調査などが該当し、これらの統計調査は5年ごとに実施されている。

基幹統計調査は、都市計画分野をはじめ、様々な諸施策の企画、立案、評価などの基礎資料として利用されているが、都市を取り巻く特性や現状を反映した都市情報として利活用できるとは限らない。これは、人々が共通に利用できることを目的に全国を対象にした一律の項目で実施された調査であることによる。

そこで、基幹統計調査とは別途、都市計画の実現に資する関連情報の把握や分析、評価が適切に行えるように、都道府県や市区町村といった行政機関が実施するいくつかの基礎調査も定期的に実施されている。とりわけ、都市計画分野の代表的な基礎調査として挙げられるのが、都市計画基礎調査と都市交通調査である。

都市計画基礎調査は、都市計画法の第6条に基づき、都道府県が概ね5年ごとに都市における現況や将来の見通しを把握するために実施している調査である。都市計画区域における調査項目としては、人口、産業、土地利用、建物、都市施設、交通、地価、自然的環境、災害、その他（景観・歴史資源など）で、市区町村単位や小地域単位で情報収集され、客観性や合理性を有する都市計画の運用を行うための信頼性の高い基礎情報となっている。

一方、都市交通体系や都市交通施設の計画立案、都市交通調査手法の改善などのために活用されている都市交通調査は、属性・地域別の交通特性や過去からの経年変化などを把握するための調査である。9章にて先述した人の移動に着目したパーソントリップ調査（全国都市交通特性調査や都市圏パーソントリップ調査）、物の動き及びそれに関連する貨物自動車の動きに着目した物資流動調査があり、今後の交通計画の策定において基礎情報となるものである（図14・1）。

3 都市調査・都市解析の意義

収集から集計までのプロセスの全てを行政機関が取り仕切る政府統計や公的統計と呼ばれるデータの利活用のみでは不十分な場合が多く、また必要となる特定の項目や条件に合った都市情報を収集することは、決して容易なことではない。例えば、特定の事柄に関する人々の意識や行動の実態、あるいは、新たに生じた都市課題の実態を機動的に把握しようにも、既存調査の目的や条件が必ずしも一致しないため、関連情報すら存在しない場合も少なくない。

そのような場合、都市計画の目的に合わせて独自に調査を実施したり、各種データで都市解析を行うことは、先述のような都市の特性や実態を正確に把握できる点に加えて、既存調査の結果からは明らかではなかった個別具体の課題に対して事前に十分な検討が加えられる点でも大いに役立つことが期待される。このよ

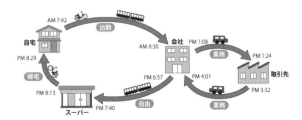

図 14・1　パーソントリップ調査で把握する人の動き（出典：京阪神都市圏交通計画協議会 https://www.kkr. mlit. go. jp/plan/pt/research_pt/index. html）

うに、価値の高い都市情報が得られるという意味で、都市調査や都市解析といった都市計画策定技術を理解し、積極的に利活用する意義は極めて大きい。

14･2　都市を調査する技術

1　適切な都市情報を収集するために

先述の通り、統計情報を通じて得られる都市情報のみで事足りることはほぼない。したがって、目的・対象・内容・範囲に応じて、適切な調査を別途実施することが必要不可欠となる。また、都市情報には、定量・定性情報もあれば、定期・不定期情報もあるなど、都市計画を実現する上での場面や状況に応じて、必要となる都市情報の種類は異なる。

そこで本項では、都市情報を収集する代表的な調査技術である、現地での**路上観察**（まち歩き）、**ヒアリング調査・アンケート調査**、そして、既存資料・データを利用する**文献調査・データ調査**を概観する。また、都市構造を理解する際の手助けとして、10 章で解説した**イメージマップ**（認知地図）についても、都市環境に対して抱く人々のイメージを把握するための調査技術として概説する。なお、近年、積極的な利活用が図られている IoT やリモートセンシング技術を活用した先進的な調査技術については、本章後半の「14･5 ICT 技術の進展と都市計画への応用」にて後述する。

2　路上観察による現地調査

百聞は一見に如かずという言葉の通り、都市を把握する代表的な調査技術の 1 つに、**路上観察による現地調査**（**フィールドワーク**、**まち歩き**とも呼ばれる）がある。調査者自身が対象エリアを実際に歩きながら観察と実測を行うことで、現地の様々な地理的情報や視覚的情報を収集し、普段は気付かない課題や地域資源を発見することができる点が最大の利点である。

路上観察は、限られた時間の中で、周囲に配慮しつつ、場合によっては許可を得た上で実施されるため、現場で効率的に調査を行うためにも、事前に調査項目や判断基準を検討しておく必要がある。また、観測や実測に用いるデジタルカメラ、結果を記録するための調査シートや地図なども併せて準備しておく必要がある。例えば、京都市が平成 20・21 年度に実施した京町家まちづくり調査では、図 14・2 に示す外観調査シートを用意し、現場で一軒一軒の記録をとりながら、視覚的な情報として得られる京町家の構造・形式・意匠・状態・用途などを丁寧に把握している。

最近では、視覚的情報を調査資料のアーカイブとしても活用できるように、写真や動画で記録することが一般的になりつつある。また、調査時の移動軌跡を GPS ログとして記録の上、地図情報や画像情報などとも連携したまち歩きのための専用アプリなども開発されており、その活用も進みつつある。

3　ヒアリング調査・アンケート調査

地域特有の課題解決を図る上で、地域の実情を深く理解するためには、特定の人や多くの人の意見に耳を傾けて、視覚的情報とは異なる独自情報を調査することも重要である。そのための調査技術として挙げられるのが、ヒアリング調査やアンケート調査である。

ヒアリング調査は、地域の実情を知る当事者や関係者に聞き取りを行う方法で、例えば、地域住民、事業主、まちづくりを担う各種組織のリーダー、行政の政策立案者、専門家など、調査の目的に応じて、定量的な調査からは読み取れない情報を収集する。得られる

既存調査エリア	(1)位置の確認		1．正しい　2．訂正あり　3．新規
	(2)町家かどうか		1．町家である 2．町家でなくなった（滅失）→ (4),(10)のみ記入・要写真撮影) 3．町家でない（以前の調査が間違い）→以下チェック不要、要写
共通項目（既存調査エリア・新規調査エリア）	(3)空き家の確認		1．空き家でない　2．空き家である　3．不明
	(4)表札・事業所名		
	(5)事業活用		1．事業所専用である　2．併用住宅である　3．専用住宅である
	(6)構造・形式立地状況等	A．構　造	1．本二階　2．中二階　3．三階建て　4
		B．屋　根	1．切妻（平入り）　2．入母屋　3．
		C．その他（複数選択）	1．全体が看板建築　2．部分的に 3．長屋建て（　軒長屋）　4．高塀造 5．袋路にのみ面する　6．該当項目なし
	(7)外観意匠要素	A．表側の状態（面積の多い方）	1．真壁　2．大壁
		B．玄関戸：大戸・木格子戸・木枠ガラス戸	1．あり　2．なし
		C．2　階：虫籠・木枠ガラス窓・格子	1．あり　2．なし
		D．外　壁：土壁・しっくい壁（表側）	1．見える　2．見えな
		E．1　階：出格子・平格子 腰壁+パイプ格子（昭和初期型） （複数回答可能）	1．出格子・平格子 2．腰壁+格子（金属パイプ又 3．なし
	(8)建物状態・メンテナンス状態（外観からの判断による）		1．良好　＝（壁・屋根瓦が崩れ落ちていない。軒がたわんでいない 2．不十分　＝（壁の表面が少し崩れ落ちている。軒先が少し波打・ 3．今すぐ修理が必要　＝（建物に大きな傾きが見られる。壁が大 ちている。軒先が大きく波打っている。）
	(9)メモ（特記事項）	《キーワード》	①文化財・景観重要建造物に値すると思う ②構造上の改善が必要である（1Fが全面ピロティなど） ③周辺の町並みが良好であると思う（→写真撮影をお願いしま ④路地付町家（1階部分に路地入口のある町家）、⑤仕舞屋、⑥ 生垣あり、⑦建物と一体となった塀あり、⑧前面平屋部分有り り、⑩越屋根有り、　⑪改修工事中、⑫建て替え工事中、 外（スレート葺き、金属板葺き等） ⑭良く見えないので不明の項目がある　⑮大幅な改変が行われ ⑯損傷・腐食などの劣化が著しい
		撮影写真No.	
[illegible]	(10)現在の用途		1．戸建住宅　2．戸建店舗　3．共同住宅　4．オフィス・ 5．立体駐車場　6．露天駐車場　7．空地・売地　8．その他（

図 14･2　平成 20･21 年度「京町家まちづくり調査」外観調査シートの一例
（出典：平成 20・21 年度京町家まちづくり調査
https://www.city.kyoto.lg.jp/tokei/cmsfiles/contents/0000089/89608/reference. pdf）

情報には情報の信頼性に影響する主観が含まれる場合が少なくないが、公表されて広く知られている情報からは取得できない貴重な定性情報を得られることが利点である。主に、対面や電話で実施されることが多いが、昨今のコロナ禍を契機として、最近では、低コストで調査場所・時間に制限がなく、また内容を録画データとして保存可能なインターネットを介してのオンラインでも実施されている。いずれにしても、有用な情報を得るには、インタビュアーである聞き手の高い能力や素質が要求されることは言うまでもない。

一方、**アンケート調査**は、対象者全員に実施する全数調査や、想定される対象全体から無作為抽出あるいはそれに準ずる方法で抽出した一部の人々に実施するサンプリング調査が一般的で、ヒアリング調査よりも広範囲に必要な情報を収集することができる。サンプリング調査の場合、信頼できる結果を得るために調査結果に影響を及ぼすバイアスに対処する必要がある。また、調査方法は、紙の調査票を介して、回答者属性の項目とともに選択回答形式や自由回答形式で複数の質問を尋ねることが一般的である。なお従来は面接や郵送などの手段で実施されることが多かったが、パソコンやスマートフォンの普及率の高まりに伴い、低コストかつデータ管理が容易で、特定の条件で対象者属性を絞り込みやすいなどの利点から、Web アンケート調査も近年では盛んに実施されている。

4　文献調査・データ調査

文献調査・データ調査とは、過去に公表された様々な調査資料や統計調査データの中から、必要となる都市情報を入手して利活用することである。インターネット検索を通じて、手軽な情報収集が可能になっている一方で、都市計画のような公共性の高い重要な事柄の検討にあたっては、信頼性の高い調査資料や統計調査データであるかを十分に吟味する必要がある。

文献調査・データ調査において収集する代表的な情報としては、書籍・雑誌・学術論文をはじめとした書誌情報、新聞記事、行政情報、統計情報などがあり、行政や商用でのデータベース化も進みつつある。例えば、各府省が公表する統計データを一つにまとめ、統計データの検索をはじめとした、様々な機能を備えた政府統計のポータルサイトとして、**政府統計の総合窓口**（e-Stat）が提供されている。都道府県別、市区町村別に多様な分野の調査データを入手することができる。また、国土形成計画や国土利用計画の策定などの国土政策の推進に資するため、地形や土地利用といった国土情報、施設や地域資源などの地域情報をはじめ、政策区域情報や交通情報などの基礎的情報を GIS データとして整備した**国土数値情報**なども提供されている。

近年、統計・データの積極的な利活用を図るべく、官公庁が実施した統計調査のミクロデータやオーダーメイド集計データの提供に加えて、**オープンデータ**を提供するプラットフォームも数多く構築されており、条件にあった統計・データを比較的簡単に入手・活用することで、地域の実態をより詳細かつ適切に把握することが可能になりつつある。例えば、世界中の道路沿いの風景をパノラマ写真で提供している Google ストリートビューなどの画像データ、世界地図を共同で作成、編集、利用することができる**オープンストリートマップ**（OpenStreetMap：OSM）の地図データについては、今後の更なる活用可能性が期待されている。

5　イメージ調査（イメージマップ）

人々が都市空間をどのように認知しているのか、定量的情報では把握しづらい都市のイメージや印象を心理的側面から明らかにすることは、より良い都市を計画していく上で、重要な都市情報の 1 つである。10 章で解説したケヴィン・リンチ（1918-1984）の著書『**都市のイメージ**』（1960）の中で提示している理論は、現在でも都市計画及び関連分野で参照されている。図14・3 に示す 5 要素を用いて、主観的な都市のイメージを地図上に表示することで、人々が都市で活動するために必要な場所や施設、空間の特徴のイメージや印象を明らかにする。今日においても、地域イメージの向上や地域アイデンティティの確立を目的としたまちづくり、あるいは、まちなみ整備の現場で、イメージマップ（認知地図）を効果的に活用する機会は多い。

14・3　都市を解析する技術

1　都市情報を最大限に活用するために

都市情報を最大限に活用するために、目的に応じて都市解析を行う場合も少なくない。都市解析とは、デ

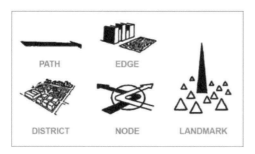

図 14・3　ケヴィン・リンチによる「都市のイメージ」の 5 つの要素
(出典：Kevin Lynch：*The Image of the City,* MIT Press, 1960)

ータを眺めるだけでは気づかない、隠れた都市の諸現象の実態や関係性を、データ分析を通じて抽出した後、問題提起や計画案の評価に資するべく、その原因や理由を論理的に解き明かすことであり、計画策定やマネジメントを科学的に支援するための技術である。

　昨今、不確実性が増す都市計画の課題に対して、できる限り科学的根拠に依拠して判断した政策立案を行うことが求められており、EBPM（Evidence Based Policy Making）として公共政策全般で推進されている。このことからも、信頼できるデータの収集と都市解析技術を用いたエビデンスの創出及び利活用は、その重要性が増している。

　そこで本節では、都市の特性や構造を明らかにする都市解析技術の中でも、基礎的技術であるデータ集計や多変量解析手法、さらには高度化が進む都市モデル・シミュレーション分析を対象に概説する。なお、都市解析技術の中には、数学的に高度な内容を含むものも多く、適用に際しては手法の前提条件が現実の都市計画策定の内容や前提と合致しているか、適切に手法を利用しているかがしばしば問題になるため、立案する都市計画の内容と解析手法の両方の理解が前提となることには留意したい。

2　基礎的な都市解析技術

　都市解析の理解にあたり、定量（量的）データと定性（質的）データの 2 つに大別される都市情報データ特性を理解する必要がある。数値に意味をもち演算可能な**定量的データ**の多くは、数値そのものが大小関係をもつ間隔尺度、この間隔尺度をある基準値に基づいて比率に変換した比率尺度で表すことができる。一方で、分類・区分を目的に、数値自体に意味を持たない名義尺度や、アンケート調査の満足度評価にみられる順序尺度などで表される、演算が不可能な**定性的デー**

タも取り扱う機会が多い。

　さて、定量データを取り扱う際、着目する 1 変数の分布について、その標本の平均値や中央値、散らばり具合を示す分散、標本平均からの変動幅を示す**標準偏差**は、統計情報（要約統計量）として基本的なデータ特性を表しており、都市解析を行う初期段階では欠かせない。その上で、複数の変数の関係をクロス集計や統計的検証を通じて把握したり、あるいは、多変量解析を通じて多数の変数を用いた評価や予測、要約をするなど、目的やデータ特性に応じて、適切な都市解析技術を選択することになる。

　クロス集計とは、複数の変数を用いて細分化した集計方法である。例えば、人や地域といった特定のグループでの集計結果を把握する手法として知られており、アンケート調査データなどの解析で適用する機会は極めて多い。その上で、着目する 2 つの変数の関係性を検証する際には、相関係数や独立性の検定などの**統計的検証**が有効である。

　次いで、**多変量解析**であるが、この解析方法には更に様々な手法があり、目的や変数のデータ形態（間隔尺度・比率尺度・順序尺度など）に応じて、適切な手法を選択することになる。質的データを解析するためにⅠ類、Ⅱ類、Ⅲ類、Ⅳ類に分類されている数量化理論のほか、量的変数からどの群に属するか質的変数を予測する判別分析、多くの変数をより少ない合成変数に要約する主成分分析、多くの変数に存在する潜在的な共通因子を特定する因子分析、多くの変数を類似度に応じて類型化するクラスター分析、そして、変数間に関数を当てはめて両者の影響関係を明らかにする回帰分析が挙げられる。

　中でも、**回帰分析**は、結果に該当する変数を被説明変数（従属変数／目的変数）、原因に該当する変数を説明変数（独立変数）と呼び、これらの変数間にどのような数値的関係性があるかを統計的に明らかにする手法で、説明変数が 1 変数の場合は**単回帰分析**、2 変数以上の場合は**重回帰分析**と呼ばれる。論理が明快で直感的に分かりやすいため、エビデンスを見出すことができる代表的な都市解析技術の 1 つといえる。

　近年では、多変量解析における発展的手法として、複数変数間において因果関係の仮説を立てて検証する共分散構造分析（構造方程式モデリング）の他、スペース・シンタックスや空間統計学・空間計量経済学に

依拠した空間的関係性を捉えるための技術、あるいは、数理計画法や遺伝的アルゴリズムによる最適化を図るための技術など、都市解析技術の開発や高度化も進みつつある。その一方で、一般向けの解説書や市販のパッケージソフトの普及も進んでおり、適用自体の垣根はそれほど高くはなくなってきている。

3　都市モデル・都市シミュレーション

　様々な都市現象のメカニズムの理解や将来予測、立案した都市計画の評価にあたっては、高度な都市解析技術として、**都市モデル・都市シミュレーション**が長年開発・活用されている。これらは、対象とする都市現象のデータ生成ルールを数学的な手段を用いて記述した模擬であり、数理モデルで構成されている。

　代表的な都市モデル・都市シミュレーションは、これまで、都市経済学や経済地理学といった社会科学の成果を応用したものと、統計物理学などの自然科学の成果を応用したものがあり、異なる空間スケールや時空間解像度のもと、都市を構成する諸活動に着目して記述されている。

　世界初の実用的な都市モデル・都市シミュレーションとしては、アメリカのピッツバーグ都市圏を対象に、都市活動と土地利用、さらにその間に発生する空間的相互作用を、都市システムの構成要素とした上で、それらの活動や土地利用の間の関係を、重力モデルに代表される空間的相互作用モデルを基礎としてモデル化した Lowry モデル（1964）が挙げられる。

　その後、都市モデル・都市シミュレーション開発とその改良は大きく進展している。都市モデルにおいて、例えば、社会インフラ整備が土地利用に及ぼす影響を予測・評価するためのモデルに限定しても、住宅立地、商業立地、工業立地をそれぞれ対象としたモデルをはじめ、交通との相互作用を組み込んだモデル、都市経済学や空間経済学を背景にした経済均衡モデル、設定ルールのもとに複数のエージェントが相互影響を及ぼし合いながら集団行動を生み出すマルチエージェントシステムを援用したモデルなど、多数の都市モデルが研究・開発されている。また、都市シミュレーションにおいても、土地利用に限らず、歩行者流、交通流、避難といった人流・物流の予測を目的とするシミュレーションの開発と活用例も豊富にある。

　近年、これまで開発されてきた中長期的な現象に関する都市モデル・都市シミュレーションの精緻化や実証事例の更なる蓄積に加えて、環境やエネルギーをはじめとした他分野との連携を目的としたモデルの整合化や統合化も図られている。その一方で、リアルタイムに近い短期的な現象や局所的な現象を対象とするモデル開発なども急務となっている。なお、都市計画の効果、あるいは、都市構造とその変化を理解するための強力な都市解析技術として、都市モデル・都市シミュレーションの更なる発展と活用が期待されていることは紛れもないが、これらが数理的な仮定を前提としていることに注意する必要があるとともに、適用の可能範囲を正しく判断することが求められる。

4　都市解析システム

　都市情報の可視化や情報の重ね合わせによる関係性の把握をはじめとした分析・評価を比較的簡便に行うための都市解析システムが、アプリケーションソフトウェアなどのツールとして利用できる。中でも、**地理情報システム**（GIS）は、地理的位置を手がかりに、位置情報を有するデータ（空間データ）を総合的に管理・加工し、視覚的な表示、オーバーレイ解析と呼ばれるレイヤーの重ね合わせによる情報同士の関係性の解明など、高度な分析や迅速な判断を可能にする都市解析技術として、カーナビゲーションや位置情報サービス、危機管理のための災害ハザードマップなど、私達の身近にも応用されるなど、都市計画分野を中心に官民を問わず様々な分野で活用されている（図14・4）。

　高度な空間解析機能が充実した有料の GIS ツールが多い中で、最近では、オープンソフトウェアとして無料で利用できる QGIS などの GIS ツールも普及が進み、様々な解析が行えるようになってきている。さらに、データカタログ機能とともに、簡単な分析機能も備えた無料で利用できるシステムも、Web サイト上で提供されている。例えば、経済産業省と内閣官房（まち・ひと・しごと創生本部事務局）が提供している、図14・5 に示す RESAS（地域経済分析システム、https://resas.go.jp）や総務省統計局が提供している**地図で見る統計**（jSTAT MAP、https://jstatmap.e-stat.go.jp/-jstatmap/main/trialstart.html）などが挙げられる。

　高度デジタル社会の形成に向けて、社会的ニーズに応じた持続的な地理空間情報の整備と新たな活用が期待されている。そのためには、地理空間情報を取り扱

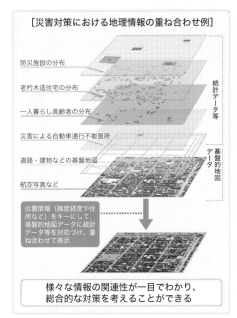

[災害対策における地理情報の重ね合わせ例]

防災施設の分布

老朽木造住宅の分布

一人暮らし高齢者の分布　　統計データ等

災害による自動車通行不能箇所

道路・建物などの基盤地図　　基盤的地図データ

航空写真など

位置情報（緯度経度や住所など）をキーにして、基盤的地図データに統計データ等を対応づけ、重ね合わせて表示

様々な情報の関連性が一目でわかり、総合的な対策を考えることができる

図 14・4　GIS の活用事例（災害対策）（出典：https://www.mlit.go.jp/kokudoseisaku/gis/guidance/guidance_1.html）

図 14・5　RESAS を用いたデータ可視化の一例（2020 年人口増減のヒートマップ）

うデータプラットフォームの充実や、実用性・汎用性の高い都市解析システムの構築と普及が必須である。

14・4　計画を実装する技術

1　住民参加・合意形成を図るための技術の進展

　調査・解析を通じて得られた都市情報を拠り所に、住民参加や合意形成を図るにあたっては、計画プロセスに応じて参加や協議を行う場あるいは機会をデザインすることが、都市計画の実現に向けては極めて重要である。このような場あるいは機会を効果的に創出す

るための技術として、ワークショップや市民討議会（タウンミーティング）が挙げられる。

　ワークショップとは、設定した具体的なテーマのもと、ファシリテーターの円滑な進行によって、参加者が意見やアイデアを出し合うことで、多くの知恵を集め、お互いの考え方を学びながら計画案検討の合意形成を図っていく代表的な手法である。地域住民と計画者・設計者・行政との協働によって施策や事業を展開していくことができる点や、専門家の助言・指導なども得ながら参加者が自ら考えるプロセスを通じて地域の自立的な取組の醸成が図られる点が特徴である。地域住民はまちづくりの中心的役割を担うため、1990 年代以降、住民参加が重視され、交流・協働のためのワークショップが盛んに行われてきた。

　一般的な対話に留まらず、ブレーンストーミングなどによって得られた発想を整序しながら検討内容を明確化する **KJ 法**（付箋などを用いて書き出した情報を系統ごとに分類して整理・分析する手法）を採用したり、現地調査を兼ねて参加者が実際に現場を歩いたり、ゲーム的な要素を対話に組み入れてみたり、検討内容を可視化した図面・パース・模型、さらには BIM/CIM や VR（仮想現実）・AR（拡張現実）などの **3D モデル**を活用したり、あるいは、これらを組み合わせることで、参加者の発想を豊かにして、議論を活性化するための技術が開発・実装されている（図 14・6）。

　ワークショップの検討課題の整理に、経営学で主に活用されているフレームワークを採用するケースも増えてきている。例えば、S：Strength（強み）、W：Weakness（弱み）、O：Oppotunity（機会）、T：Threat（脅威）の 4 つの視点から検討する **SWOT 分析**や、ビジネスモデルの構成要素とその関係性を可視化する**ビジネスモデルキャンバス**（図 14・7）が、ビジネスの提案を通じて地域課題の解決や地域活性化を模索するワークショップでは活用されている。また、コロナ禍を契機としたオンラインの普及に伴い、参加者のアイデアや気づきを可視化し、オンライン上でもグループワークを行うことが可能なツールも登場している。

　一方、**市民討議会（タウンミーティング）**とは、ある一定の方法で住民を抽出した後、都市計画担当職員から提供される地域課題や市政に関する情報、あるいは、具体的な計画案に関する情報を共有した上で、意見を交換したり、是非を議論して結論を得たりする方

法である。十分な議論を経た偏りのない住民の意見を得るのに有効な手法で、首長や都市計画担当職員と直接意見交換をする対話集会として、タウンミーティングが定期的に開催されている自治体も少なくない。

この他にも、一定の原案が出てきた段階で、住民から広く意見を聴取して原案に取り入れるための説明会として、計画決定のための公聴会やパブリックコメントの場や機会なども充実しており、多くの住民に開かれた公正な技術手法として活用の幅が広がっている。

2 社会実験／暫定活用

社会実験とは、地域のにぎわいの創出、まちづくり、または道路交通の安全確保などに資するため、社会的に影響を与える可能性のある事業の導入に先立って、関係行政機関や住民などの参加のもと、場所や時間を限定して当該施策を試行・評価し、新たな施策の展開と円滑に事業を執行することを目的とするものである。短期間で影響が生じるようなタイプの事業に社会実験は有効で、1999年頃から、パーク＆ライドやトランジ

図14・6　VRによる都市空間のデジタル復元

キーパートナー (Key Partners)	主な活動 (Key Activities)	価値提案 (Value Propositions)	顧客との関係 (Customer Relationships)	顧客セグメント (Customer Segments)
	主なリソース (Key Resources)		チャネル (Channels)	
コスト構造 (Cost Structure)		収益の流れ (Revenue Streams)		

図14・7　ビジネスモデルキャンバスのフレームワーク

ットモールによる公共交通の利用促進、オープンカフェの設置、道路空間の再配分などで多くの取り組みがある（図14・8）。中には、基準の制定や全国的な展開につながった取組みもあり、多様な主体が合意形成を図る計画技術として定着しつつある。

また、同じ社会実験でも、短期的プロジェクトとしての社会実験として、**タクティカル・アーバニズム**（Tactical Urbanism）と呼ばれる考え方が、近年注目されている。米国発祥のこの考え方は、より機動的で低コストな取組みを通じて、地域を巻き込みながら地域振興につなげていく手法であり、まさに起業の手法論の1つであるリーンスタートアップを参考にしている。例えば、10章で取り上げている Park（ing）day は路上パーキングスペースを公園的空間として活用する世界的ムーブメントとして、代表的な事例の1つである（図14・9）。わが国でも、駐車場や空き地といった低未利用空間の暫定活用によるコミュニティや起業支援の場の創出、あるいは、道路空間・駅前広場・公園などをはじめとした公共空間の再生において、タクティカル・アーバニズムの考え方が近年浸透しつつある。

14・5　ICT技術の進展と都市計画への応用

1　ICT技術の進展

モノがインターネットに接続されて、ネットワークを介して相互に情報交換する IoT（Internet of Things）が多様な分野で進展している。都市空間に設置されて

図14・8　社会実験の実施風景（京都市四条通での2007年交通社会実験）

図14・9　タクティカル・アーバニズムの実践風景（米国・サンフランシスコでの 2017 年 Park（ing）Day の風景）

いる人や物の動きを検知する様々な IoT のセンサーが膨大な情報を集めており、都市の状態をリアルタイムで把握するための新たな調査技術として注目されている。

また、超小型衛星や UAV（無人航空機：ドローン）などに搭載したセンサーによるリモートセンシングの普及に伴い、比較的狭域の地形や構造物の変位を画像認識によりモニタリングする技術、GNSS（Global Navigation Satellite System：全球測位衛星システム）を活用して、ピンポイントの変位を mm 級の高精度かつリアルタイムに監視する技術など、新しい科学技術が開発・活用され、ビッグデータ時代を支えている。

さらに、Society5.0 や**データ駆動型社会**という概念が提唱され、データの重要性がこれまでにないほど謳われているように、高度な ICT 技術の進展が、スマートシティの実現を目指すまちづくりのデジタルトランスフォーメーション（DX）を加速化している。

このように、街なかから上空さらには宇宙に至るまで、あらゆる場所に設置された各種センサーからの情報や、都市活動で生じる多種多量なデータの収集・蓄積とその活用が、従来の都市計画策定技術（都市を調査・解析して計画を策定する技術）に多大な影響を及ぼしてきている。そこで、今後の更なる進化が期待される、最近の都市計画策定技術について概観する。

2　オルタナティブなビッグデータの利活用

これまでの統計調査に基づくデータでは、広範囲を対象とするものの、データの更新頻度に長い時間を要し、短期的・局所的な変動を掴むことが極めて困難で

あった。しかしながら、昨今のデジタル技術の進展に伴い、高頻度かつ速報性・網羅性に優れた**オルタナティブデータ**と呼ばれる新しいデータの利用が可能になりつつある。これらのデータは、生成・収集・蓄積などが可能・容易な多種多量のデータであるため、一般的には**ビッグデータ**と呼ばれている。

例えば、コロナ禍で有用な情報を提供している携帯電話の位置情報をはじめ、従来では利活用の少なかったクレジットカードデータや POS（Point of Sales）データなどの消費者購買データ、人工衛星や航空機から撮影した画像データ、ウェブ上の公開情報を自動収集したウェブスクレイピング、さらには、Twitter や Meta（旧 Facebook）、Instagram といった SNS（ソーシャル・ネットワーキング・サービス）などが挙げられる。これらのビッグデータは、伝統的なデータ以外の情報源から生成された新たな調査データとして、異変の察知や近未来の予測などを通じ、利用者個々のニーズに即したサービスの提供、業務運営の効率化やイノベーションの創出など、多岐にわたる分野での柔軟な利活用が今後期待されている。中でも、携帯電話の位置情報や交通系 IC カードデータをはじめとした個人単位の行動データをもとに、人々の動きをシミュレーションすることで、施策実施の効果を予測した上で、都市施設の配置や空間形成、交通施策を具体的に検討する、データに裏付けられた**スマートプランニング**と呼ばれる新たな計画技術が注目されている。

3　解析技術の更なる進化と都市への応用

都市解析技術においても、従来の数理的・統計的な解析技術に加えて、データ量が膨大なビッグデータに対応する新たな解析技術が提案されている。そして、その基盤となる**人工知能**（AI：Artificial Intelligence）のさらなる活用への期待が高まっている。

例えば、これまでの都市解析では、収集したデータに対して、加工・集計したり、数理モデルや統計モデルを利用することで、その特性や傾向を明らかにする方法が主流であったが、近年では、極めて短時間に逐次更新されるビッグデータに対応する必要がある。そこで、データ取得ごとに自動的に分析結果が更新される方法が必要なため、ベイズ統計学を応用した AI や機械学習、ディープラーニング（深層学習）による**ビッグデータ解析**が注目されている。これらの新しい技術

が、都市解析における識別、予測、分類といった領域で大いに発揮されることが期待されている。

　一方で、昨今のEBPMの推進に伴い、科学的根拠に基づく判断が都市計画の立案においても求められているとともに、実施した政策や事業の効果については正確に把握することが求められている。このような背景から、信頼性の高いデータを用いて推定した効果がエビデンスとしての妥当性・信頼性を担保するための解析技術の開発が期待されている。具体的には、ランダム化比較実験、差分の差分分析、傾向スコア分析、回帰不連続デザインなど、**統計的因果推論**における各種手法の開発と実務への応用が挙げられる。

4　合意形成・住民参加手法の拡充

　都市計画の計画プロセスにおいては、住民や関係主体に対して参画や合意形成のための情報提供やコミュニケーションを行う**パブリックインボルブメント**（PI）が重要であるが、これまではワークショップやタウンミーティングといった対面形式の情報提供をはじめ、場合によっては社会実験の実施による事前評価の情報共有などが主流であった。

　しかしながら、今後は誰にでも容易に理解できることが求められる中で、**サイバー空間**を積極的に活用した予測シミュレーションなどの分析結果や計画内容の可視化が重要になるとともに、参加者のカメラ映像の代替として、分身のアバターを利用した、サイバー空間上での新しい参加、コミュニケーション手法の活用も期待されている。

5　都市計画策定技術の今後

　高度デジタル社会に向けた技術革新が進むにつれて、実空間と仮想空間の即時的双方向性を有した**デジタルツイン**の構築が現実のものとなりつつある。つまり、実空間に設置された各種センサーなどからの膨大なデータが仮想空間に蓄積され、そのビッグデータをAIによって解析した結果が、都市問題の解決に寄与するべく、様々な形で実空間にフィードバックされることが期待されている。実際、都市国家であるシンガポールでは、世界初の国をまるごとデジタルツイン化する作業が完了し、「Virtual Singapore（バーチャル・シンガポール）」として、今後のあらゆる計画策定に活用が予定されている（図14・10）。また、デジタルツインの

図14・10　バーチャル・シンガポール（出典：https://www.nrf. gov. sg/programmes/virtual-singapore）

みならず、実空間と仮想空間を融合する仮想現実（VR）や拡張現実（AR）などのXR技術の活用も進んでおり、都市計画策定技術を拡充する新たな都市計画支援ツールとして、効果が期待されている。

　わが国でも、国土交通省都市局が推進するプロジェクト「PLATEAU」をはじめとした、3D都市モデルの整備と活用が注目されている。特に、「PLATEAU」が提供するデータは、誰でも自由に加工・再配布可能なオープンデータとして、利活用が活発化の傾向にあり、今後の更なる普及を通じて、環境モニタリング、災害監視・予防、スマート街灯、人流可視化、エネルギー管理、廃棄物管理、新型コロナウイルス感染症対策など、様々な都市問題の解決に資するデータ駆動型の都市計画の実践が期待されている（章扉の画像）。

　しかしながら、その一方で、個人情報保護の問題をはじめ、スマートシティが都市社会に及ぼす負の影響やその対処方法を考える、倫理的・法制度的・社会的課題（Ethical, Legal and Social Issues：ELSI）は、これまで以上に重要な論点になってくることにも留意する必要がある。

例題

Q　あなたが住む都市や関心のある地域を対象に、都市・地域の課題を1つ取り上げ、関連する都市情報を定量データで収集することで、その課題の現状を把握してみよう。その際、課題に適した都市調査技術を選択するとともに、場合によっては、都市解析技術も駆使して、新たな都市情報を創出・可視化してみよう。

参考文献

・饗庭伸『平成都市計画史　転換期の30年間が残したもの・受け継ぐもの』花伝社、2021
・浅見泰司『住環境　評価方法と理論』東京大学出版会、2001
・東秀紀・風見正三・橘裕子・村上暁信『「明日の田園都市」への誘い』彰国社、2001
・アレン・オブ・ハートウッド卿夫人著、大村虔一・大村璋子訳『都市の遊び場』鹿島出版会、1973
・石田頼房『日本近代都市計画史研究』柏書房、1987
・石田頼房『日本近代都市計画の百年』自治体研究社、1987
・伊藤雅春・小林侑雄ほか『都市計画とまちづくりがわかる本』彰国社、2016
・伊藤毅、フェディリコ・スカローニ、松田法子編『危機と都市』左右社、2017
・エベネザー・ハワード著、山形浩生訳『新訳明日の田園都市』鹿島出版会、2016
・大河直躬『都市の歴史とまちづくり』学芸出版社、1995
・大阪市都市整備局編『大阪駅前市街地改造事業誌』1985
・大阪市『大阪のまちづくり　きのう・今日・あす』1991
・大塩洋一郎『日本の都市計画法』ぎょうせい、1981
・大月敏雄『町を住みこなす　超高齢社会の居場所づくり』岩波新書、2017
・大橋竜太『ロンドン大火　歴史都市の再建』原書房、2017
・オスカー・ニューマン著、湯川利和・湯川聡子訳『まもりやすい住空間』鹿島出版会、1976
・小田切徳美編『新しい地域をつくる　持続的農村発展論』岩波書店、2022
・小田切徳美・筒井一伸編『田園回帰の過去・現在・未来　移住者と創る新しい農山村』農文協、2016
・嘉名光市他『生きた景観マネジメント』鹿島出版会、2021
・ガレット・エクボ著・久保貞ほか訳『アーバンランドスケープデザイン』鹿島出版会、1970
・川上光彦・浦山益郎・飯田直彦・土地利用研究会編著『人口減少時代における土地利用計画』学芸出版社、2010
・川村健一・小門裕幸『サステイナブル・コミュニティ』学芸出版社、1995
・クリストファー・アレグザンダー著、稲葉武司・押野見邦英訳『形の合成に関するノート / 都市はツリーではない』鹿島出版会、2013
・クリストファー・アレグザンダー著、平田翰那訳『パタン・ランゲージ』鹿島出版会、1984
・クレア・クーパー マーカス・キャロライン・フランシス著、湯川利和・湯川聡子訳『人間のための屋外環境デザイン』鹿島出版会、1993
・ケヴィン・リンチ著、丹下健三・富田玲子訳『都市のイメージ』岩波書店、1968
・神戸市『神戸国際港都建設事業　震災復興土地区画整理事業　協働と参画のまちづくり』2016
・コーリン・ブキャナン著、八十島義之介・井上孝訳『都市の自動車交通』鹿島出版会、1965
・国土交通省『都市再開発実務ハンドブック2021』大成出版社、2021
・越澤明『東京の都市計画』岩波書店、1991
・越澤明『東京都市計画物語』ちくま学芸文庫、2001
・越澤明『復興計画』中公新書、2005
・後藤春彦他『生活景―身近な景観価値の発見とまちづくり』学芸出版社、2009
・小林重敬・一般財団法人森記念財団『まちの価値を高めるエリアマネジメント』学芸出版社、2018
・齋藤広子『住環境マネジメント　住宅地の価値をつくる』学芸出版社、2011
・指出一正『ぼくらは地方で幸せをみつける―ソトコト流ローカル再生論』ポプラ新書、2016
・佐藤滋・高見澤邦郎・伊藤裕久・大槻敏雄・真野洋介『同潤会のアパートメントとその時代』鹿島出版会、1998
・ジャイメ・レルネル著、中村ひとし・服部圭郎訳『都市の鍼治療』丸善、2005
・ジェイン・ジェイコブス著、山形浩生訳『アメリカ大都市の死と生』鹿島出版会、2010
・塩崎賢明『住宅政策の再生　豊かな居住をめざして』日本経済評論社、2006

・篠原修『景観用語辞典・増補改訂第二版』、彰国社
・シビックプライド研究会『シビックプライド』宣伝会議、2008
・住環境の計画編集委員会『住環境の計画1　住まいを考える』彰国社、1988
・住環境の計画編集委員会『住環境の計画4　社会の中の住宅』彰国社、1992
・住環境の計画編集委員会『住環境の計画5　住環境を整備する』彰国社、1992
・ジョン・オームスビー・サイモンズ著、久保貞ほか訳『ランドスケープ・アーキテクチュア』鹿島出版会、1967
・田中輝美『関係人口の社会学―人口減少時代の地域再生』大阪大学出版会、2021
・谷口守編著『世界のコンパクトシティ 都市を賢く縮退するしくみと効果』学芸出版社、2019
・筒井一伸『田園回帰がひらく新しい都市農山村関係　現場から理論まで』ナカニシヤ出版、2021
・都市史図集編集委員会『都市史図集』彰国社、1999
・都市防災実務ハンドブック編集委員会『震災に強い都市づくり・地区まちづくりの手引』ぎょうせい、2005
・中村良夫他『土木工学体系13 景観論』彰国社、1977
・西村幸夫編著『都市美―都市景観施策の源流とその展開』学芸出版社、2005
・西山夘三『日本のすまい』勁草書房、1975-1980
・日本建築学会編『近代日本建築学発達史　6編都市計画』丸善、1972
・日本建築学会『コンパクト建築設計資料集成　都市再生』丸善、2014
・日本建築学会編『日本建築史図集』彰国社、2011
・日本都市計画学会編『近代都市計画の百年とその未来』日本都市計画学会、1988
・バーナード・ルドフスキー著、平良敬一・岡野一宇訳『人間のための街路』鹿島出版会、1973
・服部圭郎『人間環境都市クリチバ』学芸出版社、2004
・パトリック・ゲデス著、西村一朗訳『進化する都市―都市計画運動と市政学への入門』鹿島出版会、2015
・ピーター・カルソープ著、倉田直道・倉田洋子訳『次世代のアメリカの都市づくり―ニューアーバニズムの手法』学芸出版社、2004
・日端康雄『都市計画の世界史』講談社現代新書、2008
・平山洋介『都市の条件 住まい、人生、社会持続』NTT出版、2011
・広原盛明・高田光雄ほか『都心・まちなか・郊外の共生- 京阪神大都市圏の将来』晃洋書房、2010
・ヘルマン・ヘルツベルハー著、森島清太訳『都市と建築のパブリックスペース』鹿島出版会、1995
・ベン・ホイッタカー、ケネス・ブラウン、都市問題研究会訳『人間のための公園』鹿島出版会、1976
・マシュー・カーモナ・クラウディオ・デ・マガリャエス・レオ・ハモンド著、北原理雄訳『パブリックスペース』鹿島出版会、2020
・宮口侗廸『過疎に打ち克つ　先進的な少数社会をめざして』原書房、2020
・梁瀬度子・長沢由喜子・國嶋道子『住環境科学』朝倉書店、1995
・山崎義人・佐久間康富編著『住み継がれる集落をつくる―交流・移住・通いで生き抜く地域―』学芸出版社、2017
・ヤン・ゲール・ビアギッテ・スヴァア著、鈴木俊治・高松誠治・武田重昭・中島直人訳『パブリックライフ学入門』鹿島出版会、2016
・ヤン・ゲール著、北原理雄訳『建物のあいだのアクティビティ』鹿島出版会、2011
・ランドルフ・T・ヘスター著、土肥真人訳『エコロジカル・デモクラシー』鹿島出版会、2018
・リチャード・ロジャース・フィリップ・グムチジャン著、野城智也・手塚貴晴・和田淳訳『都市 この小さな惑星の』鹿島出版会、2002
・ルイス・マンフォード著、生田勉訳『都市の文化』丸善、1955
・レオナルド・ベネーヴォロ著、佐野敬彦・林寛治訳『図説都市の世界史』相模書房、1983
・ロベルト・ブランビラ・ジャンニ・ロンゴ著、月尾嘉男訳『歩行者空間の計画と運営』鹿島出版会、1979
・渡辺俊一『「都市計画」の誕生―国際比較からみた日本近代都市計画―』柏書房、1993

【編著者】

澤木 昌典（さわき まさのり）　　　　はじめに、序章担当
大阪大学大学院工学研究科環境・エネルギー工学専攻教授
財団法人関西情報センター、兵庫県立人と自然の博物館、姫路工業大学（現・兵庫県立大学）などを経て、現職。

嘉名 光市（かな こういち）　　　　　　5章担当
大阪公立大学大学院工学研究科都市系専攻教授
UFJ総合研究所主任研究員、大阪市立大学大学院工学研究科教授などを経て、現職。

【著者】

武田 裕之（たけだ ひろゆき）　　　　　1章担当
大阪大学大学院工学研究科ビジネスエンジニアリング専攻講師
株式会社都市デザインシステム、大阪大学環境イノベーションデザインセンターなどを経て、現職。

岡井 有佳（おかい ゆか）　　　　　　　2章担当
立命館大学理工学部環境都市工学科教授
国土交通省（建設省）、パリⅠ大学都市地理学研究所（CRIA）などを経て、現職。

松本 邦彦（まつもと くにひこ）　　　　3章担当
大阪大学大学院工学研究科環境・エネルギー工学専攻助教
株式会社スペースビジョン研究所研究員などを経て、現職。

杉崎 和久（すぎさき かずひさ）　　　　4章担当
法政大学大学院公共政策研究科教授
財団法人練馬区都市整備公社練馬まちづくりセンター専門研究員などを経て、現職。

清水 陽子（しみず ようこ）　　　　　　6章担当
関西学院大学建築学部教授
奈良女子大学特任助教、佛教大学社会学部公共政策学科講師などを経て、現職。

加我 宏之（かが ひろゆき）　　　　　　7章担当
大阪公立大学大学院農学研究科教授
株式会社市浦都市開発建築コンサルタンツ、大阪府立大学大学院生命環境科学研究科准教授を経て、現職。

栗山 尚子（くりやま なおこ）　　　　　8章担当
神戸大学大学院工学研究科准教授
神戸大学大学院工学研究科助手・助教を経て、現職。

吉田 長裕（よしだ ながひろ）　　　　　9章担当
大阪公立大学大学院工学研究科都市系専攻准教授
大阪市立大学工学研究科講師を経て、現職。

武田 重昭（たけだ しげあき）　　　　　10章担当
大阪公立大学大学院農学研究科准教授
UR都市機構および兵庫県立人と自然の博物館を経て現職。

越山 健治（こしやま けんじ）　　　　　11章担当
関西大学社会安全学部教授
財団法人阪神・淡路大震災記念協会人と防災未来センター研究員などを経て、現職。

佐久間 康富（さくま やすとみ）　　　　12章担当
和歌山大学システム工学部准教授
大阪市立大学大学院工学研究科助教・講師などを経て、現職。

松中 亮治（まつなか りょうじ）　　　　13章担当
京都大学大学院工学研究科都市社会工学専攻准教授
京都大学大学院助手、岡山大学環境理工学部助教授を経て、現職。

大庭 哲治（おおば てつはる）　　　　　14章担当
京都大学経営管理大学院准教授
三菱UFJリサーチ＆コンサルティング（株）研究員、京都大学大学院工学研究科助教、准教授を経て、現職。

図説 都市計画

2022年11月 1 日　第1版第1刷発行
2024年 8月20日　第1版第2刷発行

編著者………澤木昌典・嘉名光市
著　者………武田裕之・岡井有佳・松本邦彦
　　　　　　　杉崎和久・清水陽子・加我宏之
　　　　　　　栗山尚子・吉田長裕・武田重昭
　　　　　　　越山健治・佐久間康富
　　　　　　　松中亮治・大庭哲治

発行者………井口夏実
発行所………株式会社学芸出版社
　　　　　　　〒600-8216
　　　　　　　京都市下京区木津屋橋通西洞院東入
　　　　　　　電話 075-343-0811
　　　　　　　http://www.gakugei-pub.jp/
　　　　　　　E-mail:info@gakugei-pub.jp

編集担当………岩崎健一郎、山口智子

装　丁………KOTO DESIGN Inc. 山本剛史
印　刷………創栄図書印刷
製　本………新生製本

© 澤木昌典・嘉名光市ほか 2022　　　　Printed in Japan
ISBN 978-4-7615-2832-4

JCOPY 《㈳出版者著作権管理機構委託出版物》
本書の無断複写（電子化を含む）は著作権法上での例外を除き禁じられています。複写される場合は、そのつど事前に、㈳出版者著作権管理機構（電話 03-5244-5088、FAX 03-5244-5089、e-mail: info@jcopy.or.jp）の許諾を得てください。
また本書を代行業者等の第三者に依頼してスキャンやデジタル化することは、たとえ個人や家庭内での利用でも著作権法違反です。